과학을 안다는 것

The Universe Inside You

인체에서 만나는 물리 · 화학 · 생물 · 우주과학의 세계

과학을 안다는 것

브라이언 클레그 지음

김옥진 옮김

엑스오북스

감사의 말

질리언, 첼시, 레베카에게.

도와주고 지지해준 사이먼 플린, 던컨 히스, 앤드류 펄로, 그리고 아이콘사의 모든 이들에게 감사드린다.

나의 바보 같은 질문에 대답해준 헨리 지 박사, 스티븐 커리 교수, 댄 사이먼스 교수, 안트 매소 교수, 마이크 던레이비 박사, 건터 님츠 교수, 프리드리히 빌헬름 헬 교수, 제니퍼 론 박사 등 진짜 과학자들에게도 감사드린다.

과학이라고 하면 우리는 뭔가 우리와 동떨어진 과학에 더 익숙한 듯하다. 이상한 장비로 가득한 실험실에서 이뤄지는 과학, 즉 전문가들이 '대형강입자충돌기'(우주의 구성요소를 연구하기 위해 설치한 세계 최대의 입자가속기-옮긴이) 같은 엄청나게 큰 최첨단 기기를 사용하는 과학 말이다.

그러나 우리는 몸이라는 우리만의 실험실을 갖고 있다. 우리 몸은 과학과 자연의 여러 상황에 맞게 기능이 달라지는 엄청나게 복잡한 구조물이다.

이 책에서 우리는 우리 몸에서 일어나는 온갖 작용을 들여다보면서 우주의 과학을 탐험하게 될 것이다. 그 탐험 중 어떤 것은 아주 가까이에서 일어날 것이다. 어떤 때는 어쩔 수 없이 당신의 몸을 떠나 별들의 심장부와 그 너머로도 가게 될 것이다. 그렇게 하는 데는 그럴 만한 이유가 있다. 현실의 토대가 되는 기초과학을 우리에게 보여주기 때문이다. 그럼에도 우리는 결국 가장 신비로운 구조물 즉, 인체로 다시 돌아오게 될 것이다.

브라이언 클레그, 2012

차례

4장
우주는 어떻게 생성되었나

5장
몸에서는 무슨 일이 벌어지나

6장
감각은 어떻게 작동하나

7장
우리는 왜 이렇게 생겼을까

8장

뇌에서는 무슨 일이 벌어질까

9장

인류는 어떻게 진화했을까

옮긴이의 말

1

우리 안의 우주

 거울에 비친 이미지는 왜 좌우가 바뀔까.

거울 앞에 서서 우리 몸을 자세히 살펴보자. 전신거울이면 더 좋다. 평소처럼 흘낏 보지 말고 눈에 보이는 것에 주목하자. 약간 쑥스러워질지도 모르겠다. 불완전한 것들을 찾기 쉬운데 그러다 보면 몇 센티미터 더 늘어난 허리둘레가 눈에 들어올 수도 있다. 하지만 그것은 중요하지 않다. 내가 원하는 것은 당신이 한 인간을 진짜로 자세히 살펴보는 것이다.

이 책에서 당신은 인체 즉, 당신의 몸을 이용하여 과학의 가장 극단적인 측면을 파헤치게 될 것이다. 모든 것은 다 몸에 있다. 소화불량의 화학에서부터 빅뱅처럼 과학에서 가장 다루기 힘든 우주의 신비에 이르기까지 모든 것이 그 작고 조밀한 하나의 구조물 안에 반영되어 있다. 당신의 몸은 실험실이자 관측소가 될 것이다.

우리는 몸 전체를 놀라운 대상으로 살펴볼 수 있다. 살아있는 하나의 생물로 보는 것이다. 하지만 세부적으로 들어가 당신의 몸이 세계와 어떤 식으로 상호작용하는지 또는 음식에 들어있는 에너지를 어떻게 사용하여 당신을 움직이게 하는지 탐구할 수도 있다.

더 넓게 보면 10조~100조 개의 세포를 발견하게 될 것이다. 각각의 세포는 모두 복잡한 생명의 꾸러미이지만 따로 떼어낸 하나의 세포가 당신 자신은 아니다. 좀 더 깊이 들어가면 엄청나게 복잡한 수많은 화학작용을 만나게 될 것이다. 몸의 세포 하나하나 속에는 가장 큰 분자의 복제본이 하나씩 들어있다. 그게 바로 DNA다.

더 자세히 들여다보면 결국엔 모든 물질을 구성하고 있는 원자에 이르게 된다. 일반적으로 성인은 약 7×10^{27} 즉 7,000,000,000,000,000,000,000,000,000개의 원자로 이루어져 있다. 7 뒤에 0이 27개 따라온다. 이 수치는 우주가 존재해왔다고 여겨지는 기간을 초로 환산한 숫자에 10억을 곱해서 나오는 숫자보다 더 큰 수치다. 당신 눈앞의 거울 속에 서있는, 겉으로는 간단해 보이는 형체 안에서 엄청나게 많은 일들이 일어나고 있는 것이다.

거울의 비밀

우리는 아주 작은 우주 즉, 당신 몸속을 탐험하기 위해 뛰어들 것이다. 그 전에 잠시 거울에 비친 당신의 모습을 살펴보자. 오랜 세월 동안 사람들을 어리둥절하게 만들었던 미스터리 한 가지를 풀 기회가 될 것이다.

우선 거울 앞에 서서 오른손을 들어보기 바란다. 거울에 비친 당신은 어느 쪽 손을 드는가? 거울 속 당신의 상은 왼손을 들 것이다. 이게 바로 수수께끼다. 거울은 모든 것의 좌우를 바꿔버린다. 우린 이것을 당연하게 여긴다. 당신의 왼손이, 거울에 비친 당신의 상에서는 오른손이 된다. 오른쪽 눈을 감으면 당신의 상은 왼쪽 눈을 감는다. 가르마를 왼쪽으로 탔다면 거울 속 당신의 가르마는 오른쪽으로 나 있을 것이다.

하지만 당신의 머리 꼭대기는 거울 꼭대기에, 그 거울이 전신거울이라면 발은 아래 바닥에 있을 거다. 그럼 거울은 왼쪽과 오른쪽은 바꾸면서 왜 위아래는 그대로 두는 것일까? 왜 방향만 서로 다르게 바꾸는 것일까?

이게 바로 과학적으로 생각해볼 수수께끼다. 거울이 당신의 상을 만들기까지는 세 가지 작용이 이뤄진다. 빛이 당신과 거울 사이를 어떻게 이동하는가, 당신이 눈으로 그 빛을 어떻게 감지하는가, 마지막으로 당신의 뇌가 자신이 받아들인 신호를 어떻게 해석하는가가 그 세 가지다.우리는 나중에 이 책에서 몸의 이런 측면 모두를 좀 더 자세히 탐구하게 될 것이다.

당신의 상을 보는 과정을 생각하다 보면 한 가지 중요한 점이 즉각 눈에 띌 것이다. 눈이 수평으로 배열되어 있다는 점이다. 당신은 왼쪽 눈과 오른쪽 눈을 갖고 있지 위쪽 눈과 아래쪽 눈을 갖고 있지 않다. 이게 상이 좌우로만 바뀌는 이유가 될 수 있을까?

애석하게도 아니다. 꽤 괜찮은 가설이지만 틀렸다. 그렇다고 가설을 세우는 게 나쁘다는 건 아니다. 우리의 과학적 이해란 것도 어떤 생각이 왜 틀렸는지 알아내면서 얻게 된 것들이니까. 진짜 무슨 일이 벌어지고 있는지 명확히 하는 데 도움이 되는 실험을 해보자.

우리 안의 우주를 탐험하기 위한 준비

거울에 비친 상

책 또는 잡지를 당신의 앞쪽에 든다. 이때 책은 덮어서 앞표지가 당신을 향하도록 한다. 이제 거울 속에 비친 책을 보자. 무엇이 보이는가? 거울에 반사된 책에 대해 모든 것을 다 나열해보자. 거울이 왜 그렇게 비추는지 설명하는 데 도움이 될까? 아무튼 직접 해보자. 내가 본 것은 다음과 같다.

- 거울 속의 책은 왼쪽이 오른쪽으로 바뀐 거울문자로 인쇄되어 있다.
- 반사된 책은 내 책이 거울 앞으로 떨어져 있는 거리만큼 거울 뒤로 떨어져 있다.
- 거울 속 책의 색은 내 쪽에 있는 색과 같다.
- 거울 속에 비친 책의 앞면은 내 책의 뒷면이다.

마지막 내용을 잘 살펴보자. 내가 만일 거울 속의 책을 그냥 보면 내 책의 뒷면은 거울 속 책의 앞면이 될 것이다. 여기에 거울의 신비를 밝혀주는 설명이 숨어있다. 이때는 좌우가 바뀌는 것이 아니라 앞뒤가 바뀌는 것이다.

실제로 거울이 하는 일은 상의 안팎을 뒤집는 거다. 내 책의 뒤가 거울 속 책에서는 앞이 된다. 책을 내려놓고 당신 자신의 상을 다시 한 번 보라.

당신의 피부가 고무로 되어 있어서 떼어낼 수 있다고 상상해 보자. 그러면 피부를 가면처럼 생각할 수 있을 것이다. 이제 거울 속으로 들어가 그 가면의 안팎을 뒤집는다고 생각해 보자. 그러면 거울 속을 가리키던 당신의 코끝이 이제는 거울 밖을 향하게 된다. 진짜 코가 거울에 가장 가깝듯이 뒤집어진 가면의 코도 거울에 가장 가깝다. 결론적으로 거울 속 당신의 전신상은 안팎이 뒤집어진 셈이다. 좌우로 바뀌는 일은 일어나지 않았으므로 거울이 좌우를 위아래와 다르게 보여주는 이유에 대해서는 설명할 필요가 없다.

우리가 좌우가 뒤바뀌었다고 착각하는 이유는 뇌 때문이다. 거울 속에 비친 상을 볼 때 당신의 뇌는 그 상을 당신 자신으로 바꿔 놓으려고 한다. 그 상은 당신을 180도 회전시켜 다시 거울 속으로 밀어 넣으면 꽤 비슷하게 맞아떨어진다. 이 절반의 회전이 왼쪽과 오른쪽을 뒤집어 놓는 것이다. 하지만 우리가 깨달아야할 핵심은 좌우로 바꾸는 일을 수행하는 것은, 거울이 아니라 거울로부터 받은 신호를 해석하는 우리의 뇌라는 사실이다.

자, 거울의 미스터리도 풀렸으니 이제 당신 몸의 한 부위를 들여다보는 것으로 우주 탐험을 시작하자. 우리가 살펴볼 것은 사람의 털이다.

우리 안의 우주를 탐험하기 위한 준비

2

세상은
무엇으로 이루어져 있나

별은 우주 만물을 만들었다. 인간은 별의 먼지다.

머리털 한 가닥을 뽑아보자. 그게 싫으면 빗에서 머리카락을 집어내자. 만일 당신이 대머리라면 다른 사람의 머리카락이어도 된다. 하지만 먼저 허락은 받을 것!

자, 이제 당신이 들고 있는 것을 잘 관찰하자. 그것은 길고 좁은 원통형이고 유연하다. 하지만 그 얇기를 감안하면, 놀랄 정도로 강하다. 머리카락을 가능한 한 자세히 보자. 손을 현미경 위에 올려놓아도 되고, 돋보기를 사용해도 좋다.

그 머리털 한 가닥이면 철학에서 물리학에 이르기까지 모든 것을 탐험할 수 있는 여행이 가능하다. 머리카락이 과연 얼마나 철학적일 수 있는지 의심스러운가?

그렇다면 이렇게 생각해보라. 당신은 지금 살아있으며, 그 머리카락은 당신의 중요한 일부다. 그것을 뽑기 전까지는. 그러나 당신의 몸에 있는 모든 털은 죽어있다. 그 털은 살아있는 세포로 이뤄진 게 아니다. 손톱과 발톱도 마찬가지다. 당신은 살아있지만 '당신'의 일부는 죽어있다.

TV 광고가 당신의 머리카락에 영양을 주라고 부추길 때는 이 점을 기억하기 바란다. 머리카락에 먹을 것을 줄 수는 없다. 머리카락을 건강하게 만들 수는 없다는 말이다. 그것은 이미 죽어있으니까.

당신의 머리카락이 생명을 잃었다니까 걱정되는가? 그럴 필요 없다. 원래 그렇게 되게끔 되어있다. '영양을 준다'는 식의 의미 없는 말로 그렇게 많은 두발 제품을 광고하는 게 그저 놀라울 따름이다.

우리는 머리털 한 가닥에 대해 이야기하고 있지만, 당신의 머리에는 아마도 한 가닥 이상의 머리털이 있을 것이다. 일반적으로 인간의 머리에는 약 10만 가닥의 머리카락이 있다. 금발인 사람들은 대개 평균보다 많은 머리카락을 갖고 있고 머리카락이 붉은 이들은 평균보다 다소 적다. 머리카락이 머리를 수북하게 덮고 있을 때처럼 눈에 잘 띄는 것은 아니지만, 각각의 머리카락을 보면 이런 차이를 만들어내는 색이 있다는 걸 알게 된다.

머리카락은 무슨 색일까

머리카락의 색은 멜라닌이라고 하는 색소의 두 가지 변종으로 생성된다. 그중 하나인 페오멜라닌은 붉은색을 만들어낸다. 금발과 갈색 머리의 색은 멜라닌 색소의 또 다른 변종인 유멜라닌의 양에 의해 결정된다. 이런 게 머리카락 색소의 원형이다. 붉은 머리는 진화 과정에서 일어난 돌연변이의 결과일 뿐이다.

나이를 먹으면 머리카락에 든 색소의 양은 줄어 결국에는 모두 사라진다. 회색과 흰 머리카락은 멜라닌에서 나오는 색소를 전혀 갖고 있지 않다. 그런 머리카락은 사실상 색이 없는 거다. 머리카락의 형태와

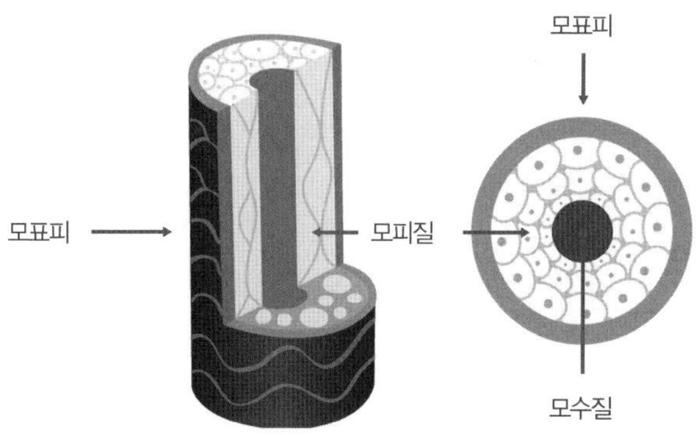

머리카락의 세부 구조

내부 구조가 빛이 머리카락을 통과하는 방식에 영향을 미쳐 회색과 흰색 색조를 띠게 한다.

머리카락 한 가닥을 손에 들고 육안으로 그 내부구조를 살펴보면 특별히 눈에 띄는 것은 없다. 하지만 현미경으로 보면 머리카락은 균일한 물질로 이뤄진 단순한 가닥이 아니라 뭔가 더 많은 것이 들어있다는 것을 알 수 있다.

사실 머리카락은 세 겹으로 되어 있다. 대부분 비어있는 가장 안쪽 모수질 부분, 색소가 들어 있고 물을 흡수하면 부풀어 오르는 가운데의 모피질 부분, 매우 크게 확대하면 비늘처럼 보이고 표면이 방수가 되는 가장 바깥의 모표피큐티클 부분이 그것이다.

두피에서 뽑아낸 부위인 머리카락 끝에는 모낭의 일부가 붙어있을 수도 있다. 대개 이 부분은 피부 속에 묻혀 있다. 모낭은 털 구조물의 나머지 부분을 만들어내는데 털에서 유일하게 살아있는 부분이다.

염색은 화학작용의 결과

머리카락 색이 멜라닌 때문에 만들어진다는 생각은 머리카락이 천연의 색을 띠고 있다는 전제에서 나온 것이다. 우리 중에 누군가는 염색약으로 머리 색깔을 바꾼 적이 있을 것이다. 염색은 간단한 색 바꾸기 작업 같지만 놀랄 정도로 복잡한 메커니즘이 반영돼 있다. 물감을 쓱쓱 칠하는 단순한 작업이 아니란 얘기다.

염색은 미장원보다 화학자의 실험실에 더 많은 신세를 지고 있다. 염색 과정은 암모니아 같은 물질로 털 줄기를 열고 모피질에 접근하는 과정이다. 그 다음은 산소를 첨가하는 메커니즘으로서, 표백제를 사용하여 천연의 색을 없애버린다. 그러고 나서 새로운 색을 추가하여 이미 노출되어 있던 모피질에 착색되도록 한다. 일시적인 염색약은 절대 모표피를 통과하지 못한다. 그냥 머리카락 바깥 부분에 얹혀져 있는 상태여서 쉽게 씻겨 나간다.

탈모는 진화의 부작용

모든 인간은 털을 갖고 있지만 다른 포유류와 비교하면 아주 빈약하다. 수적인 면에서 그런 게 아니다. 인간은 같은 크기의 침팬지와 대략 비슷한 수의 털을 갖고 있다. 하지만 털의 길이가 너무 짧아 무용지물이다.

추울 때나 갑자기 공포를 느꼈을 때 팔의 피부를 보라. 소름이 돋는 것을 볼 수 있을 것이다. 털과 관련 있는—정말 털이 곤두선다—이런 현상은 우리 선조들이 한때 다른 포유류처럼 두터운 털가죽으로 덮여있었다는 사실과 연관이 있다.

소름이 돋을 때는 털 주변에 있는 미세근육이 긴장하여 털이 좀 더 똑바로 서도록 서로 잡아당긴다. 만일 우리 몸이 털로 제대로 덮여있다면 털을 부풀려 세워 더 많은 공기가 들어오게 함으로써 훌륭한 절연체가 되게 했을 것이다. 그렇게 되면 추울 때 좋다. 최소한 털가죽이 있다면 말이다. 하지만 지금은 몸의 털을 대부분 잃어 버렸기 때문에 보온 효과도 없고 그저 피부가 이상하게 보일 뿐이다.

마찬가지로 우리는 무서움을 느낄 때 털이 곤두서는 느낌을 받는다. 지금은 아무 소용없는 반응이다. 수많은 포유류는 위협을 당하면 자신을 더 크게 즉, 더 위협적으로 보이게 털을 부풀려 세운다. 이를 확인하려면 고양이를 개 가까이 데려가라. 고양이는 등도 둥그렇게 구부려 몸피를 훨씬 더 크게 보이려고 할 것이다. 우리도 이와 유사한 부풀리기 방어책을 쓰곤 했던 것 같다. 하지만 이제는 털이 없어서 우리한테 그런 효과는 없다. 우리는 털끝이 서는 것은 여전히 느끼지만 부피를 키우는 효과는 만들어낼 수 없다.

최근에 나는 개를 산책시키러 나갔다가 천연의 털로는 보호받을 수 없다는 사실을 뼈저리게 체험했다. 추운 날이었는데 나는 짧은 소매 셔츠 차림이었다. 날씨에 안 맞게 옷을 너무 적게 입고 있었던 것이다. 나는 덜덜 떨었고 운동화는 축축한 풀에 젖어 걸을 때마다 쩍쩍거리는 소리가 났다. 들판에서 울타리를 통과할 때에는 양손을 찔러대는 무성한 쐐기풀 무더기를 스치며 겨우 지나갔다.

하지만 두툼한 털과 딱딱한 발이 있는 개는 날씨와 식생, 두 가지 모두로부터 전혀 영향을 받지 않았다. 개는 자연이 가하는 공격을 버텨낼 준비가 나보다 더 잘 되어 있는 것 같았다. 나는 왜 이렇게 인간은 자연 세계의 불편과 위험에 대처하는 장비가 형편없는지 궁금했다.

유인원처럼 우리의 먼 조상들도-침팬지, 고릴라 같은 오늘날의 유인원은 우리 조상이 아니다. 하지만 이들 얘기를 할 때면 여전히 그런 실수를 저지른다-훌륭하고 두툼한 보호용 털가죽을 지니고 있었다는 것을 우리는 알고 있다. 초기 인류가 유익한 털을 잃게 된 것은 쉽게 납득되지 않는다.

물론 가장 이익이 되는 게 무엇인지 고려하면서 진화가 이뤄진다고 생각하는 것은 오해다. 진화는 우리에게 무엇이 좋고 무엇이 나쁜지 전혀 상관하지 않는다. 진화는 종 구성원의 생존과 생식 능력을 향상시키는 미묘한 변이가 점진적으로 이뤄지면서 일어난다. 전체적인 청사진에 따라 짜임새 있게 이뤄지는 게 아니다. '그게 좋네. 그걸 갖고 있어야겠어'라고 생각하면서 진화되는 게 아니란 말이다. 어쨌거나 천연의 털가죽이 주는 온기와 보호 기능을 버린 것은 진화적으로 아무 이득이 없는 것 같다.

진화가 우리에게 한 벌의 카드를 나눠줬다고 해서 우리가 받아 쥐는 모든 것이 다 유익한 것은 아니다. 우리가 어떤 특성을 발전시켰다고 해서 진화 상으로 분명한 장점이 있어야 하는 것도 아니다. 그 특성은 또 다른 진화 과정에서 나타나는 부작용이 되기도 한다. 예를 들어 많은 새들은 뼈가 가늘고 텅 비어서 쉽게 툭 부러지는 날개를 갖고 있다. 약한 뼈를 갖고 있다는 것 자체는 좋은 게 아니다. 오히려 생존에 나쁘다. 그러나 새가 날 수 있을 만큼 무게를 줄일 필요는 있었을 것이다.

털 대부분을 잃는 게 진화적으로 타당했을 수도 있다. 우리 선조들은 원래 살던 숲에서 사바나로 이동하면서 땀을 더 많이 흘려야 할 필요가 있었을 것이다. 털이 적으면 땀이 증발할 수 있도록 피부를 더 노출시킬 수 있기 때문에 땀 흘리는 게 더 쉽다. 모든 유인원들을 고통스럽게 하는 기생동물이 증가하자 대응책으로 그렇게 됐을 수도 있다.

매우 이색적인 주장도 있다. 초기 인류는 부분적으로 수생 동물이었기 때문에 털이 적으면 더 매끈하게 헤엄칠 수 있었을 거라는 설 말이다. 물론 반‡ 수생 포유류가 털이 많기는 하다. 그러나 내가 보기에 털이 없어진 가장 설득력 있는 설명은, 위태로울 정도로 가늘어진 새의 뼈처럼 우연한 부작용이라는 것이다.

인류가 털을 잃어버린 까닭

약 10만 년 전 우리의 머나먼 조상들은 그들을 현생 인류로 만들어준 마지막 변화를 겪었다. 그 변화는 오늘날의 우리에게도 마지막 진화였다. 우리는 그때의 그들과 생물학적으로 같은 종이다. 그동안 유전학적 수준에서 아주 작은 변화가 매우 많았지만 우리는 기본적으로 같은 종이다. 우리는 기본적으로 동일하다. 물리적인 힘, 수명, 이성의 마음을 끄는 행위, 생각하는 일 등 많은 면에서 똑같은 잠재력을 갖고 있다.

아주 오래 전 우리 선조들은, 침팬지나 기타 유인원들의 조상과 똑같은 조상으로부터 진화상 엄청난 변화를 겪었다. 선행 인류는 털의 대부분을 잃어버려 다치기 쉬웠고 얇은 피부도 노출시켰다. 그들은 네다리로 걷는 걸음걸이에서 똑바로 서서 걷는 직립보행으로 옮아갔다.

뇌는 몸과 균형이 맞지 않을 정도로 커져서 머리는 불룩해졌고 꼭대기가 무거워졌다. 당시로서는 꽤 매력적이지 않은 모습이었을 수도

세상은 무엇으로 이루어져 있나

있다. 입이 더 작아지는 바람에 치아의 역할 즉, 상대를 물어버리는 무기로서의 효과도 떨어졌다. 엄지발가락도 나뭇가지를 움켜쥐는 데 쓸 수 있었던, 마주보는 발가락이 더 이상 아니었다.

이런 변화가 모두 더해져 선행 인류는 포식자들의 공격에 더 취약해졌다. 보호받을 게 없는 벌거벗은 피부는 짐승의 발톱과 이빨에 한심할 정도로 쉽게 찢겨졌다. 다른 유인원들의 매끄러운 네 발 걸음에 비하면 두 발로 비틀거리며 움직이는 동작은 보기에 고통스러울 정도로 어설펐다. 토끼마저 이 이상하고 불안정한 생물을 쉽게 앞지를 수 있었을 것이다. 선행 인류가 받아들인 이런 적응은 부작용이 아니고서는 도저히 말이 안 된다.

이러한 적응을 촉발시켰을 수도 있는 행동 변화와 비교해 보면 그런 부작용은 값을 치를 만한 것이었다. 선행 인류의 이런 신체적 변화는 환경의 대변동에 따른 간접적인 결과였을 가능성이 높다. 전 지구적으로 기후가 극심한 변화를 겪으면서 우리 조상들은 자신을 보호해주던 숲으로부터 사바나의 노출된 세계로 밀려났다. 유능한 포식자들과 맞닥뜨리게 되자 행동을 바꾸지 않으면 멸종될 위기에 처하게 됐다.

그 당시 대부분의 선행 인류는 큰 무리를 지어 살 때는 기능을 잘 발휘하지 못했다. 지금도 우리와 가장 친한 '친척' 대부분은 그렇다. 이를테면 침팬지는 서로 협동하는 대규모 무리를 형성하지 못한다. 몇 마리이상의 수컷 고릴라들을 함께 모아놓으면 서로 우위를 차지하려고 싸움을 벌여 피비린내 나는 아수라장이 된다. 약 500만 년 전 맨 처음 뿔뿔이 사바나로 들어온 선행 인류도 아마 비슷했을 것이다.

하지만 긴 어금니를 가진 무시무시한 디노펠리스-고대의 고양잇과 맹수-와 사자만 한 크기의 마카이로두스-검치호랑이-에서부터 좀 더 친숙한 하이에나에 이르기까지 당시의 날쌘 '살인기계' 포식자들은 그런 상황을 확실하게 바꿔놓았다.

생존 가능성이 가장 높았던 선행 인류는 협동성을 타고난 이들이었다. 우리 조상들은 좀 더 크게 무리 지어 살기 시작함으로써, 소규모 무리였으면 갈기갈기 찢겨졌을 상황에서도 포식자와 대결하여 이길 수 있는 능력을 갖게 되었다. 이런 행동 변화는 현생 인류에서 볼 수 있는 모든 '이상한' 신체적 특징을 부작용으로 낳았을 것이다.

공격성을 억누르고 협동 능력을 향상시킨 이런 특성은 청소년기 유인원에게서 전형적으로 나타난다. 하지만 우리의 영장류 사촌들이 성숙기에 접어들면 큰 무리 속에서 잘못 작동되는 그 특성이 비로소 나타난다. 우리 선조들 중 사바나에서 살아남을 가능성이 가장 컸던 개체들 즉, 동료들을 갈기갈기 찢어버리는 것이 아니라 동료들과 함께 잘 지내는 미성숙한 능력을 가졌던 이들은 신체적으로 가장 덜 발달되었다. 그 결과 대부분의 털이 없어지고 큰 머리, 작은 입에 심지어 직립자세를 하게 되었다. 이 모든 것은 영장류 개체가 성숙해지면서 사라진 초기 특징이다.

여담이지만, 인류는 반복적으로 가축을 길러내는 과정에서, 가축들의 협동성을 골라내고 갓난아기 습성을 찾아내는 메커니즘을 적용해왔다. 늑대에게서 번식되어 나온 개가 성체 늑대보다는 새끼 늑대와 공통점이 훨씬 더 많은 것도 그 때문이다.

단순히 이론적으로만 그런 게 아니다. 1950년대부터 1990년대까지 장기간에 걸쳐 진행된 놀라운 실험에서 러시아의 유전학자 드미트리 벨랴에프는 러시아 은여우가 유순한 행동을 하도록 선택적으로 번식시킴으로써 선행 인류가 어떻게 늑대를 개로 바꿔놓았는지 보여주었다.

세상은 무엇으로 이루어져 있나

40년에 걸쳐-엄청나게 오래 지속된 실험이지만 진화 차원에서 보면 이것은 시간도 아니다-여우 자손들은 가축화된 개를 닮아가기 시작했다. 얼굴은 형태가 바뀌어 점점 둥그렇게 되었고, 귀는 더 이상 곧추서지 않고 늘어졌으며, 꼬리는 더 축 처졌다. 털가죽은 더 이상 균일하지 않았고 색도 달라졌으며 무늬가 생겼다. 그들은 노는 데 더 많은 시간을 보냈고 어미에게서 끝없이 리더십을 기대했다. 점점 더 협동 성향을 갖게 되면서, 덩치만 큰 새끼 여우의 외모와 행동 유형을 나타냈다.

다시 인간으로 돌아가 보자. 협동적인 성향이 더 강해지고 그럼으로써 더욱 더 어린아이 같아지는-과학용어로 유형성숙이라고 한다-과정에서 선행 인류는 털의 대부분을 잃어버렸다. 그래서 오늘날 우리 외모는 전반적으로 털이 없는 모습이 되었다. 물론 머리는 예외다. 머리털은 무성하게 자랄 수 있으며, 우리 몸의 다른 털과는 달리 계속 자란다.

털이 없어진 데는 몇 가지 설명이 가능하다. 원래는 모든 털이 고정된 길이로 그 상태를 유지했겠지만 시간이 흐르면서 자연선택에 따라 머리털이 계속 자랐을 가능성이 있다. 머리털을 계속 자라게 하는 돌연변이가 뇌를 더 잘 보호했기 때문에 이런 일이 일어났을 수도 있다.

또는 옷을 입게 되면서 부작용이 생겼을 수도 있다. 옷을 입게 되면서 털의 보호가 가장 필요하게 된 것은 뇌였다. 한낮에 태양의 엄청난 영향을 막아주는 방패막이로 삼게 됐을 수도 있다. 머리가 벗겨진 사람이라면 이 말의 뜻을 잘 알 것이다.

진화 형질이 변하게 된 이유를 찾는 것은 굉장히 어렵다. 무슨 일이 일어났는지 직접 관찰하거나 특정 이론을 시험해보는 실험을 할 수 없기 때문이다. 그것은 마치 '정부에 대한 신뢰 부족 때문에' 혹은 다른 원인으로 증시가 폭락했다고 말하는 증시 분석 뉴스와 약간 비슷하다. 증시가 그런 식으로 반응한 이유를 정확히 아는 사람이 없듯이, 인간이 특정 형질을 왜 발전시켰는지 증명할 수 있는 사람은 없다. 그것은 어쩔 수 없이 추측의 문제가 된다.

인체가 우주에 던져지면 어떻게 될까

우리에게 대체로 털이 없다는 점을 고려하면, 어떤 상황에서 옷은 생존에 필수적이다. 위험을 무릅쓰고 바다로 뛰어들건 북극에 가건 옷은 장비의 일부다. 옷이 보호장비라는 것을 보여주는 좋은 예는 아마도 우주에 있을 때일 것이다.

당신의 몸은 우주의 극한 상태에서 노출될 일이 없다. 그곳의 온도는 너무도 낮아서 영하 270℃까지 내려간다. 공기도 없다. 말 그대로 지구와 같은 것은 하나도 없다. 그러나 우주비행사들은 특수한 옷으로 보호를 받아 종종 우주에서 유영을 한다.

우주에서 제대로 된 보호장비 없이 잠깐 동안 생존하는 것은 가능하다. 할리우드는 우주에서 인간이 보호를 받지 않고 노출되면 무슨 일이 일어나는지 보여주는 것을 좋아하는데, 놀라울 만큼 잘못 알고 있을 때도 있다. 가장 터무니없는 예는 1990년 아놀드 슈워제네거가 출연한 〈토탈리콜〉이란 영화다. 필립 K. 딕 원작의 이 영화에서 화성 도시라는 보호된 환경에서 쫓겨난 인간들은 엽기적으로 팽창하다가 머리가 지저분하게 터져버린다.

사실 화성에는 지구 대기압의 1% 정도밖에 안 되는 약간의 대기가 있다. 낮은 압력 때문에 생기는 이런 종류의 팽창과 폭발은 심지어 우주 공간에서도 일어나지 않는다. 몸속 공간체강體腔에서 기체가 빠져나가면서 약간의 고통은 따르겠지만 머리가 풍선처럼 부풀어 오르는 일은 없을 것이다.

그래도 약간의 액체가 끓는 것은 경험하게 된다. 압력이 낮으면 낮을수록 끓는점은 낮아지는데, 이렇다 할 만한 압력이 없는 우주에서는 수분이 끓어 없어지면서 눈이 말라버리는 불쾌감을 느낄 것이다. 어떤 소설에서는 피가 정맥 안에서 끓을 것이라고 추정하기도 했지만 미항공우주국NASA에 의하면 피부와 순환계의 압력은 이런 일이 일어나는 것을 충분히 막아낸다고 한다.

또 다른 걱정은 우주의 아주 낮은 온도에서 우리 몸이 즉각 얼어버리지 않을까 하는 점이다. 하지만 진공병이 내용물을 어떻게 뜨겁게 유지하는지 기억하기 바란다. 열은 빛으로서만 진공을 통과할 수 있다. 우리는 태양으로부터 빛의 형태로 열을 받으며, 빛은 다행히도 빈 공간 즉 우주를 가로지를 수 있다.

사실 우리 몸은 적외선으로 빛나고 있다. 눈에 보이지는 않지만 어느 정도 빛을 발산하고 있는 것이다. 그러나 우리가 잃어버리는 열은 대부분 전도(열이나 전기 등이 온도나 전하의 차이로 인해 물체를 통해 입자에서 입자로 전달되는 현상-옮긴이)에 의해서 전해진다. 피부의 열, 다시 말해 열에너지로 흔들거리는 원자들은 대기로 전해지기 때문에 우리의 원자들은 다소 덜 흔들리며 대기 중의 원자들은 더 많이 흔들린다. 따라서 진공 상태에서는 즉각 얼어버리는 일이 일어날 수 없다.

당신은 열을 잃어버리기는 할 것이다. 그러나 아주 빨리 잃지는 않는다. 실제로 우주에서 당신이 죽게 된다면 숨 쉴 공기가 부족해서일 것이다. 이런 일은 몇 초 사이에 일어날 것이다. NASA는 이와 관련해 우주에서 어떤 일이 일어나는지 알려주는 경험을 우연히 한 적이 있다. 1965년 진공실에서 실험 대상자의 옷이 새기 시작했는데, 그 희생자—살아남았다—는 공기가 없는 방에서 약 14초 동안 의식을 유지했다. NASA에 의하면, 정확한 생존 한계점은 알려지지 않았지만 아마 1~2분 정도일 것이라고 한다. 그렇다면 옷이 생존하는 데 중요한 보조물이 될 수 있다는 점에는 의심의 여지가 없다.

하지만 일상생활에서 우리는, 수많은 다른 동물들이 약간의 털과 발의 단단한 피부만으로 완벽하게 잘 지내는 환경에 대처하기만 하면 된다. 나체주의자들이 보여주듯 옷을 입는 것은 기본적인 신체 보호를 위해서라기보다는 종종 사회적인 결정의 결과이며, 우리는 오랜 세월 동안 그런 결정을 내리고 있다.

손으로 짜서 만든 옷이 등장한 것은 최소한 2만7000년 전으로까지 거슬러 올라간다. 우리가 그것을 알 수 있는 것은 체크공화국 파블로프에 있는 고대인들의 정착지에서 발견된 진흙 표면에 직조된 천의 자국이 남아있었기 때문이다.

하지만 이것이 옷의 증거로 가장 오래된 것은 아니다. 뼈로 만든 바늘이 러시아의 코스텐키라는 마을에서 발견되었는데, 그 연대는 약 4만 년이나 거슬러 올라간다. 이 바늘은 동물 가죽을 꿰매는 데 쓰였던 것 같다. 그러나 우리가 옷을 입기 시작한 지 얼마나 되었는가를 알려주는 최고의 단서는 보잘 것 없는 이(이목에 속하는 곤충류—옮긴이)다.

인간은 언제부터 옷을 입었나

영국의 물리학자 로버트 훅(1635~1703)이 『마이크로그라피아Mi-crographia』를 출간했을 때 독자들에게 가장 큰 즐거움과 역겨움을 주었던 것은 아마도, 펼쳐볼 수 있게 접어놓은 페이지에 그려놓은 이의 그림이었을 것이다. 확대해서 본 이는 정말 해로워 보이는 기생충이었다. 숙주의 피부에 살면서 그 아래에 흐르고 있는 피를 홀짝거리는 흡혈충 말이다. 초등학생 자녀를 둔 사람들은 알겠지만, 머릿니는 머리털 맨 아래 부분 주변에 머물러 있으려고 안달이다. 그 놈이 몸의 다른 부위를 헤매고 다니는 걸 보지는 못했을 것이다. 하지만 머릿니의 친척 중에는 덜 까다로운 것도 있다.

인간의 몸니는 5만~10만년 전 사이에 머릿니로부터 진화했다. 이런 계산을 가능하게 해주는 고대의 이가 지금 존재하는 것은 아니지만 머릿니와 몸니의 DNA 변이를 보고 이런 연대를 추정할 수 있다. 둘의 차이가 많으면 많을수록 머릿니와 몸니의 분리는 더 오래 전에 이뤄진 것이다.

이것은 옷의 역사를 생각할 때 흥미로워지는 대목인데, 우리가 옷을 입기 시작하면서 비로소 몸니가 진화할 수 있었을 거라고 여겨지기 때문이다. 그 전에는 피부가 어떤 것으로도 덮여 있지 않고 너무 노출되어 있었다. 흥미롭게도 5만 년에서 10만 년이라는 시간대는 인간이 아프리카로부터 더 추운 지대로 이동한 시기와 잘 맞아떨어진다. 이런 이동으로 옷을 입게 됐을 수 있다.

피부색은 왜 다를까

옷 속의 몸은 피부로 덮여있다. 털처럼 피부도 멜라닌에서 나온 색소에 따라 색을 띤다. 또한 털처럼 피부의 바깥층도 죽어있다. 피부 표면에서 집 먼지가 되는 아주 작은 조각들이 떨어져 나간다. 각질층이라 부르는 이 죽은 층 바로 아래에는 피부를 보호해주는 두 개의 층 즉, 편평상피세포와 기저세포가 있다. 기저세포는 피부 표면까지 올라온 뒤 죽어 바깥 덮개를 형성한다. 기저세포는, 다른 종류의 세포이자 피부 색소를 만들어내는 멜라닌세포가 자리하는 곳이 된다.

멜라닌세포가 멜라닌을 더 많이 내놓을수록 피부는 더 거무스름해진다. 정상적인 상태의 피부는 선조들이 살았던 곳에 내리쬐던 빛의 자외선 양에 적응하게끔 진화되었을 것이다.

자외선은 빛의 스펙트럼에서 가시광선과 엑스선 사이에 자리하고 있다. 너무나 강력해서 만약 피부 바깥층을 통과해 몸 안으로 들어가게 되면 세포 안의 DNA에 손상을 입힐 것이다. 약한 자외선에 노출된 역사를 가진 인간 즉, 북반구에서 살아온 인간의 멜라닌 수준은 인류 공통의 조상이었던 아프리카인의 수준보다 떨어지는 경향이 있다.

이렇게 보호를 덜 받게 되면, 다시 말해 더 많은 햇빛에 노출돼 자외선을 많이 받게 되면 그 어떤 장점도 없을 것 같지만 실제로는 유익했다. 비록 자외선이 위험하긴 하지만 몸은 약간의 자외선을 필요로 한다. 자외선을 이용하여 우리 몸에 매우 중요한 비타민 D를 생산하기 때문이다. 이 비타민은 음식에서는 흔하지 않으며, 구루병 같은 질환을 피하려면 반드시 필요하다.

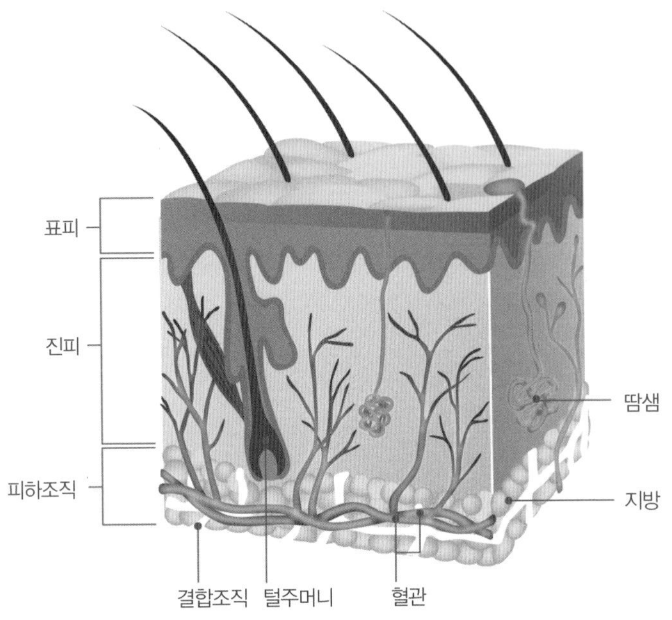

피부의 내부 구조

  햇빛이 그렇게 많지 않은 북방 기후에서 초기 정착자들은 더 많은 자외선이 몸에 들어오게 할 필요가 있었다. 북쪽 지방 사람들이 더 창백한 피부를 갖게 된 것도 그래서다. 그들의 몸에서 멜라닌은 한데 모여 거무스름한 주근깨와 점을 만들어내기도 한다. 햇빛이 약한 지역에서도 자외선 수준이 달라질 수 있기 때문에 피부는 다양한 자외선 강도에 대처하는 메커니즘, 이를테면 햇볕에 타는 메커니즘도 갖고 있다. 피부가 강한 햇빛에 노출되면 멜라닌세포는 아주 열심히 일을 해 더 많은 멜라닌을 만들어냄으로써 피부를 검게 만든다. 그렇게 되면 피부가 더 많은 자외선을 흡수할 수 있게 되어 그 아래층이 손상되는 것을 막는다.

물질의 구성요소

피부와 털의 바깥층을 이루는 주요 물질인 케라틴은 단백질이다. 그리고 단백질은 분자 즉, 원자들의 집합체다. 머리에서 뽑아낸 머리카락으로 다시 돌아가 좀 더 생각을 확대해 보면 우주의 근본적인 구성요소에 이르게 될 것이다. 당신의 몸이 어떻게 구성되어 있는지를 이해하려면 머리카락을 포함하여 '물질'이 무엇으로 이루어져 있는지 알아야 할 것이다.

고대 그리스인들에게는 두 가지 이론이 있었다. 그중에 우세했던 생각은 모든 것이 네 가지 요소element 즉, 흙·공기·불·물로 이루어져 있다는 가설이었다. 그러나 소수이긴 했지만 그 가설을 강하게 반대한 자들은 물질을 더 작은 조각으로 계속 자르다 보면 결국 한계에 이를 것이라고 생각했다. 그 남은 조각은 더 이상 자를 수 없는 것 즉, 아토모스(a-tomos 자를 수 없다는 뜻의 그리스어-옮긴이)가 될 것이라고. 그들은 모든 것이 아톰atom 원자으로 이루어져 있다고 생각했다. 이런 생각은 거의 2000년 동안 그냥 뒷전으로 밀려나 있었다.

그러다가 1800년대 초 잉글랜드의 과학자 존 돌턴이 서로 다른 원소element는 원자라고 하는 서로 다른 형태의 작은 입자로 이루어져 있으며, 각각의 형태는 원소마다 고유하다는 근대적인 원자론을 내놓았다. 이들 원소는 고대 그리스의 네 가지 요소가 아니라 다른 것으로는 만들어질 수 없는 화학물질이었다. 수소와 산소 같은 기체, 철과 납 같은 금속, 탄소와 황 같은 기타 물질이 그것이다.

그러나 20세기가 시작되는 시점에도 대다수의 과학자들은 원자를 실제 존재하는 실체가 아니라 화학을 제대로 작동하게 하는 데 유용한 개념으로만 생각했다. 원자가 진짜 존재하는 것으로 받아들여지게 된 것은 1905년 알베르트 아인슈타인의 연구에 의해서였다.

원자는 멈추지 않는다

원자는 어린아이와 약간 비슷하다. 그들은 결코 가만히 있지 않는다. 탁자 위에 있는 물잔을 보면 물이 움직이지 않는 것처럼 보인다. 그러나 그 안에서 물 분자는 무작위적이긴 하지만 미친 듯이 이리저리 바쁘게 돌아다닌다. 아인슈타인은 이 에너지 넘치고 뒤퉁스런 분자들을 갖고서 스코틀랜드의 식물학자 로버트 브라운이 1827년 처음 발견한 효과를 설명할 수 있다는 것을 깨달았다.

브라운은 현미경으로 물 한 방울을 관찰하다가 그 속에서 달맞이꽃 꽃가루가 춤추는 것을 발견했다. 처음에 그는 꽃가루에 일종의 생명력이 있어서 그런 거라고 생각했다. 그러나 아주 오래된 꽃가루, 돌가루, 그을음도 마찬가지였다. 꽃가루 속의 생명이 아니라 물 자체의 움직임이 이 '브라운 운동'을 만들어냈던 것이다.

아인슈타인은 물 분자가 무작위로 꽃가루를 강타하여 그런 움직임을 만들어낸다는 것을 깨닫고 수학적 근거를 제시했다. 얼마 뒤인 1912년 프랑스의 물리학자 장 페랭은 원자와 분자가 존재한다는 것을 처음으로 증명하는 다양한 실험을 했다.

놀랍게도 지금은 개별 원자들을 시각적으로 조작하고 경험할 수 있다. 1989년 IBM의 한 팀이 개별 원자를 움직이게 하기 위해서, 보는 것은 물론 조작도 할 수 있는 일종의 전자현미경을 처음으로 사용했다. 두 달 뒤 그들은 원소 제논의 원자 35개를 배열하여 IBM 이니셜을 만들어냈다.

그보다 약간 앞서 1980년에 워싱턴대학교의 한스 데멜트는 바륨 이온-이온은 전자를 잃거나 추가하여 전하를 띠는 원자다-한 개를 분리해냈다. 레이저 광선으로 적절한 색을 비추자 바륨 이온은 공중에 떠서 밝게 빛나는 아주 작은 점으로 맨눈에도 보였다. 우리가 그 이온을 직접 본 게 아니라 그것이 반사한 빛만 봤을 뿐이라고 주장할 수도 있겠지만, 사실 우리가 뭔가를 본다고 할 때는 늘 그런 일이 일어난다.

엉덩이는 의자에 닿을 수 없다

몸을 이루는 원자들은 아주 작을 뿐만 아니라 대개는 빈 공간으로 이뤄져 있다. 몸의 모든 물질을 압축하여 틈을 없앨 수 있다면 한 면이 500분의 1cm도 안 되는 정육면체 안에 들어갈 수 있을 것이다.

우주의 경이로움 중 하나는 중성자별인데, 그 모든 빈 공간을 잃어버리면서 원자들이 무너져 내린 별이 곧 중성자별이다. 중성자별 $1cm^3$-각설탕 크기보다 약간 더 큰 덩어리-에는 약 1억 톤의 물질이 들어있다. 우리의 태양보다 더 무거운 이 별은 대략 맨해튼 섬의 직경만 한 구球를 차지하고 있다.

당신이나 당신 털 속의 원자들이 중성자별처럼 무너질 위험은 없다. 별이 잡아당기는 엄청난 중력이 없으면 원자들은 안정된 상태로 있다. 그런 원자들이 모여 당신 털에 있는 케라틴 같은 분자를 만들어낸다. 원자들은 6장에서 자세히 다룰 자연의 네 가지 힘 중 하나인 전자기력 덕분에 함께 모여 있다. 분자는 우리가 호흡하는 산소처럼 하나의 원소로 만들어질 수 있으며, 원자들이 짝을 이뤄 만들어지기도 한다. 또 분자는 서로 다른 원소들을 연결한 화합물이 될 수도 있으며 간단한 염화나트륨소금에서부터 케라틴처럼 생명체에서 발견되는 복잡한 분자에 이르기까지 다양하다.

모든 것을 구성하는 원자들은 절대 서로 닿지 않는다. 서로 가까이 가면 갈수록 원자들을 구성하는 부분의 전하 사이에 반발력이 더 커지기 때문이다. 마치 매우 강력한 자석의 두 개의 극을 함께 갖다대는 것과 같다.

심지어 뭔가가 다른 것과 접촉하는 것처럼 보일 때에도 이런 일이 일어난다. 예컨대 당신이 의자에 앉아있을 때도 사실은 의자에 닿은 것이 아니다. 당신의 몸은 원자들끼리의 반발로 생기는 극미한 거리만큼 떠 있다.

당신이 자석을 갖고 논 것은 꽤 오래 전 일일 것이다. 한 쌍의 자석을 들고 확인한 이들 사이의 상호작용이 얼마나 놀라웠는지 다시 한 번 생각해 보기 바란다. 두 개의 같은 극을 갖다 댔을 때 생기는 반발은 서로 잡아당기는 것보다 왠지 더 마술처럼 보인다. 하지만 이런 반발은 한 조각의 물질이 다른 것과 접촉할 때마다 매번 일어나고 있다. 이 상호작용은 자기적인 것이라기보다는 전기적인 것이다. 하지만 자석 사이에서 당신이 느끼는 것과 비슷한 전자기 반발은 의자의 원자들 사이에서 미끄러지는 엉덩이의 원자들을 멈추게 한다.

원자의 복잡한 속사정

1912년 원자의 존재가 증명되고 얼마 지나지 않아 그 이름이 부정확하다는 것이 드러났다. 원자는 '자를 수 없는' 게 아니다. 원자는 여러 구성요소를 갖고 있다. 과학자들은 전자라고 하는 음전하 입자가 있으며 그것을 원자에서 빼낼 수 있다는 것을 이미 알고 있었다.

처음에는 이런 것들이 플럼서양자두 푸딩에 들어간 플럼처럼 양의 물질 덩어리 여기저기에 퍼져 있다고 여겨졌다. 이는 영국의 물리학자 조셉 톰슨의 설명이다. 그러나 케임브리지에서 연구하던, 수북한 팔자 콧수염의 뉴질랜드 사람이 그렇지 않다는 것을 증명했다. 어니스트 러더퍼드는 다른 입자들을 원자에 발사하여 입자들이 어떻게 반응하는지 관찰하려고 했다. 마치 눈에 보이지 않는 구조물에 공을 던져 그 공이 때린 대상이 공에 어떤 영향을 주는지를 보고 그 구조물이 어떤 것인지 알아내려는 것과 약간 비슷한 생각이었다. 그가 사용한 '공'은 방사성 원소에서 빠져나오는 것으로 알려진 알파입자였다. 나중에 그것은 헬륨 원자의 핵으로 밝혀졌다.

그 알파입자는 형광물질을 바른 스크린을 때릴 때 미세한 섬광을 만들어냈다. 어둠 속에 웅크리고 있던 러더퍼드의 조수는 금박지 조각에 발사시켰을 때 옆으로 방향이 바뀐 그 입자의 경로를 찾아낼 수 있었다.

과학에서 중요한 영향을 미치는 그런 영감을 갖고 러더퍼드와 그의 팀은 금박의 원자에 부딪쳐서 반사돼 곧장 출발점으로 되돌아오는 알파입자도 찾아보았는데, 가끔씩 한 개가 그렇게 되돌아왔다.

그것은 전혀 예상하지 못한 일이었다. 러더퍼드는 마치 휴지에 포탄을 발사했는데 포탄이 다시 튕겨져 나온 것과 같은 일이라고 말했다. 그는 이런 반응이 양전하의 알파입자를 밀어내는, 작고 밀도가 아주 높은 양전하의 핵이 틀림없이 원자에 들어있다는 것을 알려준다고 생각했다.

러더퍼드는 가운데에 양전하의 핵이 있는, 은하계와 같은 원자의 모습을 처음으로 그려냈다. 그는 생물학에서 '핵'이라는 단어를 빌려왔다. 핵은 태양에 해당되고, 음전하의 전자들은 미세한 태양계의 행성들이었다.

더 이상 톰슨의 플럼 푸딩은 없었다. 핵은 원자 전체에 비해 너무 작아서 대성당 안의 파리처럼 묘사되었는데, 원자보다 약 10만 배 더 작았다. 핵은 양성자라고 하는 양전하 입자들로 이루어져 있는데, 원자량의 99.9%를 차지한다. 각각의 양성자에 한 개의 전자가 밖을 돌며 전하 균형을 맞춤으로써 원자는 중성상태를 유지한다.

그러나 자세히 묘사된 이 그림도 썩 훌륭하지는 않았다. 1932년 핵에서 또 다른 입자인 중성자가 발견된 것이다. 중성자는 양성자와 질량은 비슷했지만 전하를 띠지 않았는데, 이는 미스터리를 설명해주는 데 도움이 되었다.

같은 원소에서도 다른 판본이 존재하는데, 이를 동위원소라고 한다. 이들은 화학적으로는 같은 식으로 작용하지만 무게가 다른데, 그 이유를 설명해준 것이 바로 중성자였다. 어떤 원소가 무슨 원소이고 그것이 화학적으로 어떻게 반응하는지를 결정하는 것은 전하를 띤 입자하전입자들의 수다. 그러나 동일한 원소일지라도 그 속의 서로 다른 원자들은 핵에 있는 중성자의 숫자를 다르게 가질 수 있으며, 그래서 다양한 원자량을 갖게 된다.

전자에 관한 오해

많은 사람들이 원자에 대해 알고 있는 것은 여전히 이런 모습이지만 1932년 이후에도 과학은 계속 발전해왔다. 이제 우리는 전자가 태양 주변의 행성처럼 핵 둘레를 날아다니지는 않는다는 것을 알고 있다. 더 이상 태양계 모형은 들어맞지 않는다는 얘기다. 만약 그게 정확한 그림이라면 문제가 있었을 것이다.

하전입자는 가속되면 빛의 형태로 에너지를 발산한다. 그런데 궤도를 돈다는 것은 일종의 가속이다. 가속이란 속력speed의 변화를 뜻하는 게 아니라 속도velocity의 변화를 뜻한다. 속력은 이를테면 '시속 30마일'이란 말처럼 단순한 숫자다. 그러나 속도에는 그 이상의 뜻이 내포돼 있다. 속도는 속력과 방향을 아우른다. 따라서 속도는 '정북으로 시속 30마일'을 가리키는 식이다. 움직이는 것은 속도의 일부 요소가 변하면 가속된다. 여전히 시속 30마일로 가고 있다고 해도 방향이 북쪽에서 동쪽으로 바뀌면 가속된다는 말이다.

원자 속에서 윙윙거리며 돌아다니는 전자를 미니 행성처럼 생각한다면, 그것은 항상 방향을 바꾸고 항상 가속하고 있을 것이다. 그것은 전자가 빛을 내 에너지를 잃은 뒤 1초도 되지 않는 아주 짧은 시간에 핵 속으로 뛰어든다는 것을 뜻한다. 그렇게 되면 우주의 모든 원자는 즉각 스스로를 파괴하게 될 것이다.

양자의 정체

그러나 모든 것이 순식간에 사라지지 않는 이유는 '아주 작은 것의 과학'인 양자론이 설명해준다. 양자론은, 전자를 궤도에서 씽씽 돌아다니는 작은 입자로 묘사한 그림이 틀렸다는 것을 알려준다.

그 어떤 순간에도 전자는 고정된 위치를 갖고 있지 않다. 전자는 전자 주변의 수많은 장소 중 어느 한 장소에 확실하게 있는 게 아니라 여기저기에 각각 다른 확률로 존재한다. 관찰될 시점에만 하나의 위치에 자리를 잡는다. 따라서 원자 바깥 주변의 흐릿한 구름 정도로 전자를 생각하는 편이 낫다. 물론 그런 그림을 그리는 것은 더 어려운 일이다. 때문에 오래된 태양계 모형이 여전히 많은 교과서에 실려 있는 것이다.

원자 바깥쪽에 이런 '흐릿함'을 만들어내는 전자들은 특정한 에너지 준위(정상 상태의 에너지 값, 에너지 수준-옮긴이)에서만 존재할 수 있다. 그것은 마치 전자가 레일 위를 달리는 것과 같다. 에너지를 주면 전자는 다음 레일로 뛰어 올라갈 것이다. 하지만 레일 하나를 다 뛰어넘을 수 있을 만한 양의 절반쯤 되는 에너지를 줄 수는 없으며, 전자가 레일과 레일 사이에 위치하는 일은 결코 일어날 수 없다. 이렇게 고정된 양의 에너지 '꾸러미다발'를 양자라고 하는데, 여기서 '양자론'이라는 명칭이 나왔다.

이런 설명은 '양자 도약quantum leap'이라는 용어가 일상 언어에서 아주 희한하게 쓰이고 있다는 것을 알려준다(영어에서 quantum leap는 물리학 용어 이외에 비약적인 발전이나 변화 등을 나타내는 말로 사용되고 있다-옮긴이). 양자 도약은 하나의 레일에서 그 다음 레일로 뛰는 것을 말한다. 그것은 전자의 에너지에 나타날 수 있는 최소한의 변화다. 따라서 '정말로 중대한 변화'를 뜻하는 말로 쓰이는 것은 좀 어울리지 않는다.

대개 전자를 더 높은 준위-'레일'에 비유한 것은 일반적인 비유가 아니라 내가 지어낸 것이다-로 밀어주는 에너지를 공급하는 것은 빛이다. 빛은 에너지를 운반하고-그렇게 돼서 참으로 다행이다. 왜냐하면 이런 식으로 태양의 에너지가 진공의 우주를 지나 우리에게까지 도달하기 때문이다-전자에게 필요한 에너지를 공급한다. 마찬가지로 전자는 한 수준 아래로 떨어질 때도 빛을 발산한다. 전자는 레일에서 레일로만 이동할 수 있으므로 전자를 움직이는 에너지는 다발 즉, 양자 상태로 있다. 빛은 광자라고 하는 다발입자로 온다.

쿼크의 맛깔

몸은 분자로 이루어져 있고, 각각의 분자는 원자를 갖고 있으며, 각각의 원자는 양성자, 중성자, 전자로 이루어져있다. 그러나 우리는 이제 양성자와 중성자를 원자 중심부에 있는 근본적인 것으로 보여주는 오래된 그림도 틀렸다는 것을 알고 있다.

양성자와 중성자는 모두 쿼크라고 부르는 그야말로 근본적인 입자로 이루어져 있다. 쿼크에는 그 맛깔flavor에 따라 몇 가지 종류가 있다. 맵시charm, 기묘함strangeness, 꼭대기top, 바닥bottom 등이 그것이다. 우리가 관심을 갖는 것은 위up와 아래down다. 양성자 하나는 두 개의 업up쿼크와 한 개의 다운down쿼크로 이루어지고, 중성자 하나는 두 개의 다운쿼크와 한 개의 업쿼크로 만들어진다.

이 모든 것은 전하로 환산된다. 업쿼크는 3분의 2, 다운쿼크는 마이너스 3분의 1의 전하를 갖고 있다. 그래서 양성자는 양전하 1, 중성자는 전체적으로 전하가 없다. 입자가 분수값의 전하를 갖는다는 것은 틀린 것처럼 보인다. 그리고 쿼크가 뭔가의 3분의 1이나 3분의 2인 것은 아니다. 그것은 진정한 전하 단위다. 하지만 그런 숫자를 처음 확립할 당시에 알려진 것이라고는 양성자와 전자가 전부였기 때문에 할 수 없이 3분의 몇이라는 숫자를 떠안게 되었다.

쿼크quark라는 이 희한한 이름은 라크lark 종달새와 운을 맞출 때 종종 쓰인다. 하지만 미국의 물리학자 머리 겔만(미국의 이론물리학자로 쿼크의 개념을 처음 도입했으며, 1969년 노벨물리학상을 받았다-옮긴이)은 이 생각을 해낼 때 코크cork와 운을 맞추고 싶었다. 그는 철자를 어떻게 쓸 것인가는 생각하지 않고 '쿼오크kwork'라는 소리를 생각해냈다. 그때 그는 제임스 조이스가 쓴 『피네간의 경야』에서 '머스터 마크에게 세 쿼크를!Three quarks for Muster Mark!'이라는 문장을 보게 되었다. 쿼크가 세 개씩 등장하는 문장은 그 텍스트를 아주 적절하게 만들었다. 그래서 겔만은 발음이 딱 맞아떨어지지 않아도 그 철자를 택하기로 했다.

세상을 구성하는 물질입자

쿼크까지 나왔으니 이제 정말로 자를 수 없는 것-과학자들이 당신의 몸과 우주를 구성하고 있는 모든 입자를 설명할 때 이용하는 좀 더 큰 그림의 일부분-까지 도달한 셈이다.

물리학자들은 '표준 모형'이라는 것을 만들어냈는데, 이 모형은 약 19개의 서로 다른 기본입자를 토대로 우리가 알고 있는 모든 존재를 설명한다. 이중 12개가 물질입자인데 쿼크, 전자, 그리고 핵반응과 충돌기 실험에서 발견되는 좀 더 모호한 변종 같은 것들이 포함된다.

또 다른 5개는 힘을 운반하는 특수입자다. 예컨대 빛의 입자이면서 여기저기로 전자기력을 운반하는 광자가 있다. 존재할 수도 있고 존재하지 않을 수도 있는 입자 한 쌍도 있다. 바로 중력자다. 만일 중력이 다른 것들처럼 양자 덩어리 상태로 오는 힘이라면, 중력자는 중력을 운반하는 입자일 것이다. 아직 충분히 입증된 이론은 아니다. 그리고 유럽입자물리연구소CERN가 개발한 거대한 강입자충돌기의 주요 표적인 힉스보손이 있는데, 이것은 다른 입자에 질량을 부여하는, 확인하기 힘든 입자다.

복잡하게도 각각의 입자들은 반입자를 갖는다. 반물질은 〈스타트렉〉에서나 나오는 것처럼 들리지만-스타트렉에서 엔터프라이즈호의 엔진을 작동하게 하는 것이 바로 이것이다-그것은 실재한다. 반물질은 일반물질과 같지만, 전하 같은 일부 성질은 다르다. 12개의 모든 물질입자들은 그에 상응하는 반물질을 갖는다. 예를 들어 전자는 양전자로 더 잘 알려진 반전자를 갖고 있는데, 이것은 음전하 대신 양전하를 띤다.

물질과 반물질을 합치면 서로를 파괴하며 그 질량은 에너지로 전환된다. 물질의 에너지는 아인슈타인의 그 유명한 방정식 $E=mc^2$으로 수량화할 수 있다. 빛의 속도인 c는 매우 큰 수이기 때문에 물질과 반물질이 결합할 때에는 엄청난 에너지가 나온다. 1kg의 반물질이 이에 상응하는 양의 물질을 만나 소멸되면 전력발전소 하나가 약 12년 동안 만들

세상은 무엇으로 이루어져 있나

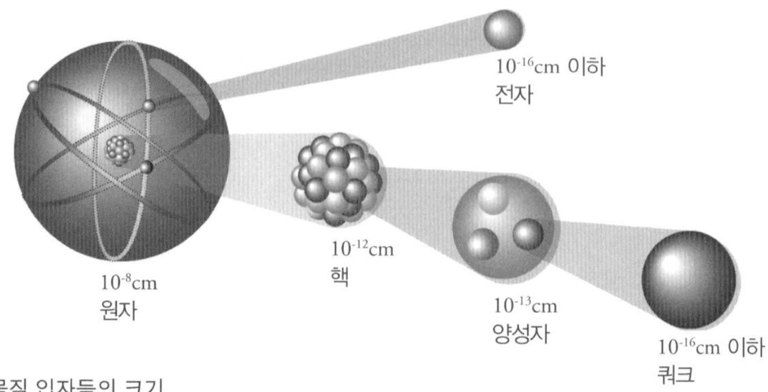

물질 입자들의 크기

어내는 양의 에너지가 나온다. 이때 사용한 반물질에 따라 그 과정에서 중성미자라고 하는 2차적인 입자가 만들어질 수도 있으며, 이것이 에너지 생산을 반으로 감소시킬 수 있다. 하지만 이 점은 크게 고려할 사항은 아니다. 반물질은 가장 압축적으로 에너지를 저장하는 방법이다. 그것은 핵연료보다 1000배는 더 많은 에너지를 갖는다.

비록 어지럽게 뒤섞인 이 다양한 입자들이 당신의 머리카락, 그리고 질량이나 에너지를 지닌 물질 속의 모든 것을 설명하는 데 유용하지만 사물을 바라보는 방법으로는 깔끔하지 않다. 과학자들은 좀 더 간단한 그림으로 현실의 기본원리를 다루고 싶어 한다. 이를 위해 물리학자들은 오랫동안 경쟁적으로 이론을 만들어냈지만 아직 그 어느 것도 만족스럽지는 않다.

고체·액체·기체의 경계

이론적인 얘기에서 벗어나 머리털과 관련된 재미있는 질문을 하나

하겠다. 머리털은 어떤 종류의 물질로 이루어져 있을까? 아마도 당신은 학교에서 모든 물질은 고체, 액체 또는 기체라고 배웠을 것이다. 털은 액체나 기체가 아니므로 고체임에 틀림없다. 하지만 그렇게 유연하고 잘 구부러지는 것은, 우리가 '고체' 하면 즉시 떠올리는 것들과 딱 들어맞지는 않는다. 우리는 고체를 유연한 것이 아니라 딱딱한 것으로 생각하는 경향이 있다.

지나치게 단순화한 분류에 잘 들어맞지 않는 물질의 또 다른 예가 모래다. 모래 한 줌을 생각해보자. 의심할 여지 없이 모래는 고체입자로 이루어져 있지만 손가락 사이로 액체처럼 빠져나간다.

고체, 액체, 기체로 경험할 수 있는 몇 안 되는 물질 중 하나인 물에서 이런 물질의 상태를 더 잘 감지할 수 있다. 물을 놓고 볼 때 우리는 물질의 세 가지 상태를 구분하는 일이 이중적이라는 것을 알게 된다.

원자는 일반적으로 서로 떨어져 있는데 고체에서 액체, 기체로 가면서 대개는 더 빨리 움직인다. 모든 원자와 분자는 움직이지만 고체 상태에서는 확고한 결합-분자 간의 전자기적 연결-의 틀 안에서 흔들린다. 액체 상태에서는 여전히 결합되어 있지만 그 결합이 덜 단단하며 안정된 구조는 아니다. 기체 상태에서 분자는 꽤 독립적으로 행동한다.

이렇게 말하면 고체 액체 기체 상태 사이에 연속성이 있는 것처럼 들리지만 각 상태의 경계는 분명히 있다. 예를 들어 액체 상태의 물 분자는 증발하면서 기체 형태로 계속 탈출하겠지만 물을 기체로 바꾸려면 알맞은 온도 즉, 끓는점까지 열을 가해야 한다. 그런 다음 마지막 결합을 해체하고 분자들을 자유롭게 풀어놓기 위해 추가로 열-잠재적인 비등열-을 가해야만 한다.

기체 너머의 플라스마

당신이 학교에서 배운 과학에 따르면, 물질에는 세 가지 상태가 있다는 빅토리아 시대의 생각에서 멈춰져 있겠지만, 사실은 총 다섯 가지의 상태가 있다. 네 번째는 당신이 여러 번 경험한 것-기체보다도 더 분명한 상태-이지만 우리의 학교 과학이 19세기 세계관에 너무나도 단단히 갇혀 있기 때문에 성인들조차 대형 스크린 TV와 연관된 상표가 없었으면 그런 것이 존재한다는 사실조차 알지 못한다. 그게 바로 플라스마다.

여기서 혼동을 불러일으킬 수 있는 점을 분명히 짚고 가야 할 것 같다. 특히 이 책의 출발점이 당신의 몸이기 때문에 그렇다. 우리가 말하고 있는 이 플라스마는 혈액의 플라스마 즉, 혈장(혈액에서 혈구를 제외한 액상 성분-옮긴이)과는 아무런 관련이 없다. 혈장은 무색의 액체인데 여기에서 혈구가 떠다닌다. 물리학에서 플라스마는 기체 다음에 오는 물질의 네 번째 상태다.

사실 이 단어로 두 가지 이름을 지은 것은 적합하지 않다. 원래 플라스마는 형태가 만들어지거나 틀에 넣어 만들어진 뭔가를 뜻했지만 두 플라스마 모두 형태가 없다.

내가 갖고 있는 사전을 보면 플라스마를 '원자나 분자 대신 이온이 들어있는 기체'로 정의하고 있는데 플라스마에 대한 이해가 얼마나 형편없는지 알 수 있다. 잠시 그 이온에 대해서는 걱정하지 말기로 하자.

사전 편찬자의 생각이 얼마나 흐릿했는지는 주목하기 바란다. 플라스마를 이런 식으로 정의하는 것은 액체를 '유체의 성질을 가진, 밀도가 아주 높은 기체'라고 말하는 것과 비슷하다. 플라스마는, 기체가 고체보다는 액체와 더 비슷한 것처럼 액체보다는 확실히 기체와 더 비슷하지만 그래도 뭔가 다른 즉, 물질의 다른 상태다.

나는 플라스마가 대개의 경우 매우 잘 보이기 때문에 기체보다 더 분명하다고 말했다. 태양은 거대한 플라스마 공이다. 우리가 흔히 보는 불꽃은 플라스마 차원에서 보면 꽤 차갑긴 해도 약간의 플라스마를 함유한다. 불꽃은 대개 플라스마와 기체가 섞여서 발생한다. 특정한 점을 넘어서까지 액체를 계속 가열할 때 액체에서 생겨나는 것이 바로 기체이듯이 기체를 아주 충분히 계속 가열하면 기체에서 일어나는 것이 바로 플라스마다.

기체가 점점 더 뜨거워지면서 기체 안에 있는 원자 주변의 전자는 점점 더 많은 에너지를 갖게 된다. 결국 일부는 충분한 에너지를 갖게 되어 날아가 버리고 뒤에 원자를 남긴다. 대부분의 원자는 전자를 잃거나 얻는 자연스런 성향을 갖고 있다. 전자를 쉽게 잃어버리는 원자는 전자를 잃어 양전하 이온이 된다. 전자를 쉽게 얻는 원자는 양이온으로부터 남는 것을 빨아들여 결국 음전하를 띠는 이온이 된다. 이온은 전자를 잃었거나 전자가 추가된 하전 원자다. 이렇게 원자가 이온이 될 정도로 가열된 것이 플라스마다.

일단 우주 전체를 놓고 보면 플라스마는 매우 흔하다. 별은 매우 큰 물체인데 우주에서 탐지 가능한 물질의 99%까지 플라스마라는 주장도 있었다. 이는 플라스마가 빛을 발산해서 발견하기 더 쉽기 때문에 나온 말이다. 플라스마는 밀도가 엄청나게 높지는 않다는 점에서 기체 같기는 해도 기체와는 아주 다르다. 기체는 매우 훌륭한 절연체인 반면 플라스마는 뛰어난 전도체다.

세상은 무엇으로 이루어져 있나

커스터드 상태

우리는 물질의 상태가 변하는 것을 온도 변화의 결과라고 생각한다. 물을 차갑게 하면 얼음이 된다. 금속 조각에 열을 가하면 금속은 녹아 액체가 된다.

그러나 압력도 특정 물질에 극적인 효과를 낳을 수 있다. 흘러내리지 않는 틱소트로피 페인트는 충격을 받으면 겔 형태(겔은 가단성이 있는 고체다. 가단성이란 고체가 압력처럼 외부에서 가해지는 힘에 의해 외형이 변하는 성질을 말한다. 가단성이 크면 잘 부러지지 않고 균열이 가지 않는다-옮긴이)와 액체 사이에서 변한다. 그러나 압력이 물질의 상태에 가하는 가장 극적이고 재미있는 효과는 커스터드에서 볼 수 있다.

커스터드 가루를 물과 섞어 걸쭉한 노란 액체로 만든다. 일부를 그릇에 붓는다. 이제 다른 손가락과 엄지손가락 사이가 몇 센티미터 되게 벌려 액체에 넣고 함께 눌러 짠다. 액체는 손가락의 압력으로 분말이 된다. 압력을 계속 가하는 한, 그릇에서 쉽게 들어 올릴 수 있는 고체 상태를 유지하지만 압력을 풀자마자 액체 상태로 돌아가 손가락에서 뚝뚝 떨어질 것이다.

이런 특성 때문에 수영장을 가득 채운 커스터드 표면을 걸을 수 있다. 이 모습을 직접 보려면 www.universeinsideyou.com에서 Experiments(실험)를 선택하고 Walking on Custard(커스터드 위에서 걷기)를 클릭하면 된다.

보스-아인슈타인 응축

물질의 다섯 번째 상태가 커스터드는 아니지만 그것만큼이나 희한하다. 과학자들은 가끔 인상적인 멋진 용어를 만들기도 한다. '플라스마'는 꽤 괜찮은 편에 속한다. '포톤photon 광자'과 '쿼크'도 그렇다. 하지만 제 정신이라면 결코 부르고 싶지 않을 이름을 너무 자주 만들어낸다. 이 용어를 아주 빠르게 다섯 번 말해보라. 다섯 번째 물질의 상태는 보스-아인슈타인 응축Bose-Einstein condensate이다.

이것은 온도 눈금에서 플라스마의 반대편 끝에 있는 상태다. 여기서 응축을 설명하기 전에 잠시 온도에 대해 생각해볼 필요가 있다. 온도란 무엇인가? 온도는 어떤 것의 뜨거운 정도다. 괜찮은 정의다. 뭔가를 뜨겁게 하기 위해 우리는 에너지를 가한다. 그렇게 했을 때 무슨 일이 일어나는 것일까? 에너지를 가하면 물질의 원자나 분자의 움직임이 빨라진다. 심지어 고체 안의 원자도 에너지를 받으면 흔들거린다. 액체에서는 서서히 움직이며 돌아다니고 기체에서는 이리저리 쏜살같이 빠르게 돌아다닌다.

온도계를 사용하여 체온-약 37℃-을 잴 때 당신은 자신을 구성하고 있는 입자들의 운동에너지가 갖고 있는 평균을 재는 셈이다. 뭔가가 더 빨리 움직이면 에너지의 차이가 발생한다는 사실을 잘 믿지 못하는 사람이라면 시속 5km로 날아오는 테니스공과 시속 500km로 날아오는 테니스공에 맞았다고 상상해보라. 두 번째 것은 추가 에너지로 인해 훨씬 더 아플 것이다.

만약 온도가 물질 속 원자들의 운동 결과라는 사실을 모른다면, 냉각기계장치의 성능이 좋다는 전제 하에 뭔가를 원하는 만큼 더 차갑게 무한정 식힐 수 있다고 상상할지도 모르겠다. 하지만 원자나 분자의 운동을 아주 느리게만 할 수 있을 뿐이다. 그러다 결국 원자나 분자는 멈추게 될 것이다. 그 온도가 바로 절대영도이다. 그러나 양자입자는 결코 완전히 멈출 수 없기 때문에 실제로 그 온도에 도달할 수 없다.

이 궁극의 저온은 약 영하 273.16℃다. 과학자들은 눈금 크기는 섭씨와 동일하지만, 절대영도에서부터 시작하는 온도 단위를 종종 사용한다. 켈빈온도 눈금이 그것이다. 여기서 0℃는 약 273K가 된다. 아주 세세한 것을 좋아하는 이들을 위해 덧붙이자면, 켈빈눈금의 단위는 켈빈kelvin 소문자 k이지만 기호로는 대문자 K를 쓴다. 화씨, 섭씨와는 달리 '도'를 쓰지 않는다. 따라서 물의 어는점은 273.16K이지 273.16°K가 아니다.

물질은 절대영도에 가까워지면 아주 희한하게 행동하기 시작한다. 어떤 것들은 응축−응축에는 엄밀히 말해 두 가지 변이가 있는데, 보스−아인슈타인과 페르미온이 그것이다−이 된다. 응축은 구성 입자들이 개별성을 잃어버리는 상태를 말한다. 이것은 물질이 운동에 대해 완전히 저항이 없는 초유동성 같은, 희한한 행동을 낳는다. 초유체(절대영도에 가까운 극저온에서 점성이 사라지면서 벽을 타고 위로 흐르거나 사방으로 흩어지는 특성을 지닌 물질−옮긴이)는 분자의 무작위 운동에 대해 아무런 저항을 하지 않기 때문에 제멋대로 용기에서 빠져나온다. 초유체를 원형으로 돌리기 시작한다면 그것은 영원히 회전을 계속할 것이다. 그리고 전기저항이 없는 초전도체도 있다.

응축의 세계에서 가장 중요한 것은 보스−아인슈타인 응축이 빛을 다루는 방식이다. 응축은 정상적인 물질과 빛 사이의 중간쯤 되는 성질을 갖고 있기 때문에 빛과 희한하게 상호작용하므로, 빛이 기어갈 정도로 느려지게 만들거나 정지하게도 만든다. 빛과 물질의 이 희한한 혼합을 '암흑상태dark state'라고 부른다. 희한한 현상에 잘 들어맞는 낭만적인 이름이 아닐 수 없다.

복잡성의 원인

물질에는 다섯 가지 상태가 있다는 것을 알아보았다. 제일 위에 고에너지 이온의 집합체인 플라스마가 있다. 그 다음에 기체가 있고, 그 다음에 액체, 그 다음에 고체가 있다. 마지막으로 차가움의 극한에 보스-아인슈타인 응축이 있다.

물질은 다소 평범하고 따분한 과학으로 생각하기 쉽다. 그러나 그 한 가닥의 머리털에 놀랄 만큼 많은 일이 일어나고 있다. 자세히 살펴보면 원자로 이뤄진 분자가 있다. 앞에서 보았듯이 각각의 원자에는 양성자와 중성자의 핵이 있고-너무 작아서 핵에 양성자 한 개만 갖고 있는 수소는 제외하자-그 주변에 전자구름이 있다. 핵 속에 든 각각의 입자는 세 개의 쿼크로 이뤄진다. 이 간단한 구성요소는 비교적 간단한 털의 구조뿐 아니라 몸의 모든 복잡성의 원인이 된다.

매릴린 먼로의 원자가 내 몸에

하지만 당신의 몸을 이루는 구성요소들은 어디서 온 것일까? 당신의 몸에 포함되기 전 그 원자들은 어디에 있었을까? 그것들은 이전 세

세상은 무엇으로 이루어져 있나

기에 온갖 반응에 관여하면서 이 행성 주변을 떠다녔다. 몸에는 엄청나게 많은 탄소가 있다. 그것은 어디서 왔을까? 동물과 식물에서 왔고, 이들의 탄소는 또 다른 동물과 식물로부터 나왔다. 이 사슬을 따라 아주 멀리까지 거슬러 가보면 채식가와 마주치게 될 것이다. 따라서 궁극적으로 그 모든 탄소는 식물에서 나왔다. 하지만 식물은 과연 탄소를 어디에서 얻었을까? 공기에서 얻는다.

식물은 주로 공기로부터 스스로를 만들어내는 놀라운 능력을 갖고 있다. 우리는 이산화탄소의 온실가스 역할 때문에 이산화탄소를 나쁘게 생각하는데 식물에 유입되는 탄소의 대부분은 식물이 대기에서 취한 이산화탄소에서 나온다는 것을 명심하기 바란다. 참 다행스런 일이 아닐 수 없다. 대기로부터 이산화탄소를 취한 식물은 쓸모없는 산소를 퍼내버리는데 오로지 그 산소 때문에 우리는 숨을 쉴 수 있는 것이다.

그러므로 당신의 원자 일부는 동물과 식물에 있기 전에 공기 중에 있었다. 일부는 땅에서, 일부는 물에서 왔다. 멀리 거슬러 올라가보면 그중 많은 것들은 오랜 기간 동안 다른 사람들 몸속에서 시간을 보내고 있었을 것이다. 사람 한 명에 들어있는 원자는 너무나 많아서—7×10^{27}—시간이 얼마간 지나면 그중 많은 것들은 다른 사람 몸에서 재활용될 것이다. 당신의 몸에는 왕, 여왕, 귀족전사, 궁정광대로부터 나온 원자들이 들어있다.

이것은 당신이 쉬는 모든 숨에 매릴린 먼로가 호흡했던 원자가 한두 개쯤 들어있을 거라는 암시와는 미묘하게 다르다. 대기는 강력한 힘을 갖고 있어서 이런 호흡을 전체의 대기와 뒤섞으며 움직인다. 그래서 당신이 새 공기를 들이마실 때 이상한 원자를 빨아들이게 된다. 하지만 매릴린을 이루고 있던 원자들은 아직 전 세계로 퍼져 모든 이들의

매릴린 먼로가 호흡했던 원자는 누군가의 몸에 들어있을 수 있다.

몸에 들어갈 만한 충분한 시간을 갖지 못했다. 어떤 이들에게는 들어있겠지만 모든 사람이 다 갖고 있는 것은 아니다. 하지만 앞으로 몇 백 년 더 지나면 확실히 모든 이의 몸에 매릴린의 분자들이 들어있을 것이다.

지구보다 오래된 우리 몸의 원자

당신 안의 원자들은 30억 년보다 훨씬 더 이전에 생명이 시작할 때부터 전 지구를 돌아다니고 있었다. 화석을 이용하여 약 32억 년 전 생성된 암석에서 생명을 추적할 수 있는데, 그 연대는 생명의 존재를 암시하는 화학물질을 감안할 때 수억 년 더 올라갈 수 있다. 그러나 그 이전에도 원자는 거기 있었다. 원자가 난데없이 불쑥 나타난 것은 아니다.

세상은 무엇으로 이루어져 있나

당신을 이루고 있는 원자는 45억 년 전 지구가 만들어질 때에도 존재했다. 외계의 유성을 타고 온 소수의 것들을 제외하고는.

그 이전에 원자는 엄청나게 오랜 시간 동안 우주공간을 떠다녔다. 일부는 우주가 시작될 즈음부터 있었다. 우주의 기원과 관련해 우리가 갖고 있는 최고의 이론인 빅뱅이론에 따르면 우주의 수소와 일부 헬륨과 리튬은 모두, 우주를 만들어낸 빅뱅의 잔재가 순수 에너지이기를 멈출 만큼 식어서 물질을 만들어내게 되었을 때 생성되었다고 한다. 따라서 당신 몸의 유기분자와 물에 들어있는 수소의 생성 연대는 우주가 시작하던 때까지 거슬러 올라간다.

얼마 후 이 수소의 일부가 중력에 의해 함께 뭉쳐져 별을 만들어냈고, 별은 젊을 때 가장 가벼운 원소인 수소를 그 다음으로 무거운 원소인 헬륨으로 바꾸면서 탄다. 대부분의 수소가 사용되고 나면 헬륨도 써버릴 수 있는데, 이런 식으로 원소들을 만들어내며 철까지 간다. 생명에 아주 중요한 탄소와 산소 같은 원소들이 이렇게 만들어진다.

나중에 이런 별들 중 일부는 불안정해져서 초신성이라고 하는 대폭발을 일으킨다. 평범한 별은 철보다 더 무거운 원소들을 만들어낼 정도로 충분한 에너지를 갖고 있지 않지만 초신성은 너무나 많은 에너지를 갖고 있어서 천연원소 중 가장 무거운 우라늄에 이르기까지 모든 원소들을 만들어낼 수 있다.

이는 글자 그대로 당신이 별의 먼지 즉, 우주진이라는 것을 뜻한다. 당신이 들고 있는 머리카락 안의 원자들, 당신의 몸속에 든 모든 원자들은 빅뱅에서 나왔거나 별에서 나왔다. 빅뱅에서 나왔다면 137억 년이 됐고, 별에서 나왔다면 그 나이가 70억 년에서 120억 년은 된다. 당신의 머리카락 그리고 당신의 모든 부분을 구성하고 있는 것들은 정말 오래 되었다.

우리는 우주인들이 탐험하는 우주가 아주 먼 곳에 있고 지구상의 생명과는 관련이 없다고 생각하는 경향이 있다. 그러나 당신 안에 있는 모든 원자들은 한때 그곳에 있었으며, 한때 더 넓은 우주의 일부였다.

우주는 얼마나 클까

이런 사실은 당신을 꽤 특별하게 만든다. 원자는 우주에서 귀한 존재다. 사실 우주에는 원자가 많지 않다. 우주의 모든 별과 은하는 고사하고 우리 주변의 모든 것들을 고려해보면 그렇지 않을 것 같다.

하지만 우주는 넓은 곳이다. 관측 가능한 우주에는 약 10^{80}개의 원자가 있는 것으로 추정된다. 즉, 우주 전역에서 원자를 보는 것이 가능하다. 우주 공간에서 거리는 빛이 1년 동안 이동하는 거리인 광년으로 측정한다. 빛은 1초에 약 30만km를 이동하므로 1광년은 약 9조 5000억km가 된다. 그리고 '가시 우주'의 지름은 약 900억 광년이다.

그 누구도 우주가 얼마나 큰지 확실히 알지 못하기 때문에 우리는 '가시 우주the visible universe'라고 말한다. 그러나 우주가 약 137억년 전에 생겨났음을 암시하는 증거는 꽤 많다. 따라서 우리는 137억년-사실은 약간 더 짧다-동안 이동 중인 빛을 볼 수 있다. 만일 모든 것이 동일한 상태로 있었다면, 가시 우주의 지름은 약 270억 광년이 되겠지만 우주는 처음 시작된 이후 계속 팽창하고 있다. 따라서 137억 년 전에 출발한 지점이 지금은 약 450억 광년 떨어져 있다.

우주는 너무 크기 때문에 그 안의 모든 원자들을 우주 공간에 끌고

세상은 무엇으로 이루어져 있나

루 퍼뜨린다 해도 산소 원자는 약 6250m³당 겨우 1개 있을 것이다. 당신 몸의 차원에서 생각해 보자. 지금까지 몸의 구성요소 중 질량이 가장 큰 것은 물이다. 물의 질량의 대부분은 산소가 차지한다. 당신 몸의 원자 구성요소에서 가장 큰 것은 산소인데, 산소는 당신의 질량의 약 65%를 차지한다. 따라서 우주의 모든 물질이 아주 골고루 분포되어 있을 경우, 당신 몸 안에 들어 있는 만큼의 산소를 공급하려면 $9 \times 10^{30}m^3$가 넘는 우주 공간의 내용물을 필요로 한다. 이것은 한 면의 길이가 2000만km인 정육면체로, 달까지 거리의 50배가 넘는다.

당신의 머리에서 뽑은 머리카락에 대해 한 번 더 생각해보자. 사람들은 몇 세대가 넘는 자신의 가계도를 알아내고는 자부심을 갖는다. 한 가문이 시골에 대저택을 400년 동안 소유하고 있었다면 그들은 스스로 뭔가 특별하다고 여긴다. 하지만 당신이 들고 있는 바로 그 머리카락에는 우주에서 수집한 내용물이 들어있고, 그 원자 중 일부는 빅뱅까지 거슬러 올라가며, 모든 원자는 50억 년보다 훨씬 더 오래 되었다. 나라면 그쯤 되어야 조상다운 조상이 있다고 말하겠다.

앞에서 말했지만 당신의 머리카락은 죽어있다. 하지만 이제는 생명의 징후로 넘어갈 시간이다. 피보다 더 생명을 잘 암시하는 것이 또 어디 있겠는가?

과학을 안다는 것

3

우리 몸은
무엇으로 이루어져 있나

우리 몸은 세포로 구성되어 있다. 그 세포의 세계는 무한한 변화의 가능성을 품고 있다.

살을 베여 검붉은 피가 나는 것을 본 적이 있을 것이다. 멸균 처리된 바늘이 준비되어 있다면, 엄지손가락 아래 도톰한 부분을 찔러 핏방울을 자세히 들여다보기 바란다. 물론 반드시 그래야 하는 건 아니다. 바늘로 찔렀을 때 욕하고 싶은 충동을 느낄지도 모르겠는데 그게 꼭 나쁜 것만은 아니다.

욕설은 통증을 줄여준다

2009년의 어느 연구 결과에 따르면 우리가 다쳤을 때 욕설을 내뱉는 데는 그럴 만한 이유가 있다. 일상의 말을 할 때보다 욕을 하면 고통을 참아내는 힘이 생기고 통증도 감소한다는 것이 입증되었다. 이런 결과는 상황을 '카타스트로파이즈'(catastrophize 어떤 상황을 실제보다 훨씬 더 나쁘게 보거나, 대재앙처럼 여긴다는 뜻-옮긴이)하는 사람들에게는 해당되지 않았다. 『옥스퍼드 영어사전』에 이런 단어는 없기 때문에 과학자들이 무슨 말을 하려는 것인지 정확히 알기는 어렵다.

이 연구가 뜻하는 바는 욕을 하는 것이 고통의 두려움과 고통의 느낌 사이의 연결고리를 끊어서 괴로움을 줄일 수 있다는 것이다. 그게 도움이 되든 안 되든 당신이 핏방울을 보고 싶다면 약간의 고통은 따를 것이다.

생명력이란 무엇일까

여기, 생명 없는 머리카락과는 아주 다른 게 있다. 당신의 피가 머리카락과는 다른 식으로 활발하다는 데는 의문의 여지가 없다. 다만 어느 지점이 죽은 것과 살아있는 것의 경계인지 말하는 건 쉽지 않다.

원자 수준으로 내려가 보면 피는 머리카락, 아니 암석과도 다를 게 없다. 원자들의 특정한 혼합이 다를 수는 있겠지만-이를테면 피에는 철이 상당량 들어 있다-피와 머리카락은 둘 다 원자들이 다양한 분자 형태로 모여 이뤄진다. 어쨌든 '살아있는' 피와 죽은 머리카락은 다르다는 얘기다.

뭔가가 살아있는지 죽었는지를 확실하게 구분하는 것은 뜻밖에 사소한 일이 아니다. 이 책을 더 읽어나가기 전에 살아있는 것과 그렇지 않은 것을 구분할 수 있는 근거를 알고 있는지 생각해보자. 최소한 여섯 가지 정도 말이다.

한때 사람들은 '생명력life force'이라는 것이 존재한다고 믿었다. 그것은 살아있는 것에는 존재하지만 죽은 것에는 없는 일종의 에너지를 말한다. 하지만 이런 에너지는 감지되지 않았다. 사이비 과학 혹은 '오늘 그녀는 에너지로 충만해 보인다'는 투의 은유적 표현 영역 외에서는

과학을 안다는 것

더 이상 진지하게 받아들여지지 않는다.

살아있다는 증거

대신 생물학자들은 '생명이 있다'는 것을 입증하는 일곱 가지 징후 즉, 생명과정이라고 부르는 것을 찾는다. 사실상 생명은, 그것이 무엇이냐보다는 무엇을 하느냐로 정의한다. 그렇다면 일곱 가지 징후는 무엇일까.

- 움직임 : 시간이 흐르면 심지어 식물도 움직인다.
  해바라기가 태양을 따라 움직이는 것을 보라.
- 영양 : 동물이건 식물이건, 또는 태양광선이건 뭔가를
  소비하여 에너지를 만든다.
- 호흡 : 이 과정에서 '먹이'원으로부터 에너지가 만들어진다.
  흔히 산소가 관여하지만 항상 그런 것은 아니다.
- 배설 : 노폐물을 제거한다.
- 생식 : 스스로를 새로 복제하여-종종 변화를 만들어내며-
  종을 유지한다.
- 감각 : 에너지 형태를 감지함으로써 주변의 것과 상호작용한다.
- 성장 : 살면서 끊임없이 계속되지는 않지만 살아있는
  모든 것들은 발달 단계의 어느 지점에서 성장한다.

유기체, 다시 말해 동물이나 식물 차원에서 볼 때 이 모든 과정이 일

우리 몸은 무엇으로 이루어져 있나

어나지 않는다면 당신이 무엇을 보고 있건 그것은 살아있는 게 아니다. 반면 일곱 가지 징후가 모두 나타난다면 당신은 그게 무엇이든 살아있는 것을 보고 있는 셈이다.

그러나 그 무엇이 죽었는지 살았는지를 분명하게 판별하는 건 쉬운 일이 아니다. 당신을 짜증날 정도로 훌쩍거리게 만들었던 바이러스를 생각해보자. 바이러스는 단세포 생물로 볼 수 있다.

세포 하나만 갖고 있으면서도 확실히 살아있는 것들이 많은데 박테리아세균도 그중 하나다. 하지만 바이러스는 생식 시험은 통과하지 못한다. 그렇다고 바이러스가 생식을 전혀 하지 않는 것은 아니다. 당신의 몸에서 문제를 일으키는 게 바로 그들의 생식이다. 그들은 숙주 세포의 메커니즘을 통제해버리는 방식으로 생식을 한다. 어떤 의미에서는, 당신이 바이러스를 갖게 되었을 때 바이러스를 생식시키는 것은 당신 자신의 생명이다.

전부는 아니지만 많은 생물학자들은 바이러스가 살아있다고 생각하지 않는다. 어떤 면에서는 생명이 결여되어 있다는 것 자체가 바이러스 제거를 어렵게 만든다. 항생제를 써도 성과를 얻지 못한다. 따라서 감기와 인플루엔자에 걸렸을 때 항생제를 쓰는 것은 시간낭비다.

생과 사의 차이

살아있는 것의 한 부분만 보고 그것이 살아있다고 확신하기는 힘들다. 단세포 생물을 제외하면, 따로 떼어낸 하나의 기관이나 세포가 모든 기준을 충족시키지는 않는다. 이를 테면 심장은 생식을 할 수 없다.

생물학자들이 사용하는 것처럼 생명이란 단어는 유기체 수준에서만 적용되는 '전체론적인' 용어다. 동물이 살아있다가 죽은 상태로 넘어갈 때 모든 세포에서 즉각적인 변화를 볼 수 있는 건 아니다. 궁극적으로는 변하지만 말이다. 따라서 이런 관점에서는 당신의 피 한 방울과 손가락 세포 한 개가 살아있다고 말할 수는 없다.

그렇지만 피에서는 머리카락의 경우보다 훨씬 더 많은 일이 일어나고 있다. 살과 피가 머리카락처럼 죽었다고 말할 수는 없다. 생물의 일부분 즉, 당신의 엄지손가락 살에서 나온 피나 세포 같은 것은 생명과정의 일부를 드러내기 때문이다.

나는 세포생물학자에게 '세포가 살아있다고 생각하느냐'고 물어본 적이 있다. 그는 살아있다면서 그 이유를 이렇게 설명했다.

"실험실에서 실수로 배양세포를 죽였을 때 확실하게 그걸 알 수 있다. 살아있는 세포들은 대사작용을 하고 분열하고 돌아다닌다. 현미경으로 저속촬영을 해서 보면 이들은 놀랄 정도로 역동적이다. 떨고 맥동하며, 탐색하기 위해 작은 손가락사상위족과 발접착용세포족을 내보낸다. 어떤 세포들은 심지어 기어다니기까지 한다. 물론 이들은 스스로 생식한다. 어떤 것들은 결코 죽지 않는 암세포주처럼 끊임없이 생식한다. 세포는 죽으면 모든 손발을 집어넣는다. 핵은 해체되고 세포는 폭발하듯 터져버린다. 그런 다음 완전히 꼼짝도 하지 않으며 다시는 일어나지 않는다. 이것이 생과 사의 분명한 차이다!"

이런 관점에서 혈구혈액세포를 다루는 건 정말 까다롭다. 이들은 대다수의 세포와 달리 핵이 없으며 그냥 혈액순환의 흐름을 따라 돌아다닌다. 그렇지만 당신의 몸이 살아있게 하는 데 엄청나게 중요한 역할을 한다.

우리 몸은 무엇으로 이루어져 있나

피 속의 삼총사

손가락 끝을 콕 찔러 나온 피 한 방울을 들여다보면 아무것도 들어 있지 않은 검붉은 액체로 보일 것이다. 그러나 현미경 슬라이드에 떨어뜨려 관찰하면 뭔가 작은 것들로 가득 차 있다. 일부 적혈구는 작은 마름모같이 생겼는데, 아주 작고 마른 살구를 닮았다. 그들의 역할은 산소를 폐로부터 몸의 조직에 운반하는 일이다.

이들이 붉은 이유는 주성분이 헤모글로빈이라고 하는 단백질-수많은 종류의 단백질은 몸의 분자 중에서 가장 중요한 일꾼들이다-이기 때문이다. 적혈구에서 물을 제거하면 남는 것의 95%는 헤모글로빈이다. 이 커다란 분자는 산소에 들러붙어 산소를 몸 전체로 운반하는데 아주 뛰어나다.

헤모글로빈에는 철이 들어있는데, 철이 녹의 붉은 빛을 만들어내기 때문에 붉은 색을 띤다고 생각하지만 색은 사실 우연의 결과다. 철 원자는 포르피린이라고 하는 원자 고리에 묶여있다. 이런 유기적 구조 때문에 그런 색이 생긴다. 적혈구는 골수에서 생성되는데, 일반적으로 수조 개의 다른 적혈구와 함께 약 4개월 간 20초마다 몸속을 씽씽 돌아다니다가 대체된다.

그 한 방울의 피 안에서 일부를 차지하고 있는 또 다른 세포가 백혈구다. 방어 메커니즘과 청소부 역할을 하는 이들의 종류는 아주 많다. 백혈구 중 한 종류는 전성기를 지낸 늙은 적혈구를 제거한다. 그러나 대부분은 병의 원인 또는 몸에 들어왔을지도 모르는 원치 않는 물질을 사냥한다.

개별 백혈구를 육안으로 판별할 수는 없지만 임무를 마치고 죽은 백혈구들이 모여 있는 것을 본 적은 누구나 있을 것이다. 그게 바로 고름이다. 이런 세포들은 당신의 몸 안에 수십억 개씩 떼를 지어 다니는데 각자 특정한 공격자나 도려낼 필요가 있는 내부 세포와 싸우는 데 헌신한다.

이게 혈액 무기의 끝은 아니다. 우리에게 덜 친숙하지만 피에는 세 번째 유형의 세포도 있다. 혈소판이다. 이들은 수명이 짧고 어느 정도는 형태가 없는 세포들로서, 상처에서 피가 무한정 흐르는 것을 막아주는 혈액 응고 작업을 담당한다.

물이 곧 생명이다

혈액에는 다른 요소도 있다. 바로 물이다. 혈구가 떠다니는 혈장-plasma 플라스마. 앞에서 살펴본 물질의 상태를 말하는 게 아니다-에는 많은 단백질과 화학물질이 용해되어 있지만 그래도 주가 되는 것은 물이다. 당신의 몸은 많은 물을 함유하고 있다. 그 어떤 것보다도 물이 더 많다.

물은 간단하지만 매우 흥미로운 분자다. 산소 한 개에 수소 두 개가 더해져 우리에게 친숙한 화학식 H_2O 를 만들어낸다. 물은 생명작용에서 매우 중요하기 때문에 태양계에서 생명체가 있을 만한 곳을 탐색할 때 가장 먼저 찾는 것이 물이다. 박테리아 생명체는 우리 행성이 만들어낼 수 있는 극한의 열, 냉기, 무공기 상태 등에서 발견된다. 그러나 물 없이 존재하는 생명은 알려지지 않았다.

물이 근본적으로 중요한 것은, 여러 성질을 지닌 독특한 집합체이

우리 몸은 무엇으로 이루어져 있나

기 때문이다. 물은 우리가 지구 표면에서 경험하는 온도에서 고체, 액체, 기체로 존재하는 유일한 화합물이다. 또 물은 분자로서 놀라운 특성들을 지니고 있다. 그중 하나가 없다면 물의 끓는점은 섭씨 영하 70도 아래로 내려갈 것이다. 만약 그렇게 된다면 지구에는 액체 상태의 물이 없을 것이고 따라서 생명도 없을 것이다.

그러나 물 분자가 몇몇 다른 원자들과 공유하는 이 특별한 성질 덕분에 물 분자는 섭씨 100도에서 끓는다. 그 성질이 바로 수소결합이다. 다시 말해 수소 원자가 띠는 전하와 산소, 질소, 불소플루오린 등 다른 원자의 전하가 서로 끌어당기는 힘이 그것이다. 물의 경우, 수소가 띠는 약간의 양전하가 다른 물 분자의 산소가 지닌 약간의 음전하에 끌린다. 이런 결합 때문에 분자들을 기체로 분리하기가 더 힘들다. 그러나 물의 끓는점을 올려주는 그 결합을 극복해내기 때문에 지구는 생명체가 살 수 있는 곳이 되는 것이다.

수소결합은 물에게 또 다른 특별한 성질도 부여한다. 대부분의 물질은 액체보다 고체일 때 부피가 더 작다. 그러나 고체의 물얼음은 액체 형태보다 부피가 훨씬 더 크다. 병에 물을 가득 담아 얼리지 말라고 하는 것도, 호수에 떠다니는 얼음 덕분에 생명이 그 아래에서 생존하기 쉬운 것도, 모두 이런 이유 때문이다. 이런 성질을 물만 갖고 있는 특별한 성질이라고 종종 말하는데 꼭 그런 것은 아니다. 아세트산과 실리콘도 액체일 때보다 고체일 때 밀도가 더 낮다. 다만 이런 성질이 흔치 않은 것만은 사실이다.

작은 플라스틱 병에 물을 끝까지 채워 공기가 없게 만든 뒤 뚜껑을 닫고 밤새 냉동고에 놓아두자. 물이 팽창하여 얼음이 되면서 플라스틱에 균열을 만들어 뚜껑이 떨어져 나갈 것이다. 아니면 플라스틱을 늘

여놓아 해동이 됐을 땐 이상하게 헐렁한 느낌이 든다. 그러니 유리병은 사용하지 말기 바란다. 냉동고가 유리조각 천지가 될지도 모르니까.

물이 얼면서 팽창하는 이유는, 물의 기본적인 결정체 형태 즉, 6면 격자형태가 물 분자의 수소를 다른 물 분자의 산소 쪽으로 당기는 수소결합 방식과 들어맞지 않기 때문이다. 이 결합에 따라 늘어나고 비틀어지므로, 격자형태 구조에 딱 들어맞게 하려면 물 분자를 물 최고의 고밀도 형태-약 섭씨 4도일 때-에서 더 멀리 떨어뜨려야만 한다.

물은 투명하지만 빛의 산란으로 약간 푸른색을 띤다. 하늘이 파란 것도 같은 이유다. 하지만 우리가 들여다볼 수 있는 물의 양이 엄청날 때는-빙하 얼음의 경우를 제외하면-그 색깔이 그렇게 분명하지는 않다.

물이 생명에 중요한 이유 중 하나는 수소결합을 가능하게 하는 분자의 전하 덕분에 물이 강력한 용매가 되기 때문이다. 물은 다른 많은 물질을 용해시키고 살아있는 세포에서 그런 물질을 이동시키는 수단이다. 물이 이런 식으로만 생명을 지탱시켜주는 것은 아니다. 물은 몸의 대사작용에 필요한 수많은 화학반응에 참여한다. 물이 없으면 살아있는 세포는 존재할 수 없다.

생명을 담는 그릇

우리는 이미 '세포cell'라는 용어를 반복적으로 사용했다. 일단 몸 속을 들여다보기 시작하면 세포를 피해갈 수 없다. 이 단어는 뉴턴과 동시대인이자 맞수였던 로버트 훅이 만들었다. 위대한 과학자였던 훅의 저서로 가장 잘 알려진 것이 『마이크로그라피아Micrographia』다. 이

책은 확대경과 초기 현미경으로 본 아주 작은 것들을 훌륭하게 묘사
한 연구서다.

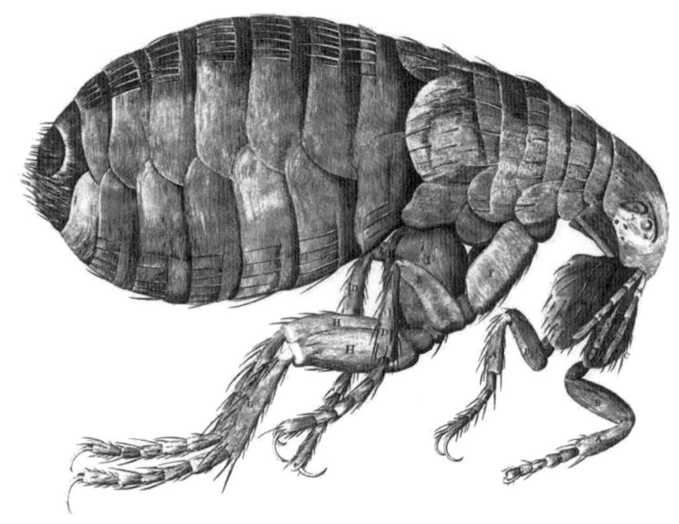

로버트 훅의 저서 『마이크로그라피아』에 수록된 벼룩의 확대 그림

　책 안의 접혀진 그림은 펼칠 수 있게 돼있었는데, 벼룩과 이를 자세
히 묘사한 모습에 독자들은 깜짝 놀랐다. 이 두 생물은 당시 사람들에
게 너무나 친숙한 것들이었지만 그렇게 괴물 같은 모습을 자세하게 본
적은 없었다. 그는 또한 파리의 겹눈복안을 세밀하게 그려 대중을 놀라
게 했다. 그는 심지어 코르크 절단면도 살펴보았다. 여기서 그는 '아주
조그만 상자들이 무한히 모여 있는 것'을 보았고, 이를 수도원에 있는
수도사들의 방cell에 비유했다. '생물학적 방'인 세포라는 명칭은 수도
사의 침실에서 나온 셈이다.

　모든 생물은 최소한 한 개의 세포를 갖고 있다. 생명의 가장 간단한
형태, 예컨대 박테리아는 단 하나의 세포로 구성되어 있는 반면 당신

의 몸은 수조 개의 세포로 이뤄져 있다. 사실 각각의 세포는 생명을 담고 있는 그릇이다.

우리가 이미 만난 혈액세포 혈구는 매우 특별한 경우다. 하지만 몸속의 표준적인 세포 형태는 가운데 핵이 있고 그 주변의 유체流體에 여러 가지 생물학적 기계의 부품 조각들이 떠다니는 복잡한 꾸러미다.

슈퍼스타 분자 DNA

바로 그 핵에 복합화합물로 가장 유명한 DNA가 들어있다. DNA는 화학계의 유명인사다. 뉴스에서 그렇게 자주 언급되는 분자들이 몇이나 되는가? 심지어 이름을 다 풀어서 말하지 않아도 된다. 이니셜만으로도 충분하다. 디옥시리보핵산deoxyribonucleic acid은 발음하기도 쉽지 않다. 그리고 우리가 다루고 있는 게 무엇인지 알기 위해서는 그냥 이중나선 그림만 보면 된다.

DNA는 하나의 물질이 아니다. 예컨대 소금과는 다르다. 소금은 염화나트륨으로, 원자 두 개가 NaCl 분자로 붙은 간단한 화합물이다. 반면 DNA는 정보를 저장하기 위한 하나의 형식이다. 당신의 세포 중 하나, 예컨대 아까 피가 흘러나온 손가락 끝의 살에 있는 세포의 핵에 있는 DNA는 일련의 기다란 분자들의 형태를 취하고 있다. 그것은 히스톤이라는 단백질을 감고 있는데, 히스톤은 DNA를 위해 한 무리의 축 같은 역할을 한다.

인간의 염색체 그림을 본 적이 있을 것이다. 각각의 염색체는 히스톤을 수반하는 하나의 DNA 분자이며, 각각의 세포는 핵에 이런 염색

우리 몸은 무엇으로 이루어져 있나

체를 46개씩 갖고 있다. 이에 대해서는 7장에서 좀 더 알아보겠다.

염색체 이야기를 할 때 종종 언급되지 않는 중요한 점이 있다. 각각의 염색체에 있는 DNA가 하나의 분자라는 사실이다. 염색체의 DNA는 다발로 싸여있어서 일반적인 분자보다 훨씬 더 두툼한데 그 때문에 분자라는 걸 명확하게 인식하지 못하는 것이다. 크기 자체도 그들을 하나의 분자로 생각하는 걸 방해한다. 인간 염색체 1번의 DNA는 알려진 것 중 가장 큰 분자인데, 그 안에는 자그마치 약 100조 개의 원자가 들어 있다.

DNA의 이중나선 구조는 나선형 계단과 아주 비슷하다. 나선 부분은 기다란 당의 고리-DNA 명칭에서 '디옥시리보'는 디옥시리보오스라는 당에서 나온 것이다. 이 당은 뼈대를 이루는, 반복 구조의 긴 원자 사슬인 중합체의 일부분을 형성한다-로 이뤄져 있다. DNA에 관한 한 이런 당은 그저 토대가 될 뿐이다. 중요한 구성성분은 나선형 계단의 발판이다. 각각의 발판은 네 개의 염기에서 선택된 한 쌍의 화합물로 이뤄져 있다. 그 네 가지가 바로 시토신, 구아닌, 아데닌, 티민이다.

DNA 분리하기

TV 과학수사 드라마에서 종종 DNA 표본을 분리한다. 그게 무슨 일을 하는 것인지 경험해 보자. 이 실험을 통해 당신은 바나나에서 DNA를 추출할 수 있다. 이 실험은 이 책에서 가장 복잡한 실험이지만 직접 해보지 않더라도 비교적 간단한 방식으로 DNA를 확보할 수 있다는 것만큼은 기억에 남을 것이다.

바나나 절반을 섞어 반죽처럼 만든다. 너무 액체가 되지 않게 몇 초 동안만 섞는다. 맑은 주방세제와 약간의 소금을 약 9배의 온수와 섞어 머그잔의 절반만 채운다. 세제 10cc로 100cc의 용액을 만드는 식이다. 여기에 바나나를 넣고 함께 젓는다. 거품이 생기지 않게 조심하고, 덩어리가 없는 균일한 혼합물이 될 때까지 젓는다.

찬 곳에서 커피 필터로 이 혼합물에서 액체를 걸러낸다. 액체의 일부를 좁은 유리용기, 이를테면 시험관 같은 것에 넣어 깊이가 2cm 되게 한다. 이제 아주 차가운 알코올을 용기의 안쪽 면을 따라 부어서 위에 층을 형성하게 한다. DNA가 알코올 속 용액에서 나오기 시작할 것이다. 그것을 칵테일 막대기에 감아 꺼낼 수 있다.

이때 알코올은 95% 에탄올, 다시 말해 순수 알코올이어야 한다. 그것이 없다면 소독용 알코올을 사용해도 효과가 있다. 단 알코올성 음료는 부적합하다. 그리고 바나나를 꼭 써야하는 건 아니다. 살아 있는 것이라면 사실 무엇이라도 되지만 그나마 사용하기 쉬운 게 바나나다. 최종적으로 얻은 끈적끈적한 것에는 약간의 단백질이 붙어 있다는 점에 주의하기 바란다. 하지만 대부분은 DNA다.

당신만 갖고 있는 암호

이들 염기는 컴퓨터 2진 부호의 0과 1 같다. 물론 염기에는 네 가지가 있으므로 2진은 아니다. 각각의 세포에서 발견되는 DNA에는 60조 개의 염기쌍이 있다. 거기에 있는 부호는 생명작용의 다목적 일꾼인 다양한 단백질을 생성하는 데 쓰일 정보를 저장하고 있다. 시간이 흐르면서 당신이 어떻게 형성되고 발달될지 결정하는 데 도움을 주는 분자 전체를 만들 때 쓰인다. 이 모든 과정이 제대로 돌아가는 것은 바로 그 계단의 발판이 항상 동일한 염기 연결을 갖기 때문이다. 아데닌은 항상 티민과 짝을 이루고, 시토신은 항상 구아닌과 연결된다.

이런 짝짓기가 복제메커니즘의 관건이다. 하나의 세포가 둘로 쪼개지면서 새로운 세포들이 생성되며, 그 결과로 생성된 세포들에게는 각각 그것만의 DNA 자료 복사본이 하나씩 필요하다. 이를 위해 이중나선의 두 사슬이 풀려 각각의 발판을 두 개로 나눈다. 그 두 개의 반쪽은 서로 동일하지 않다. 하지만 염기쌍은 항상 같은 식으로 짝을 이루므로, 없어진 절반을 다시 만들어서 완전한 DNA 세트가 각각의 세포에 만들어지도록 하는 것은 쉬운 일이다.

DNA는 그것을 갖고 있는 생물에게 청사진을 제공해준다고 알려져 있다. 물론 DNA는 할 일이 많다. 이렇게 한 번 생각해보자. 당신은 하나의 세포로 출발했다. 그 세포가 둘로 분열했고 두 개의 세포는 넷으로, 이런 식으로 해서 지금 당신이 가진 총 5조~7조 개 정도의 훌륭한 세포로 분열했다.

단순히 쪼개지는 것만으로 그렇게 계속될 수 없다는 것은 분명하다. 진짜로 쪼개지기만 했다면 당신은 그저 커다란 세포 덩어리에 불과하다. 뭔가가 세포로 하여금 서로 다른 종류의 세포와 구조를 만들어내기 위해 어떻게 '분화'할 것인지 지시를 내려야만 했을 것이다. 그게 바로 DNA의 역할이다.

그러나 DNA를 청사진이라고 부르는 데는 오해의 여지가 있다. 청사진은 정확히 무엇이 어디로 가야할지 자세히 설명해줌으로써 인공물을 만들 수 있게 해준다. 그러나 DNA 그 어디에도 인간에 들어갈 모든 것을 명시할 만큼 충분한 자료가 들어 있지는 않다. 생물이 갖고 있는 유전자-DNA에서 정보의 기본적인 부호 수준에 불과하다-의 수와 그 복잡성 사이에는 아무런 연관성도 없다. 예를 들어 쌀은 인간보다 두 배는 더 많은 유전자를 갖고 있다. 유전자에 대해 좀 더 자세히 살펴보면 알게 되겠지만 DNA를 청사진으로 보는 것은 지나치게 단순한 견해다.

차라리 당신의 손가락 또는 몸의 다른 모든 정상적인 세포의 DNA는 복잡하고 자동화된 공장 즉, 생물을 제어하는 소프트웨어로 생각하는 게 더 낫다. DNA에 세부사항이 모두 다 들어있지는 않으며 다른 요인들이 소프트웨어와 상호작용하여 어떤 특정한 시기에 활성화되는 부위를 변화시킨다. 그럼에도 DNA가 대단히 중요한 역할을 수행하는 것만은 틀림없다.

세포핵의 DNA 분자 46개가 그 세포에서 유일한 DNA는 아니다. 외래의 것으로 생각할 수 있는 별도의 DNA가 있다. 그것은 인간으로부터 유래된 것이 아니다.

우리 몸은 무엇으로 이루어져 있나

손가락은 어떻게 움직이나

세포 안에서 핵 바깥을 떠돌아다니는 미토콘드리아라는 구조가 있다. 아주 작은 콩깍지같이 생겼는데 '세포의 발전소'라고 부르기도 한다. 우리가 숨을 쉬어서 얻은 산소, 다시 말해 적혈구가 운반한 산소를 음식에서 얻어낸 화학물질과 결합시킴으로써, 몸이 에너지를 저장하는 데 사용하는 아데노신삼인산염 즉, ATPadenosine triphosphate라는 분자를 만들어내기 때문이다. 미토콘드리아는 이를 테면 생화학적 충전기인 셈이다.

미토콘드리아의 가장 놀라운 점은 그것이 한때 박테리아였던 것처럼 보인다는 거다. 서로를 이롭게 하는 공생 과정 속에서 세포의 일부분이 되었을 수 있다. 미토콘드리아의 기원과 관련한 이 이론이 나온 지는 꽤 오래 되었지만 강력한 증거가 나온 것은 2011년이다. 다소 따분한 이름 'SAR11'이라는 해양 박테리아의 조상이 미토콘드리아의 조상과 같을 가능성이 높다고 밝혀진 것이다. 인간과 고릴라가 공통의 조상을 갖고 있듯이 SAR11과 미토콘드리아도 그런 것 같다. 둘의 유전자를 비교한 결과 이들이 동일한 박테리아의 초기 형태로부터 유래되었다는 것을 짐작할 수 있게 된 것이다.

이런 비교가 가능했던 것은 미토콘드리아가 그만의 DNA를 갖고 있기 때문이다. 미토콘드리아는 세포핵 속의 주요 염색체와는 별도로 단 13개의 유전자를 갖고 있다. 부모로부터 조합된 기본 DNA와 달리 미토콘드리아의 DNA는 당신의 어머니 쪽에서만 나온다.

이 내장돼 있는 박테리아가 일을 하려면 유전자 약 1000개가 작용해야 한다. 아주 먼 과거에 이 모든 유전자들이 장차 미토콘드리아가 될 하나의 세포에 올라탔을 것이다. 그러나 시간이 흐르면서 13개만 밖으로 나와 염색체로 이동했을 것이다.

존재하는 미토콘드리아의 수는 세포 종류에 따라 다르다. 이들은 간세포에 가장 밀집되어 있는데, 이곳에는 일반적으로 세포마다 1000개 이상의 미토콘드리아가 있다. 미토콘드리아는 많은 기능을 갖고 있지만 가장 주된 역할은 에너지를 ATP에 저장하는 것이다.

ATP는 화학적으로 태엽장치 모터 속의 코일 스프링에 해당한다. 스프링을 감을 때 그것을 꽉 조이는 데는 에너지가 들어간다. 그 에너지는 스프링이 풀릴 때까지 저장되는데, 스프링이 풀릴 때 에너지가 장치를 밀어서 작동한다. 이와 유사하게 미토콘드리아는 ATP를 만들어 내 에너지를 저장한다.

다소 복잡한 이 화학물질-원래 이름은 다이하이드록시옥솔란-2-일 메틸[하이드록시포스포노옥시포스포릴] 하이드로젠포스페이트이다-은 인 원자들과 산소 한 개를 잇는, 한 쌍의 결합을 내장하고 있다. 이들 결합-원자에 들어 있는 전자 사이의 연결-은 비교적 약하며, 간단한 화학반응으로 끊어지면서 에너지를 방출한다. 이런 분자들로부터 나온 아주 작은 양의 에너지 조합이 바로 당신이 손가락을 들거나 다른 어떤 행동을 할 때마다 근육을 움직이게 한다. 당신의 눈이 이 책을 따라가기 위해 지금 사방에서 ATP 결합이 터지고 있는 것이다.

침입자의 공로

미토콘드리아가 당신의 몸에 완전히 통합된 유일한 침입자는 아니

우리 몸은 무엇으로 이루어져 있나

다. 당신의 DNA에는 최소한 8개의 레트로바이러스retrovirus가 들어있다. 이들은 세포의 DNA 암호화 메커니즘을 이용하여 세포를 장악하는 바이러스의 일종이다. 에이즈AIDS는 이런 바이러스에 의해 생성된다. DNA 속의 이런 바이러스 유전자가 지금은 생식에서 중요한 기능을 수행하지만 인간 DNA와는 완전히 다르다.

미토콘드리아는 한때 박테리아였지만 지금은 당신 세포에서 큰 부분을 차지한다. 좀 더 하등한 단세포 생물에서는 나타나지 않는다. 하지만 세포에 핵을 가진 거의 모든 유기체에서 존재한다. 미토콘드리아는, 복잡한 생명체가 아주 초기의 발전 단계에 머물러 있을 때 침입한 것으로 보인다. 하지만 당신 몸 중에서 미토콘드리아만 박테리아에서 유래한 단 하나의 존재는 아니다.

고마워, 박테리아

다음에 거울을 보게 되면 기억하기 바란다. 세포 수만 센다면 당신 안에는 인간에서 기원한 생명보다 박테리아에서 기원한 생명이 더 많다는 사실 말이다. 몸 안에 있는 당신 고유의 세포 수는 거의 10조에 달한다. 하지만 박테리아는 그보다 10배는 더 많다.

당신을 '집'이라고 부르는 박테리아 중 많은 것들은 어떤 해도 끼치지 않는다는 점에서 우호적이다. 어떤 것들은 오히려 이롭다. 그들이 미토콘드리아처럼 당신의 몸에 통합된 것은 아니므로 그들 없이 사는 것도 가능하다. 하지만 그들을 잃어버린다면 살기 힘들 것이다.

1920년대 말 어떤 미국인 엔지니어가 박테리아 없는 세상이 건강에 좋은 세상이길 바라는 마음에서 동물이 박테리아 없이 살 수 있는지 조사하기로 결심했다. 제임스 '아트' 레이니어스가 그 인물이다. 그는 기니피그나 다른 동물들이 태어날 때부터 박테리아가 없는 상태에서 자랄 수 있도록 환경을 만들려고 했다.

그것은 가능했다. 지저분한 박테리아를 모두 깨끗이 없앨 수 있었는데, 그 때문에 동물들이 못 살게 되지는 않았다. 박테리아가 없는 세상은 질병 발생 가능성을 확실히 감소시킬 것이므로 레이니어스의 연구 결과는 항균세제와 항생제를 광범위하게 사용하도록 만들었다.

어떤 박테리아는 의심의 여지없이 엄청난 해를 끼친다. 그러나 레이니어스의 연구는 오해를 불러일으킬 여지가 있는 것으로 드러났다. 실제로 그는 기니피그의 일부를 박테리아가 없는 환경에서 살게 했다. 하지만 많은 수의 기니피그가 죽었다. 살아남은 것들은 특별한 먹이를 먹여야만 했다. 그 전에는 소화관의 박테리아가 소화를 도왔던 것이다. 풀과 나무처럼 섬유소가 많은 식물을 먹는 동물과 곤충에게는 이 점이 특히 중요하다. 이런 먹이는 분해하기 힘들며, 박테리아의 도움이 없으면 이런 종류의 먹이를 먹는 동물들은 생존하기 힘들 것이다.

당신은 박테리아 없이도 살 수 있을 것이다. 하지만 박테리아가 만들어내는 소화관 효소의 도움이 없다면 평소 식단보다 훨씬 더 영양분이 많은 음식을 먹어야 한다. 특히 채식주의자라면 말이다. 식물섬유는 당신 자신의 효소에 저항력을 갖고 있다. 그러므로 박테리아가 만든 훨씬 더 다양한 화학물질의 도움이 있어야만 한다.

항생제 치료를 받고 있다면 이 점을 명심할 필요가 있다. 어떤 특정한 항생제가 죽이는 박테리아는 일부에 불과하며 '좋은' 박테리아와 '나쁜' 박테리아를 구분하지는 않는다. 항생제는 소화관의 박테리

우리 몸은 무엇으로 이루어져 있나

아를 사정없이 파괴할 것이다. 이는 한동안 영양가가 더 많은 식단이 필요할 수도 있으며, 감염되지 않도록 조심해야 한다는 것을 뜻한다.

소화관의 박테리아는 반갑지 않은 침입자들을 막아내는 일을 돕는다. 따라서 항생제로 이런 거주자들을 나가떨어지게 만들면, 해를 끼칠 수 있는 새로운 계통의 박테리아가 훨씬 더 쉽게 몸을 장악할지도 모른다.

생균probiotic 음료를 즐기는 이들에게는 안됐지만 그런 음료나 '우호적인 박테리아'를 첨가한 제품이 긍정적인 효과를 낸다는 증거는 없다. 이런 식으로 섭취한 박테리아는 당신 몸속의 동물상動物相에 거의 영향을 미치지 않을 것이다. 일부 심리적 효과-310쪽의 플라시보 효과를 볼 것-는 있겠지만 그런 우호적인 박테리아로부터 진정한 생물학적 도움은 받을 수 없다.

맹장은 억울하다

박테리아는 또한 당신의 몸에서 가장 오해받는 부위인 맹장과 관련이 있다. 아직 맹장을 갖고 있다면 '맹장이 있다는 것'이 무슨 의미일까 궁금해 할지도 모르겠다. 어쨌든 맹장은 가끔 잘못 되기도 하고 잠재적으로 생명을 위협하는 맹장염을 일으키기도 해 뭔가 유익한 일은 하지 않는 것처럼 보인다. 진화적 차원에서 보면 말이 안 된다. 하지만 인간이 맹장을 오랜 기간 갖고 있었다는 것을 고려해 볼 때, 맹장이 무용지물이었다면 왜 사라지지 않았을까?

맹장이 당신의 몸에 들어있는 박테리아에 매우 유익하다는 사실

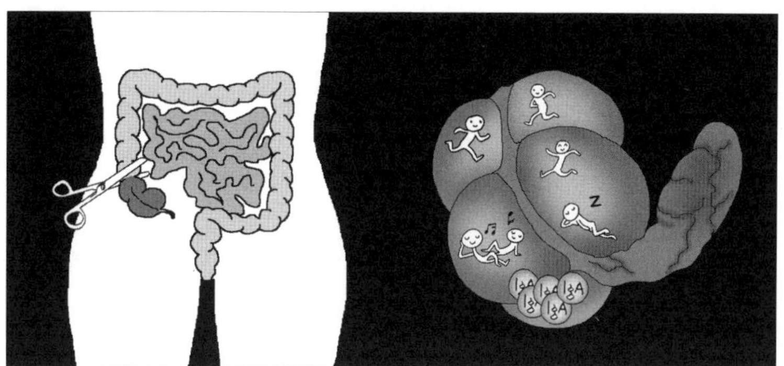

맹장은 유익한 박테리아가 쉴 수 있는 별장이자 항체가 머무는 공간이다.

은 비교적 최근에 밝혀졌다. 박테리아는 그곳을 일종의 휴가철 별장으로 이용한다. 소화관에서 일어나는 광란의 작업으로 생긴 스트레스에서 한숨 돌릴 수 있는 곳, 번식을 하고 다시 소화관 박테리아들이 가득 차도록 도와주는 그런 곳으로 이용한다. 그러므로 맹장이 아무 쓸모가 없는 것은 아니다.

하지만 당신의 방어체계가 몸 안, 심지어 맹장에 있는 박테리아를 쓸어버리지 않는 것은 이상한 일이다. 백혈구는, 침입자가 기능을 제대로 못하게 하는 단백질인 항체를 꾸준히 만들어내고 있다. 백혈구 이식수술이 어려운 이유도 바로 이 때문이다. 인간의 몸은 완전히 무해한 다른 인간의 세포도 없애려는 경향이 있다. 하지만 이 모든 박테리아들은 우리가 완전히 이해하지 못하는 어떤 메커니즘에 의해 항체 작용에 저항할 수 있는 것 같다.

맹장에 엄청난 양의 항체가 들어있다는 또 다른 놀라운 사실이 최근 발견되었다. 이런 항체 중 어떤 것은 소화관으로 가는 일부 박테리아에 파괴적으로가 아니라 유익한 방식으로 들러붙는다.

소화관에서 가장 흔하고 맹장에서도 아주 흔한 항체를 IgA라고 부

우리 몸은 무엇으로 이루어져 있나

른다. 이 항체는 소화관 박테리아에 들러붙지만 죽이기 위해서가 아니다. 오히려 박테리아가 소화관에서 음식처럼 씻겨나가지 않고 제자리에 들러붙어 번성하게끔 도와준다. 당신의 항체가 이 유익한 소화관 박테리아를 도와주는 것이다.

IgA라는 이름은 면역글로블린 Aimmunoglobulin A의 약자다. 몸에서 생성되어 '화학일꾼'으로 쓰이는 이 커다란 복합분자 단백질은 아주 많다. 처음에는 이런 단백질에 면역글로블린 같은 진지하고도 심각한 명칭이 붙여졌지만 시간이 지나면서 별난 이름을 붙이는 전통이 생겨났다. 그 결과 음속고슴도치, 포케몬, 해마조개파티, 딕코프, R2D2, 호머심슨, 유리바닥배, 내가 좋아하는 명칭인 '상호 합의에 의한 금욕'이라고 불리는 단백질이 등장했다.

박테리아와 5초 원리

물론 박테리아와 바이러스가 당신에게 항상 좋은 것은 아니다. 어떤 병은 유전에 의한 것이거나 인간의 정상적인 생명활동이 잘못되는 바람에 생기는 것이지만 대부분의 병은 박테리아처럼 작은 침입자에 의해 생긴다.

우리가 박테리아에 대해 알고 있는 속설 중에 확인해봐야 할 게 있다. '5초 원리'다. 즉 먹을 것을 떨어뜨렸을 때 5초 안에만 집으면 괜찮다는 속설 말이다. 이런 생각은 칭기즈 칸 시대의 음식문화에서나 통하는 것 같다. 비록 그때는 사람들이 먹는 것을 갖고 난리를 덜 피워서 12시간 원리가 있었지만 말이다.

미국의 어떤 고등학생이 대학교에서 여름강좌를 듣다가 '5초 원리'에 대해 좀 더 현대적이고 과학적인 접근방법을 사용해 흥미로운 결론에 도달한 적이 있다. 질리언 클라크는 대학교에서 사람들이 많이 다니는 곳을 포함해 여러 곳의 바닥에서 표본을 채취해 관찰했다. 그 결과 바닥에 놀랄 정도로 박테리아가 없다는 것을 발견했다. 클라크를 도와주던 박사과정 학생들은 셀 수 있을 만큼의 박테리아도 발견할 수 없었다. 하지만 그들은 사람들이 사탕이나 비스킷보다는 브로콜리나 콜리플라워를 바닥에서 주워 먹을 가능성이 더 적다는 사실도 발견했다. 그리 놀랄 일도 아니었다.

확인된 사실 중 가장 중요한 것은 바닥 표면에 대장균이 뿌려졌을 때는 5초도 되기 전에 그 박테리아가 음식으로 옮아갔다는 것이다. 이 점에서 그 원리는 맞지 않다.

기생충을 함부로 대하다가는

박테리아는 아마도 당신의 몸 표면과 몸 안에 있는 가장 흔한 이질적인 생명체일 것이다. 하지만 그들만이 유일한 생명체는 아니다. 어떤 사람들은 바람직하지 않은 손님도 몸속에 지니고 있다. 기생충은 말할 것도 없고 벼룩도 있다. 그중에 기생충은 매우 흥미롭다. 우리는 기생충을 반갑지 않은 기생동물로만 생각하는 경향이 있지만 제대로 된 환경에서 제대로 된 기생충은 유익할 수도 있다.

희한한 생각 같지만 기생충은 우리가 의지하는 박테리아보다는 덜 오래된 동반자다. 우리는 몸에 익숙해지기에 충분할 정도로 오랫동안

우리 몸은 무엇으로 이루어져 있나

기생충과 함께 살았다. 이를 시험하는 것은 여전히 드문 일이지만-틀림없이 기생충이 불러일으키는 혐오감 때문이다-일부 기생충이 몸에 유익하다는 것을 보여주는 증거는 있다.

우리의 내부 체계는 기생충이 있을 것으로 예상하고 있어서, 기생충이 없으면 오히려 상태가 나빠질 수도 있다. 또 기생충을 없애서 더 자주 생기는 의료상의 문제들은 신중한 기생충 첨가 치료로 해결될 수 있다는 의견이 제시되기도 한다.

거머리는 천연 항응고제

긍정적인 면이 있는 또 다른 기생동물로 거머리가 있다. 거머리는 수백 년 동안 의학적으로 이용되었지만 완전히 잘못된 가정에서 사용한 것이다.

의학은 사실 최근에 와서야 비로소 과학으로 대접 받게 되었다. 오랫동안 의학은 고대 그리스의 네 가지 요소에 해당하는, 의학판 네 가지 '체액' 개념에 매달렸다. 몸에는 평형 상태를 유지하는 네 가지 액체가 있다는 믿음을 일컫는 것인데 혈액, 점액, 흑담즙, 황담즙이 그것이다.

이들 체액은 균형 상태를 유지해야 했다. 예를 들어 혈액이 너무 많다고 느껴지면-핏빛을 띠면-피를 흘리게 해서 일부를 없앴다. 이렇게 피를 뽑아내는 사혈瀉血은 흔한 치료법이었지만, 환자들을 눈에 띄게 약해지게 만들어 감염 퇴치 능력을 더 떨어뜨렸다. 피를 없애기 위해 직접 절개를 하기도 했지만 가끔 편리한 방법으로 거머리를 사용했다.

다행히 현대의학은 사혈이 효과가 없다는 것을 알게 되었지만 거머리는 수술 이후의 문제를 해결하기 위해 다시 등장했다. 거머리와 같이 피를 빨아먹는 생물은 피가 응고되지 않고 부드럽게 흘러내리기를 바란다. 이를 돕기 위해 거머리는 피를 빨아먹으면서 천연 항응고제를 바른다. 수술은 때때로 피가 어떤 부위에 몰리는 바람에 다른 곳에 이르지 못하게 하는 울혈을 초래한다. 거머리를 잘 사용하면 울혈을 제거하여 제대로 피를 공급받지 못하고 있는 조직으로 피가 더 잘 흘러들어가도록 도와줄 수 있다.

속눈썹 안의 에일리언

나이가 좀 든 사람이라면 또 다른 이질적인 생물이 당신 몸에 올라타고 있을 가능성이 꽤 높다. 오래된 피부 세포와 모낭이 만들어내는 천연 기름피지을 먹고 사는 속눈썹진드기라고 하는 아주 작은 생물이 그것이다. 이런 진드기는 표면 섭식자로 아무런 해를 끼치지는 않는다. 하지만 일부의 사람들에게 알레르기 반응을 불러일으킬 수 있다. 이 진드기는 아주 작아서-완전히 다 자라도 3분의 1mm 정도이며 거의 투명하다- 육안으로는 거의 볼 수 없다.

하지만 속눈썹이나 눈썹 하나를 현미경으로 보면 이 작은 생물들을 발견할 수 있을 것이다. 이들은 털이 피부에 닿는 기저 부위에서 대부분의 시간을 보낸다. 인구의 약 절반이 이들을 지니고 있는데, 아이들은 좀 더 적고, 어른들은 좀 더 많다. 박테리아가 지닌 긍정적인 혜택 같은 것은 없지만 속눈썹진드기 때문에 걱정할 필요는 없다. 이들은 무해하다.

우리 몸은 무엇으로 이루어져 있나

생물학을 키워준 현미경

이런 작은 침입자들은 현미경을 사용하게 되면서 비로소 우리가 의식하는 몸의 일부가 되었다. 이런 기술이 좀 더 널리 이용되면서 세포도 이해되기 시작했다. 최초의 관찰은, 훅이 했던 많은 관찰처럼, 진동을 피하기 위해 지지대로 받친 강력한 렌즈 한 개로 실현되었다. 1674년 박테리아를 발견한 안톤 폰 레이우엔 훅도 마찬가지였다. 하지만 진정한 진전이 이뤄진 것은 복합현미경 덕분이다.

적당한 렌즈 두 개를 관에 끼움으로써 현미경으로 볼 수 있을 만한 크기의 생명체가 지닌 본질을 연구할 수 있게 됐다. 관찰할 대상과 가깝게 있는 렌즈는 반대편 렌즈에 확대된 상을 만들어낸다. 이것은 '가상'의 상이므로 직접 볼 수는 없으며, 허공에 떠있다. 그런 다음 접안렌즈인 두 번째 렌즈가 이미 확대된 이 상에 초점을 맞춘 확대경이 되는 것이다.

이것을 발명한 네덜란드의 한스 얀센과 자카리아스 얀센 부자에게 감사할 일이다. 이 안경 제작자들은 1590년경 첫 번째 복합현미경을 만들었다. 당시 자카리아스는 어린 소년이었다. 미래에 그가 광학기기와 관련된 일을 하게 되는 바람에 아버지보다 더 알려지긴 했지만 영광의 대부분은 한스에게 돌아가는 게 맞다.

몸의 작용에 대해 우리가 알고 있는 지식은, 우리 눈이 즉각적으로 확인할 수 있는 것 너머의 것을 볼 수 있게 해준 또 다른 기술 덕분에 크게 향상되었다. 몸의 내부 작용을 탐구하기 위해 실시한 부검이 그것이다. 부검은 오랫동안 불법이어서 실행하기 힘들었다. 하지만 몸 안에서 어떤 일이 벌어지고 있는지 보기 위해 사람을 가르는 일은 한계가 있다. 특히 사람이 살아있다면 말이다. 그러나 지금은 이 문제를 해결할 방법이 많다.

X선에서 알아야 할 것

최초의 돌파구가 생긴 것은 독일 과학자 빌헬름 뢴트겐이 '크룩스관'으로 실험하다 우연히 뭔가를 발견한 1895년이었다. 크룩스관은 요즘 TV 수상기나 컴퓨터 모니터에 들어가는 LCD와 플라스마 이전에 사용되던 브라운관음극선관의 원형이다. 이 관의 '음극선'은 음극에서 방출된 전자들의 흐름인데, 전기장과 자기장으로 조종할 수 있다. 전자들은 대개 인광(물체에 빛을 쬔 후 빛을 제거해도 장시간 빛이 나는 현상-옮긴이) 스크린에 부딪치게 되는데, 전자들이 도달한 곳에서는 빛이 난다.

이렇게 빛이 나는 스크린은 TV 수상기 앞면에 설치되었다. 하지만 별도의 독립된 스크린을 갖고 있던 뢴트겐은 그것을 표적 끝에 놓은 게 아니라 관의 옆면에 놓았다. 빛이 새어나오는 것을 막기 위해 관의 옆면을 판지로 감쌌음에도 관에 불을 켰을 때 여전히 빛이 발산되는 것을 발견하고는 깜짝 놀랐다. 금속 표적에 부딪치는 전자들이 옆으로 발사되었고, 너무나 강력해서 판지를 곧장 통과해버리는 새로운 종류의 광선을 만들어내는 것 같았다.

뢴트겐은 이 새로운 종류의 복사를 엑스-슈트랄렌X-Strahlen이라고 불렀다. 이것이 바로 엑스선이다. '엑스x'는 뭔가 알려지지 않고 신비로운 것을 뜻하는 용어인데 그저 임시 별명으로 사용하려고 했다. 그 이름이 마음에 들지 않았던 과학계는 뢴트겐선이라 부르려고 했지만 그러기에는 너무 늦어버렸다. '엑스선'이라는 용어가 그냥 남게 된 것이다.

지금처럼 그 당시에도 가끔 과학 논문이 언론의 관심을 사로잡았는데, 엑스선 발견에 관한 뢴트겐의 논문은 헤드라인을 장식할 만한 이유가 하나 있었다. 그것은 바로 한 장의 사진이었다.

뢴트겐은 아내의 손에 엑스선을 비췄는데, 엑스선은 살은 통과했지만 뼈는 통과하지 않았다. 그 사진은 최초로 사람의 살 안쪽의 골격을 보여주었다. 뢴트겐 아내의 손의 뼈사진이었던 것이다. 그의 아내가 결혼반지를 빼지 않아서-반지가 손가락 마디 위에 있는 것으로 보아 빼려고 했던 것 같기는 하지만-사진에 인상적인 방울 모양이 두드러져 더 놀라웠다.

의료계가 엑스선을 응용하게 된 것은 너무도 당연한 일이었다. 발견된 지 겨우 1년만인 1896년에 세계 최초의 엑스선 기기가 글래스고 왕립병원에 설치됐을 정도다. 의료용 엑스선을 이용했던 이들은 계속 성공을 거뒀다. 게다가 일반 대중은 엑스선 투시력의 참신함에 질릴 줄 몰랐다. 20세기가 시작되고 한참이 지난 뒤에도 아마추어 전기 잡지들은, 독자들이 엑스선 기기를 직접 만들 수 있도록 DIY 설계방법을 특집으로 다뤘다. 나만 해도 어렸을 때 신발 속의 뼈를 볼 수 있는 기기로 신발을 점검하곤 했다.

엑스선이 놀랍기는 해도 위험이 따라온다는 사실을 처음에는 알지 못했다. 뢴트겐은 처음부터 그것이 일종의 빛일 것이라고 의심했는데 그것은 사실로 밝혀졌다. 엑스선은 가시광선과 정확하게 똑같으며 단지 에너지만 더 많을 뿐이다. 우리는 광자 즉, 빛에너지의 양자를 흡수함으로써 전자를 더 높은 준위로 올릴 수 있다는 것을 알고 있다. 그런

과학을 안다는 것

데 엑스선은 에너지가 너무 많아서 원자로부터 전자를 곧장 솟아오르게 만들 수 있다. 이것이 바로 이온화 방사선이다.

이온화 자체는 매우 흔한 과정이다. 이를 테면 이온화는 소금이 물에 용해될 때도 일어난다. 그래서 체액에는 수많은 이온이 들어있다. 그러나 이온화 방사선이 몸속의 세포를 때릴 때 자유라디칼(free radical 짝을 이루지 않은 전자를 가진 원자나 분자, 이온을 말한다. 짝을 이루지 않은 전자는 자유라디칼이 화학적으로 반응을 아주 잘 하게 만든다-옮긴이)이 만들어질 수 있는데, 이것은 암 발병의 위험을 증가시키는 고반응분자다.

자유라디칼에 저항하는 몸의 천연 방어물이 항산화물질이다. 이 때문에 항산화물질이 들어있는 음식이 건강에 좋다고 자주 광고한다. 하지만 모든 증거를 살펴보면, 당신이 먹는 항산화물질은 신체 내부에서 만들어지는 것들과 협력하지 않으며 따라서 아무런 효과가 없다.

고에너지 광자에 의한 체내 이온화는 위험하므로 과다하게 엑스선에 노출되는 것은 피하는 것이 최선이다. 방사선 촬영 기사들이 보호막 뒤에서 기기를 작동시키는 것도 그래서다. 그러나 우리가 환자로서 노출되는 위험 수준은 매우 낮다. 우리에게 항상 노출되어 있는 자연방사선을 생각해보면 특히 그러하다. 우리 주변의 공기 중에는 항상 자연에서 나오는 일정 수준의 방사선이 있다. 어쨌든 흉부 검사 엑스선은 열 시간 비행할 때 노출되는 추가적인 자연 방사선과 비슷한 수준이다.

컴퓨터단층촬영과 MRI

요즘 의사들은 당신의 몸속에서 무슨 일이 일어나고 있는지 알아보기 위해 훨씬 더 다양한 범위의 투과 광선을 이용할 수 있다. CAT 스캔도 역시 엑스선을 이용하는 것이지만 컴퓨터가 등장하기 이전에 가능했던 그 어떤 것보다 훨씬 더 뛰어나다. CAT는 '컴퓨터 단층촬영computer assisted tomography 혹은 computerized axial tomography'을 뜻한다. 토모그래피단층촬영란 말이 일반적으로 뭔가를 아주 얇은 조각으로 자른다는 뜻이란 걸 알고 나면 약간 무섭게 들린다. 하지만 여기서는 엑스선 영상이 검사 대상인 신체 부위의 스냅사진 조각을 만들어낸다는 뜻이다. 엄청난 수학-그래서 이름에 '컴퓨터'란 말이 들어간다- 작업을 통해 여러 각도에서 들어온 자료가 여러 층의 자세한 이미지로 변환되는 것이다.

잘 알려진 또 다른 스캐너로 자기공명영상을 뜻하는 MRImagnetic resonance imaging가 있다. 원래는 핵nuclear을 뜻하는 'N'이 들어가서 NMR이라고 불렀지만 '핵'이라는 말이 핵방사선을 연상시킨다고 해서 첫 번째 글자는 떨어져 나갔다. 이 명칭은 그냥 스캔할 사람의 몸에 있는 원자의 핵이 관찰된다는 뜻이기 때문에 두려워할 필요는 없다.

원자핵 안의 양성자는 작은 자석처럼 작용할 수 있다. MRI는 강력한 자기장을 이용하여 물 분자 안에 있는 일부 양성자들의 자기장을 정렬시킨다. 그런 다음에는 전파 폭발을 이용한다. 전파는 비교적 에너지가 낮은 빛의 형태인데, 전파 광자가 딱 맞는 에너지만 갖고 있으면 작은 양성자 자석의 회전 방향을 잠깐 뒤집을 수 있다. 뒤집어진 양성자는 재빨리 다시 떨어지며 자신만의 광자를 만들어내는데, 이런 광자를 감지하는 것도 가능하다. 서로 다른 종류의 조직과 서로 다른 수준의 혈류는 서로 다른 결과를 만들어내므로 방출된 광자를 스캐너가 감지하면 그들을 구분할 수 있다.

까다로운 중성미자

적당한 에너지를 가진 빛의 광자만 유일하게 고체 물질을 통과할 수 있는 건 아니다. 중성미자라고 부르는 입자가 매초마다 약 50조 개씩 당신의 몸을 통과한다. 이들 입자는 태양과 다른 핵 공급원에서 방출된다.

중성미자는 파악하기 매우 힘든 고객이다. 그들의 존재는 이론상으로는 1930년대에 예측되었지만 감지하기가 너무 힘들어 20년 넘게 발견되지 않았다. 2011년 제네바에 있는 유럽입자물리연구소CERN의 한 실험에서 이들 입자가 빛보다 더 빨리 이동하는 것이 확인되었다고 알려졌다. 아울러 빛보다 빨리 이동할 수 있는 것이 있다면 아인슈타인의 상대성이론은 산산조각이 날 것이라는 주장도 나왔다.

몸을 쉽게 통과하기 때문에 중성미자는 의료 스캔 작업에 아주 유용해 보일지 모른다. 문제는 몸의 그 어떤 부위도 그다지 장애가 되지 않는다는 것이다. 중성미자가 당신을 통과하는 것은 빈 공간을 통과하는 것과 견주어 별 차이가 없다.

사실 대부분의 중성미자는 마치 지구가 없는 것처럼 전 지구를 통과한다. 우리가 중성미자를 탐지할 수 있는 유일한 이유는 가끔씩 그들 중 하나가 원자나 분자와 충돌하여 다른 입자들을 약간씩 만들어내기

우리 몸은 무엇으로 이루어져 있나

때문이다. 우리는 중성미자 자체는 결코 보지 못한다.

중성미자 '망원경'감지기은 대개 수 킬로미터 아래의 지하 광산에 있다. 중성미자 이외의 것들은 도달하기는 힘든 곳이다. 따라서 감지 장치로 사용되는 깨끗한 유체나 이와 비슷한 물질이 든 탱크 속에서 반응을 촉발시키는 일은 좀처럼 일어나기 힘들 것 같다. 이런 장비가 태양의 중성미자 사진을 만들어내는 데 사용되었다. 그 사진은 농담이 고르지 않았으며 촬영 당시 태양이 지구 반대편에 있을 때의 중성미자의 모습이었다.

가장 인상적인 중성미자 감지기는 남극의 아이스큐브 관측기다. 2011년 4월에 완성된 이 놀라운 기기는 1km²의 얼음을 감지매체로 사용한다. 약 2.5km 지하에 파묻은 감지기는, 유입되는 중성미자가 위의 얼음과 충돌하는 지점에서 생기는 아주 작은 불꽃을 찾아낸다. 얼음은 가짜 신호를 일으키는 다른 입자의 장애물로도, 감지매체로도 작용한다. 남극 얼음 속 깊숙한 곳의 미세한 불꽃이, 우주의 머나먼 곳에서 일어난 핵반응에서 뿜어져 나온 중성미자를 밝혀낸다는 생각을 하면 왠지 좀 으스스하다.

양자 역학 터널링

유럽입자물리연구소의 발견은 아마도 별일 아닌 것으로 밝혀질 것이다. 그 실험에는 중성미자를 732km 터널로 보내는 작업이 포함되었다(이 연구소의 가장 유명한 실험인 대형강입자충돌기와는 아무런 상관이 없다). 감지되어야 할 소수의 중성미자가 도착해야하는 시간보다

0.00000006초 일찍 터널 끝에 도착했다는 것이 실험 결과 확인되었는데, 지금까지 이런 결과가 나온 가장 그럴 듯한 이유는 거리측정의 오류다. 이 책을 쓰고 있을 때까지 이런 결과는 다른 곳에서도 다시는 나오지 않았다.

거리측정의 오류 때문이 아니라면 그 다음으로 가장 그럴 듯한 설명은 중성미자들이 법칙을 벗어났다는 것이다. 당시 많은 논문이 그러했듯, 현대물리학이 '그 어느 것도 빛보다 더 빨리 갈 수는 없다'는 인식에 의존하고 있다는 걸 암시하는 것은 잘못이다. 특수상대성이론에 의하면 이런 일은 일반적으로 일어나지 않는다. 하지만 '장애물'을 돌아가는 일은 가능하다.

사실 입자들이 빛의 속도보다 더 빨리 이동하는 것을 보여주는 확실한 실험이 이미 있었다. 양자 역학 터널링quantum mechanical tunnelling 실험 결과가 그것이다. 양자물리학의 희한한 점 중 하나는 입자들이 절대적인 위치를 갖는 것이 아니라 여러 곳에 있을 확률만 갖는다는 것이다. 이는 입자들이 그들 사이의 공간을 통과하지 않고 장벽을 뛰어넘을

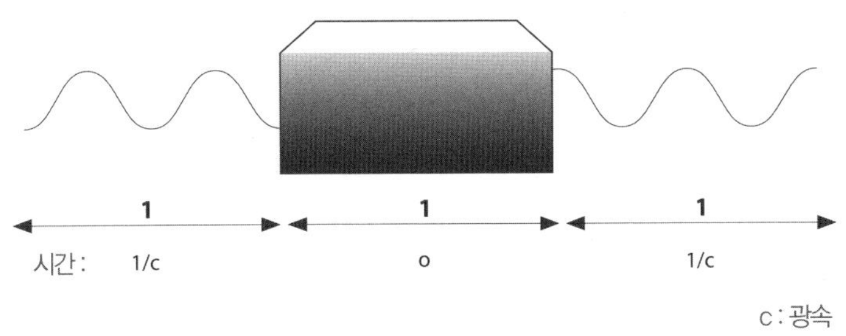

터널링 입자가 움직이는 양태

수 있다는 것을 뜻한다.

뭔가 명확하지 않고 특별한 것처럼 들리는 설명이지만 태양 혹은 다른 별은 이런 식으로 작동한다. 핵융합이 일어나기 위해서는 양전하를 띤 양성자들이 믿을 수 없을 정도로 서로 가까이 가도록 밀려야 한다. 너무나 가까워서 태양의 온도와 압력조차도 그 반응을 지속시키기에 충분하지 않을 정도로 말이다. 태양이 제대로 돌아가는 것은 매초마다 수십억 개의 입자들이 반발의 장벽을 지나 융합하기 때문이다.

빛보다 빠른 입자들을 내보내는 데는 이런 터널링 기술이 이용되었다. 모든 증거를 살펴보면 터널링 입자가 '터널'의 공간을 통과하여 이동하는 것은 아님을 알 수 있다. 대신 입자는 한쪽에서 사라졌다가 순식간에 다른 쪽에 다시 등장한다. 따라서 광속으로 1cm를 가는 즉, 순간적으로 1cm를 터널링하고 광속으로 1cm를 더 가는 그런 광자를 상상한다면 그 광자는 전체 거리를 광속의 1.5배-c를 광속이라 하면 1.5c-로 가로질러가게 될 것이다.

중성미자 실험에서 이런 일이 일어난다고 말하는 게 아니다. 다만 그것과 비슷한 뭔가가 원인일 것이라고 나는 상상한다. 특수상대성이 무너지는 것이 아니라 그것을 에둘러가는 것이다. 그것이 실험상의 실수가 아니라면 그렇다는 이야기다. 하지만 실수일 가능성은 여전히 높다. 특수상대성은 아주 많은 시험을 거쳤고 항상 예상한 대로 결과가 나왔다. 두 가지 중 어떤 경우라도 가까운 미래에 중성미자가 당신의 몸을 분석하는 의료기기에 사용될 것 같지는 않다.

하지만 아이스큐브 같은 시설 때문에 중성미자는 천문학자들의 관심을 받고 있다. 몸의 내장을 조사할 때처럼 우주를 탐험할 때도 최고의 자리를 차지하는 것은 빛이다. 빛은 우리가 가까운 우주, 그리고 먼 우

주를 탐험할 때 이용하는 궁극적인 도구이며 몸이 능숙하게 다루는 것
이기도 하다(2012년 CERN 과학자들은 2011년의 중성미자 실험 결
과가 측정 오류였을 가능성이 높으며 중성미자는 빛보다 빠르지 않다
는 사실을 재차 확인했다-옮긴이).

4.

우주는
어떻게 생성되었나

 우리 눈에 들어오는 모든 것은 우주에서 만들어졌다. 우주는 모든 생명체의 고향이다.

당신의 눈은 당신을 둘러싼 세계를 이해하는 가장 강력한 장치며, 눈을 우주와 이어주는 것은 빛이다. 이 장에서는 눈을 통해 당신이 얼마나 많은 것을, 얼마나 멀리로부터 받아들이는지 알게 될 것이다. 맑은 밤에 밖으로 나가 하늘을 보라. 당장 할 수 있는 일이 아닐 수도 있지만 기회가 되면 해보기 바란다. 5분 동안 시간을 내 진짜로 별들을 올려다보자. 시간이 있다면 의자를 갖고 나와 좀 더 오래 바라보기 바란다. 처음에는 별것 아닌 것처럼 보일지 모르지만 그것은 우리가 할 수 있는 경험 중 대단히 놀라운 경험이 될 것이다.

오리온의 허리띠

오리온자리는 11월과 2월 사이에 전 세계에서 아주 잘 보인다. 물론 다른 시기에도 자주 보인다. 밤하늘에서 가장 쉽게 알아볼 수 있는 이 별자리를 지금 당신이 보고 있다고 하자.

별자리는 점성학에서 매우 중요하지만 과학에서는 그렇지 않다. 그러나 특정한 별들을 찾아내는 데는 유용하다. 우리의 뇌는 패턴을 통해 세계를 이해한다. 우리는 항상 패턴을 찾으며, 그런 것이 존재하지 않을 때조차도 그것을 본다. 오리온자리, 카시오페이아자리의 W, 확연히 구분되는 남십자성 같은 별자리가 우리 눈에 금방 띄는 것은 뇌의 패턴 인식 부위가 이해할 수 있는 뭔가를 찾아내기 때문이다.

별자리에서, 그 이름을 따온 고전 속 인물들의 모습을 알아볼 수 있는 사람은 거의 없다. 어쨌든 오리온자리는 몽둥이를 들고 있는 사냥꾼이라고 한다. 그러나 우리가 밤하늘에서도 오리온자리를 확연하게 알아차릴 수 있는 것은 충분히 인식 가능한 패턴, 이를테면 사냥꾼 '허리띠'의 별 세 개가 가까이에서 직선을 이루는 패턴 때문이다.

별자리는 위치를 알려주는 신호와 이름표로서의 역할을 제외하면 천문학과 무관하다. 오히려 천문학은 별자리가 얼마나 착각을 불러일으키는지 우리에게 알려준다. 별자리의 별들은 각자 굉장히 멀리 떨어져 있다. 예를 들어 오리온 허리띠의 세 별 중 가운데별은 이 별자리의

다른 별들보다 거의 두 배는 멀리 있지만 잘 알려져 있지 않다.

별자리 이름은 1603년 독일의 천문학자 요한 바이어의 별지도에 소개된 체계에 따라 짓는다. 별자리의 이름은 두 부분으로 이뤄져 있다. 첫 번째 부분은 그리스 글자로 되어 있으며, 두 번째 부분은 별자리 이름의 라틴어 소유격 형태로 이뤄진다. 이론상 별은 밝기 순으로 기록되지만 바이어가 항상 그것을 따른 것은 아니다. 오리온자리의 세 별은 델타 오리오니스오리온자리의 델타별, 엡실론 오리오니스오리온자리의 엡실론별, 제타 오리오니스오리온자리의 제타별인데, 이들이 밝기 순으로 기록된 건 아니다. 북쪽에서 남쪽으로 알파벳 순서로 지어졌을 뿐이다.

별자리에 들어있지 않은 별들의 명칭은 다소 따분한 글자와 숫자로 지었다. 헷갈리게도, 잘 알려진 별들은 별명까지 갖고 있어서, 바이어 명명법을 따른 이름보다는 한 단어의 별명으로 더 자주 부른다. 이를테면 오리온자리에서 가장 밝은 별-하늘의 모든 별 중 여섯 번째로 밝은 별이며, 오리온자리 그림에서 맨 아래 오른쪽에 있다-은 정식 명칭으로는 오리온자리의 베타별이지만 '리겔'로 더 잘 알려져 있다.

마찬가지로 오리온자리에서 두 번째로 밝은 별인 오리온자리의 알파별은 '베텔게우스'로 잘 알려져 있다. 이것 역시 밝기가 상위 10개 별 중 하나인데 확연히 붉은 기를 띤다. 베텔게우스는 굉장히 큰 적색 초거성이다. 만약 태양이 그 정도로 컸다면 거의 목성까지 뻗어있을 것이다.

만약 오리온자리를 보게 된다면 허리띠의 가운데별이자 알닐람이라고 알려진 엡실론별을 보기 바란다. 이제 눈 운동을 할 시간이다.

정말로 밤하늘을 한 번도 본 적이 없다면 몇몇 별들은, 적어도 행성 하나는 뚜렷이 눈에 띄는 색깔을 갖고 있다는 것을 모를 수도 있다. 다음에 맑은 밤하늘을 보게 되면 몇 분 간 밖에 서서 별들을 자세히 관찰하기 바란다. 시간이 어느 정도 지나면 당신의 눈은 민감해져서 붉은 기가 도는 별들과 다른 별보다 약간 더 푸른 별들을 골라낼 수 있을 것이다. 매우 밝고 아주 확실하게 붉은 별이 있다면 그것은 아마도 별이 아니라 행성 화성일 것이다.

알닐람은 오리온자리에서 가장 멀리 있는 별이다. 하지만 밝게 타오르는 청색 거성이어서 그 거리가 특별히 드러나지는 않는다. 알닐람은 45억 년 된 태양과 비교해 볼 때 별 치고는 아주 젊다. 겨우 약 400만 년밖에 되지 않으며 지구로부터 약 1340광년 떨어져 있다.

별은 과거다

앞서 말했듯이 1광년은 빛이 1년 동안 이동하는 거리다. 광속이 초속 약 30만km란 것을 고려하면 상당히 먼 거리다. 알닐람은 약 12,686,155,200,000,000km 떨어져 있다. 이것을 인간이 가장 멀리 이동한 거리 즉, 달까지의 거리-겨우 38만 5000km-와 비교해보면 우리가 조만간 알닐람을 방문하게 될 것 같지는 않다. 하지만 그 어떤 기술의 도움 없이 그냥 눈을 뜨고 올바른 방향을 바라보는 것만으로도 당신은 12,686,155,200,000,000km 떨어진 물체를 볼 수 있다. 당신의 눈은 놀라운 탐험 도구다.

오리온자리 같은 별자리를 보게 될 때 희한한 점이 또 하나 있다. 시간대가 뒤죽박죽 뒤섞인다는 것이다. 빛이 우리에게 도달하기까지는 시간이 걸리므로 우리가 보는 별은 지금의 모습이 아니라 빛이 출발했을 때의 모습이다. 오리온자리를 이루는 모든 별들은 지구로부터 떨어져 있는 거리가 서로 다르다. 그러므로 우리가 보는 것은 과거의 서로 다른 시간대의 별들이다. 알닐람의 경우, 우리가 보는 것은 약 1340년 전 즉, 서기 7세기의 모습이다. 당신이 보는 알닐람의 빛이 우리를 향해 이동하는 동안 이곳 지구에서 얼마나 많은 변화가 일어났는지 생각해 보면 정말 놀랍기 그지없다.

파동인가 입자인가

알닐람의 빛이 생성되는 순간부터 당신의 눈이 그것을 감지하는 순간까지의 과정을 따라가 보기로 하자. 빛은 광자라고 하는 아주 작고 미약한 에너지 입자로 이뤄져 있다. 아마도 학교에서 빛은 파동이라고 배웠을 텐데, 이런 설명은 빛을 이해하는 데 유용하다. 광자는 파동의 일부분처럼 행동하기 때문이다.

그렇지만 알닐람에서 나오는 그 빛줄기는 여전히 광자들의 흐름이다. 빛을 파동으로 생각할 때, 빛의 파장 혹은 진동수에 해당하는 것은 빛줄기를 이루는 광자의 에너지다. 우리 눈은 이것을 색으로 감지한다. 색은 전파와 극초단파에서부터 뻗어 나와 가시광선을 지나 엑스선과 감마선처럼 고에너지 광자로 들어가는 거대한 전자기 스펙트럼 상에서, 광자가 어디쯤 오는지 말해준다.

광자가 종종 파동처럼 행동하는 것은 파동의 주기cycle 상에서 시간에 따라 변하는 '위상phase'이란 성질을 지니고 있기 때문이다. 그것은 마치 각각의 광자에 작은 시계가 붙어있어서, 그 시계의 바늘이 아주 빠르게 360도를 쓸고 지나가는 것과 같다. 시간의 어느 한 순간에 광자의 위상은 특정 방향을 가리키고 있는데, 이는 파동이 위아래로 꿈틀거리 때 위치하는 지점에 해당한다.

빛의 고향

우주 공간을 지나 당신의 눈까지 도달한 광자는 별이 핵융합을 하는 동안 그 심장부에서 만들어진다. 태양 같은 별에서는 수소 핵 즉, 수소 원자의 아주 작은 가운데 부분이 함께 융합되어, 수소 다음으로 무거운 원자인 헬륨의 핵이 만들어진다. 그 과정에서 질량의 아주 작은 양을 잃게 되는데, 이것은 과학에서 가장 유명한 방정식 $E=mc^2$에 따라 에너지로 전환된다.

이 방정식은 에너지 생성이 얼마나 극적으로 일어나는지 말해준다. 이 방정식에서 제곱을 하는 'c'는 빛의 속도다. 따라서 아주 작은 양의 질량이라도 엄청난 양의 에너지를 얻게 된다. 이 에너지는 별 내부에서 광자와 다른 입자들의 형태로 등장한다. 광자는 즉각적으로 다른 입자와 부딪쳐 흡수될 것이고, 그렇게 되면 추가로 광자가 재방출된다. 이런 과정은 빛이 별의 내부에서 점차 별의 표면을 향해 튕겨져 나가면서 일어나고 또 일어난다. 그 과정이 시작되어 태양 밖으로 광자가 나오기까지는 100만 년이 걸릴 수도 있다.

알닐람에서는 사정이 약간 다르다. 이 별은 아주 빠르고 맹렬하게 타고 있어서 아마도 수소가 다 없어졌을 것이고 다른 원소들을 만들어내느라 바쁘기 때문이다. 하지만 결과는 같다. 별 깊숙한 곳에서 일련의 방출과 흡수가 일어난 뒤 결국 표면으로부터 광자가 나오게 될 것이다. 그 수많은 흡수와 재방출을 겪은 뒤 지금에 이르면 에너지는 훨씬 더 적을 것이다. 처음에는 가시광선 에너지의 범위를 훨씬 넘어 감마선으로 분류되는 종류의 빛이었겠지만 지금은 에너지가 떨어져서 눈에 보일 것이다. 바로 이런 빛이 우주로 출발한다.

1340년을 날아온 빛

　일단 별의 표면을 탈출한 광자는 파괴되지 않고서는 멈출 수 없다. 빛은 특정한 속도로 이동해야 하며 그렇지 않으면 존재할 수 없다. 그래서 빛은 초속 30만km로 우주 공간을 번쩍하고 이동한다. 알닐람에서 등장한 광자가 어마어마한 양으로 지구 근처까지 오지는 않을 것이다. 그러나 우리가 추적하고 있는 광자를 포함하여 극소수의 광자가 당신 쪽을 향할 것이다.

　마침내 지구 대기로 들어오기까지 1340년 동안 계속 그 광자는 우주를 가로질러 왔을 것이다. 운이 좋다면 공기 중의 분자에 흡수되지 않겠지만, 많은 광자는 흡수된다. 허블 위성 같은 우주망원경이 지구에 설치된 망원경보다 훨씬 더 훌륭한 사진을 찍을 수 있는 이유도 여기에 있다. 지구 공기 때문에 우리는 항상 빛의 일부를 잃어버린다는 뜻이다. 공기 분자들이 광자를 흡수했다 다시 방출하기는 하지만 동일한 방향으로만 방출하는 것은 아니다. 따라서 빛의 일부는 하늘로 분산되고 우리 쪽 방향으로 계속 다가오던 일부는 약간 다른 경로로 이동하여 마치 별이 반짝이는 것처럼 보이게 만든다.

　드디어 광자가 당신의 눈에 도달한다. 이 광자는 1340년 전 알닐람을 떠났던 바로 그 광자일 수 있다. 그 기간 내내 우주를 가로질러 온 광자가 당신의 눈에 부딪치며 순식간에 사라져버린다. 당신이 안경을 끼고 있다면 광자는 그만큼 더 일찍 사라질 것이다.

광자는 유리 같은 물질을 통과할 때 흡수되어 여러 차례 재방출될 가능성이 크다. 안경을 끼고 있지 않다 해도 당신이 보는 것은 동일한 광자가 아니다. 광자가 당신의 빛 탐지기에 도달하기도 전에 눈 내부에서 흡수하고 재방출하는 그 과정이 똑같이 일어나기 때문이다. 하지만 그 과정을 촉발시키는 것은 알닐람으로부터 1340년의 공간을 가로지른 광자다.

광자는 게으르다

마침내 광자가 당신의 눈 뒤에 있는 망막을 때릴 것이다. 알닐람에서 나온 원래의 광자들이 촉발시킨 수많은 다른 광자들과 함께 그것은 눈 렌즈의 초점효과에 의해 망막의 작은 부위에 집중된다. 모든 광학기기처럼 렌즈는 빛이 하나의 물질에서 다른 물질로 지나갈 때 방향을 바꾸는 방식으로 '보이는 것'을 조정하는데, 이 과정을 굴절이라고 한다.

눈이 초점을 맞출 수 있는 것은 빛의 굴절 때문인데, 이런 현상을 이해하기 위해 오랫동안 활용해온 방식은, 빛이 렌즈의 유리 혹은 컵 속의 물로 들어가면서 느려지는 걸 관찰하는 것이다. 이는 에너지를 동일하게 유지하기 위해서는 진동수가 올라가야 한다는 것 즉, 파동이 좀 더 자주 온다는 것을 뜻한다. 광폭의 빛줄기가 비스듬히 유리 조각을 때리는 것을 상상해보라. 유리를 처음 때리는 빛의 일부는 그 진동수가 증가될 것이고 여전히 공기를 지나며 이동하고 있는 빛은 동일한 진동수를 유지할 것이다. 그래서 파동이 휘는 결과를 낳는다.

양자론이 빛과 물질에 접근하는 방법은 상당히 다르다. 양자론에 따르면 광자는 사실상 가능한 모든 경로를 택하며, 각각의 경로는 서로 다른 확률을 갖고 있다. 광자가 경로를 따라 이동할 때-우리가 앞에서 살펴본 바 있는-위상이라고 하는 광자의 성질이 시간에 따라 변한다. 서로 다른 각각의 경로는 광자가 유리로 들어가는 지점에서 광자에 서로 다른 위상을 부여할 것이다.

진짜로 무슨 일이 일어나는지 확인하려면 서로 다른 경로의 위상을 합쳐 보면 된다. 어떤 것들은 반대쪽에 있어서 서로를 상쇄해버린다. 그렇게 되면 거의 같은 방향을 가리키는 위상들만 남으며, 이들은 최소한의 시간이 걸리는 경로 주변으로 광자를 모이게 한다.

특정한 광자는 잠재적인 모든 경로를 따라간다고 생각할 수 있지만, 평균적으로 광자는 게을러서 최소한의 시간을 요하는 길을 택할 것이다. 그 길을 거리가 가장 짧은 길 곧, 직선으로 가는 것이라고 생각할지 모르지만 꼭 그렇지는 않다. 위성항법장치에서 종종 확인할 수 있듯이, 가장 짧은 길로 가는 것이 도시 한가운데로 어렵사리 지나가는 것을 뜻하겠지만 그 길보다는 좀 멀더라도 빠른 길로 가는 게 낫다.

휘는 연필

컵이나 유리잔의 3분의 2를 물로 채우고-옆면이 똑바른 것이 가장 좋다-그 안에 연필을 잔의 한쪽에서 다른 쪽으로 가로지르며 바닥에 닿게 넣는다. 연필이 물로 들어가는 지점을 주의 깊게 살펴보라. 마치 연필이 약간 휘어서 컵이나 유리잔 속으로 곧장 내려가게 만드는 것처럼 보인다. 크게 벗어나는 것은 아니지만 연필이 방향을 약간 바꾸는 것처럼 보이는 것은 분명하다. 이것은 빛이 공기에서 렌즈의 유리로 이동할 때 휘는 것처럼 빛이 물로 들어가면서 휜 결과다.

베이워치 원리

빛이 공기에서 물로 혹은 공기에서 유리로 지나갈 때 보이는 행동은 베이워치(Baywatch 캘리포니아 해변의 안전요원들을 소재로 한 미국 TV 드라마-옮긴이) 원리에 비유된다. 붉은 옷을 입은 안전요원이 해변에 있다가 누군가가 물에 빠진 것을 봤다고 상상하자. 안전요원은 당연히 물에 빠진 사람을 향해 곧장 똑바로 달려가려고 할지 모른다. 그러나 그게 가장 빠른 길은 아니다. 해변을 따라 약간 더 멀리 뛰어가는 게 더 나을 때도 있다. 그렇게 하는 게 물에서의 이동거리를 좀 더 짧게 할 수 있다면 말이다. 해변에서 뛰는 게 물에서 뛰거나 수영하는 것보다 훨씬 더 빠르므로 육지에서의 이동을 약간 더 연장하는 것이 더 도움이 되며, 그렇게 해야 위험에 빠진 사람에게 가장 빠르게 다가갈 수 있다.

빛이 공기에서 유리 또는 물처럼 밀도가 더 높은 물질로 갈 때 이와 똑같은 일이 일어난다. 빛은 유리에서 더 천천히 가므로 공기 속에서 좀 더 멀리 이동하더라도 유리에서는 좀 더 짧은 거리를 이동한다면 목적지까지 더 빨리 간다. 빛 역시 베이워치 경로를 택해 최소한의 시간에 당도할 수 있는 것이다.

이 모든 것은 빛이 유리로 들어가면서 느려진다는 가정에 토대를 두고 있지만, 빛은 그리 쉽게 느려지지 않는다. 사실 빛은 어떤 특정한 물질에서도 항상 동일한 속도로 가야만 하며, 그렇지 않으면 더 이상 존재할 수 없다.

그러나 양자론은 빛이 실제로는 느려지는 이유를 설명해준다. 광자는 물질, 구체적으로 말하자면 원자 바깥에 있는 전자들과 항상 상호작용한다. 광자가 전자 가까이에 가면 전자는 광자의 에너지를 먹어버려 더욱 더 힘이 넘치게 된다.

그러나 전자는 이 새로운 추가에너지 상태에서 너무 불안정하다. 전자는 쉽게 이전 상태로 돌아가면서 새로운 광자를 내보낸다. 그 광자가 동일한 방향을 향할 수도 있지만 완전히 다른 방향을 향할 수도 있다. 투명한 물질의 경우, 재방출된 광자는 동일한 방향을 유지하여 유리든 어떤 물질이든 직선으로 관통한다. 그러나 어쩔 수 없이 그렇게 되기는 하지만 흡수되었다 재방출되는 데 시간을 보내게 되면 그리 빨리 통과하지는 못할 것이다. 따라서 빛은 느려진다.

불투명한 물질에서 광자는 그것이 도착한 방향으로부터 멀리 떨어진 다른 방향으로 다시 나온다. 우리가 물체를 볼 수 있는 것은 우리 눈에 도달하는 이 새로운 광자들 때문이다. 벽에서 튀어나오는 공처럼 물체에서 되튀는 빛이 우리 눈에 도달한다고 생각하지만 사실 빛은 흡수되었다가 다시 방출된다. 대부분의 물체는 에너지를 열로 전환하면서 어떤 색깔을 영원히 먹어버린다. 물체가 빛의 무슨 색을 완전히 흡수하고 어떤 것을 재방출하느냐에 따라 우리는 그 물체를 특정한 색으로 보게 된다. 예를 들어 어떤 물체가 무지개 색깔 중 빨간색만 제외하고 다 흡수한다면 우리는 그것을 빨간 물체로 보게 되는 것이다.

눈 렌즈의 작동원리

눈에 있는 것과 같은 렌즈의 형태-렌틸콩의 형태와 대략 비슷한데, '렌즈'라는 단어는 바로 이 콩의 이름에서 유래했다-때문에 한 점에서 퍼져 나오는 광자는 다른 쪽의 한 점으로 다시 모인다. 렌즈가 곡선 형태를 취하게 된 것은, 렌즈에 서로 다른 각도로 부딪치는 광자들이 다시 모이기 위해 적당한 각도로 휜다는 것을 뜻한다. 눈의 앞쪽에 있는 렌즈로 초점을 맞추는 이런 과정을 통해 멀리 있는 물체의 상이 망막에 만들어지는데, 이렇게 해서 우리는 뭔가를 볼 수 있게 된다.

렌즈를 사용하는 데는 한 가지 문제가 있다. 렌즈는 다양한 색을 다루는 데는 뛰어나지 않다. 휘는 빛줄기의 양은 그 색에 좌우된다. 프리즘도 이런 식으로 하얀 빛에서 무지개를 만들어낸다. 볼록-튀어나온-렌즈를 쓰면 푸른빛은 다른 것보다 약간 더 휘고, 붉은빛은 약간 덜 휜다. 그 결과, 기본적인 렌즈를 통해서 본 상은 가장자리가 무지갯빛을 띠며 일그러진 모습을 하고 있을 것이다.

이런 성질 때문에 다중렌즈를 설치해 볼록렌즈가 만들어내는 문제를 오목렌즈의 도움으로 해결하거나, 렌즈 대신 거울로 해결한다. 거울도 서로 다른 곳에서 오는 빛을 한 점에 모을 수는 있지만 색깔을 구분하지는 않는다. 이는 천문망원경이 빛을 모으는 데 렌즈 대신 거울을 사용하는 이유 중 하나다(반사망원경은 렌즈를 사용한 망원경과 비교할 때 같은 배율일 경우 경통의 길이가 훨씬 더 짧다).

빛은 어떻게 반사되나

앞에서 살펴봤듯이 불투명한 물체에서처럼, 거울에서 빛이 반사되는 것은 공이 벽에서 튀는 것과는 전혀 다르다. 우리가 그것을 양자 수준에서 이해한다면 말이다. 유리를 때린 광자는 어떤 각으로도 반사될 수 있다. 나는 여기서 '반사'를 약칭처럼 쓰고 있다. 절대로 광자가 튀어 오르는 게 아니라는 것을 명심하기 바란다. 각각의 광자는 거울에 의해 흡수되고 새로운 광자로 재방출된다. 그 효과는 마치 광자가 반사되는 것 같다.

빛줄기가 거울에 부딪치고 당신의 눈으로 튄다고 상상해보자. 양자론에 따르면, 우리가 학교에서 배웠던 광학 그림처럼, 빛이 거울 한가운데로 이동했다가 같은 각도로 당신의 눈으로 반사되어야 하는 것은 아니다. 광자는 가능한 모든 경로를 택하고, 거울 아무 곳이나 때리며, 그런 다음 완전히 다른 각도로 튀어서 우리 눈에 도달할 가능성이 있다.

각각의 광자는 시간에 따라 변하는 위상이라는 성질을 지니고 있다. 서로 다른 경로를 택할 확률을 더하면, 그 경로를 따라 광자가 갖게 되는 위상은 대부분 상쇄된다. 그 결과 빛은 최소한의 시간이 걸리는 경로를 따라가며, 이는 우연히도 동일한 각도로 반사된다는 것을 뜻한다.

그러나 다른 모든 확률이 서로를 상쇄한다고 해서 그들이 존재하지 않는다는 뜻은 아니다. 이것은 증명할 수 있다. 거울 중앙의 한쪽면만 남겨두고 대부분을 잘라내면, 없어진 부분으로부터는 반사되는 게 없을 것이다. 그러나 위상이 합쳐지는 경로만 남기기 위해 남은 조각에 일련의 얇고 검은 띠를 붙이면, 빛이 반사를 하기에는 부적절한 방향을 향하고 있음에도 반사를 하기 시작한다.

거울과 검은 띠를 만지지 않아도 양자효과 때문에 말도 안 되는 각으로 반사가 일어나는 것을 실제로 경험할 수 있다. 흰색의 가시광선은 빛의 서로 다른 색이 뒤섞인 것인데, 각각의 색은 검은 띠를 두른 이 조각난 거울에 의해 다른 각도로 반사될 것이다. 이렇게 특수한 거울에 흰빛을 비추면 무지개가 보일 것이다.

이와 똑같은 작용을 확인할 수 있는 다른 거울을 우리도 하나쯤 갖고 있다. CD나 DVD가 그것이다. 반짝이는 재생면이 위로 오게 하여 빛에 기울여보기 바란다. 당신이 보는 무지개 무늬는 표면에 줄지어 파인 구멍 때문에 생기는 것인데, 특정한 확률을 가진 모든 경로를 차단했기 때문에 빛의 서로 다른 색깔이 예상치 못한 각도로 반사되어 당신의 눈까지 도달하게 된다.

아무도 빛을 볼 수 없다

거울은 빛을 각각의 색으로 쪼개지 않고 모으는 데는 훌륭할지 모른다. 하지만 당신의 눈에 렌즈 대신 거울이 있다면 눈은 제대로 기능하지 못할 것이다. 거울은 알닐람 또는 다른 그 어떤 곳에서 오는 빛을 당신의 눈으로 향하게 하는 데에는 쓸모가 없다. 그래서 눈은 렌즈를 사용하게 되었는데, 이는 색수차(파장에 따른 굴절률의 차이에 의해 상의 위치나 배율이 달라지는 현상-옮긴이)가 일어난다는 것을 뜻한다.

눈의 렌즈가 무엇을 만들어내는지 당신이 실제로 본다면, 그 그림은 색의 왜곡 현상 때문에 당신이 보는 물체 주변에 지저분한 가장자리를 남길 것이다. 그러나 앞으로 알게 되겠지만 뇌는 유입되는 정보로부터 가능한 한 최상의 상을 만들어내는데, 그 과정에 색수차 효과를 제거하는 것도 포함된다.

이는 예술 작품에서 서로 다른 색을 잘 사용하면 3차원으로 보이게 할 수 있고 눈에 불편하게 보이게도 할 수 있다는 뜻이다. 예를 들어 푸른 배경에 붉은 색으로 글씨를 쓰면 아주 불편한 느낌이 들 수 있다. 이처럼 강력한 대조는 색수차를 두드러지게 하는데, 당신의 뇌가 그 효과를 숨기는 일을 평소처럼 해내지는 못한다.

당신의 눈이 무엇을 하고 있는지 알고자 할 때 명심해야할 한 가지는 당신이 빛을 볼 수 없다는 것이다. 말도 안 되는 소리처럼 들리겠지만, 나무나 개를 보듯이 빛을 볼 수는 없다는 얘기다. 당신의 시신경을 때리는 빛은 시각을 불러일으킨다. 사물이 빛을 방출하거나 반사시켜 그 광자들이 우리 눈을 때릴 때 비로소 우리는 그 사물을 보게 된다. 그러나 빛이 지나가는 것은 볼 수 없다. 빛은 빛의 다른 광자를 반사시키지 않기 때문이다.

그건 다행스런 일이다. 당신을 둘러싼 공간은, 거미줄처럼 서로 관통하며 뒤얽혀 있는 빛과 눈에 보이지 않는 다른 형태의 전자기 복사로 가득 차 있다. 태양광선, 인공광선, 라디오, TV, 이동전화 신호, 무선 네크워크 등등. 이들은 모두 같은 것인데, 만일 이들이 서로를 반사시킨다면 우리는 이들을 이용할 수도, 볼 수도 없을 것이다.

강력한 빛을 검은 관 안으로 내리쬐게 하고서, 내부를 볼 수 있게 자른 면을 통해 보면 아무것도 보이지 않을 것이다. 관 안의 구멍을 지나가는 빛은 눈에 보이지 않는다. 레이저 디스플레이에 사용되는 연기처럼, 관에 뭔가가 들어있어 빛을 경로로부터 분산시킬 수 있을 때만 빛줄기가 지나가는 것을 볼 수 있다.

눈의 렌즈

색수차가 너무 강해서 뇌가 색수차를 제거할 수 없을 때 어떻게 되는지 잘 보여주는 예를 The Universe Inside You의 웹사이트 www.universeinsideyou.com에서 볼 수 있다. Experiments(실험)를 택한 뒤 The lenses of your eyes(눈의 렌즈)를 클릭하고 'Illusion'이라는 단어의 두 가지 종류를 본다. 상에 무엇이 잘못되었는지 확실히 지적하기는 어렵지만, 뇌가 극심한 시각 이상을 처리해보려고 최선을 다하는 동안 어느 정도 불편함을 불러일으킨다.

귀신이 보이는 이유

두 눈 뒤에는 망막이 있다. 망막은 안구 안쪽에 있는 아주 특별한 막이다. 당신이 밤하늘을 바라볼 때 알닐람의 상은 바로 여기에 투사된다. 그 막은 약 1억 3000만 개의 아주 작은 감지기로 덮여있다. 이 감지기는 막대간상세포와 원뿔원추세포 또는 원뿔세포 두 가지 형태가 있다.

흑백을 다루는 간상세포는 약 1억 2000만 개가 있는데 색을 다루는 세 가지 종류의 원추세포보다 훨씬 더 민감하다. 빛이 약하면 원추세포는 작동하는 걸 완전히 포기해버린다. 빛이 약한 상태에서 우리는 세상을 흑백으로 보는데, 아이건 어른이건 실제로 보여주기 전까지는 이 말을 믿지 않을 사람이 많다.

빛이 희미할 때 눈이 색을 다루는 능력을 어떻게 포기하는지 의심스러운가. 그렇다면 빛을 잘 차단하는 커튼이 쳐진 방으로 들어가거나 밤이 오기를 기다렸다가 눈을 감아보기 바란다. 눈이 빛의 수준에 적응할 동안 1~2분 정도 앉아 있는다. 보는 것이 완전히 불가능하다면 손전등을 침대 커버나 쿠션 밑에 놓아서 아주 약간의 빛이 새어나오게 한다. 또렷하게 비춰지는 것은 하나도 없어야 한다.

이제 주변을 둘러본다. 옷, 피부, 주변 사물을 보라. 꼭 흑백영화처럼 보이지는 않더라도 주변에 있는 물건이 무슨 색인지 말할 수는 없을 것이다. 그 색을 말할 수 있다면 빛이 너무 많기 때문이다. 거의 보이지 않을 정도까지 빛의 수준을 낮추고 다시 해보기 바란다.

보통의 색각은 빨간색, 파란색, 녹색의 삼원색 조합을 이용하여 작동하는데, 다른 색깔도 역시 이렇게 만들어진다. 파란색, 빨간색, 노란색을 원색1차색이라고 들었을지 모르지만 잘못된 것이다. 이것은 시각적으로 원색의 반대색인 2차색 즉, 시안색청록색, 마젠타색자홍색, 노란색을 아동용으로 단순화한 것이다. 2차색은 색소의 기본색-색소는 빛의 원색을 흡수하므로-이지만 진짜 원색은 아니다.

야간시(빛이 아주 희미한 상황에서 작동되는 시각 체계-옮긴이)는 색각과는 아주 다른 것으로, 밝기의 정도만 알아챈다. 그러나 두 종류의 시각이 겹치는 교차영역박명시이 있다. 이때에는 마치 이전에는 존재하지 않았던 스펙트럼에 완전히 새로운 색이 첨가된 것 같다.

이 중간 수준의 빛에서 시각은 희한한 성질을 갖는데, 황혼녘에 귀

우주는 어떻게 생성되었나

신이나 다른 시각적 현상을 보는 경우가 많은 것도 그 때문이다. 눈이 우리를 오해하게 만드는 때가 바로 이 시간이다. 두 가지 체계가, 당신의 뇌가 처리할 정보를 경쟁적으로 만들어내기 때문이다.

색을 감지하는 원추세포는 눈의 가운데 주변에 몰려있다. 빛이 아주 약할 때에는 사물을 직접 보는 대신 시각 가장자리의 수많은 간상세포를 이용하면 사물을 더 잘 볼 수 있다. 눈이 이런 식으로 작동되기 때문에 밤에 몰래 다가오는 포식자들을 경계할 수 있는 듯하다.

다루는 색의 범위가 실제로는 많이 겹치지만 세 종류의 원추세포가 각각 빨간색, 파란색, 녹색을 다룬다고 할 수 있는데, 특정한 색의 범위에서 원추세포들은 최고로 민감해진다. 모든 동물이 동일한 감지기 세트를 갖고 있는 것은 아니다. 어떤 동물은 색맹이다. 또 개와 같은 동물은 두 종류의 원추세포만 갖고 있어 색각이 제한적으로 작동한다.

눈으로 본 것을 뇌는 어떻게 처리하나

우리가 알닐람에서 당신의 눈까지 추적한 광자가 망막의 뒤까지 도달한다. 희한하게도 눈의 수용기(동물체가 외계로부터 자극정보를 수용하는 세포 구조-옮긴이)는 우리 몸의 앞쪽이 아니라 뒤쪽에 있어서 민감한 부분도 뒤에 있다. 이는 진화과정에서 우연히 일어난 일일 가능성이 크다. 각각의 감지기 표면에는 특별한 '광光수용기' 분자 세트가 있다. 이곳의 전자가 빛의 광자를 흡수하면 미세한 전하가 발생하는데, 이것이 뇌로 신호를 보내는 출발점이 된다.

어떤 신호는 광신경으로 보내지기 전에 이 단계에서 합쳐진다. 신경에 있는 섬유의 수는 감지기보다 훨씬 적기 때문에 신호가 뇌에 도달하기 전에 눈에서 약간의 사전 작업이 있어야 한다. 대개 오른쪽 눈으로부터 연결된 것은 뇌의 왼쪽으로, 왼쪽 눈으로부터 연결된 것은 뇌의 오른쪽으로 간다. 하지만 일정 비율의 섬유는 다른 쪽으로 바뀌어서 오른쪽 눈에서 온 일부 신호가 왼쪽 눈의 정보와 함께 처리된다. 이런 교차가 3차원 시각을 가능하게 한다. 인간보다 눈이 더 독립적으로 작동하는 조류는 이처럼 교차되는 게 훨씬 적다.

이 단계에서 우리는 일련의 전기신호를 갖게 된다. 이제 뇌는 시각의 서로 다른 특성을 다루는 부위를 이용하여 이들 신호를 처리한다. 이런 부위-뇌의 별개 부위가 아니라 그 안의 별개 기능-는 동작 감지, 세부 사항 선택, 패턴 인식, 형태 인식 등을 처리한다.

이런 초기 작업이 이뤄진 후 당신의 뇌는 일련의 자료를 갖게 되며, 이를 사용해 당신이 보고 있는 것의 상을 만들어낸다. 뇌는 당신의 초점 중심에 알닐람이라는 별이 자리하고 있는 밤하늘을 구축한다. 이것은 카메라가 어떤 상을 찍는 방식과는 완전히 다르다. 당신이 '보는' 것은 뇌가 모든 신호와 처리 작업을 통해 만들어낸 인위적인 구조물이다. 어떤 면에서 볼 때 그것은 단순한 사진보다도 훨씬 덜 '사실적'이다.

뇌의 기막힌 속임수

착시는 시각의 인위적인 성질 때문에 일어난다. 당신의 뇌는 항상 사물이 시각적으로 어떻게 생겼는지보다는 사물이 어떠해야 한다고 뇌가 생각하는 식으로 상을 구축한다. 예를 들어 망막에 투사된 그림은 위아래가 거꾸로 되어있는데, 뇌가 그것을 뒤집는다. 뇌의 이런 속임수는 시야를 거꾸로 뒤집는 특수 안경을 착용해보면 아주 생생하게 드러난다. 뇌는 몇 시간 동안 충분히 골탕을 먹은 뒤에야 비로소 상을 제대로 위로 오게끔 뒤집는다. 사물이 뒤집혀 보이게 하는 이런 안경을 낀 사람들이 사물을 다시 제대로 보기 시작하는 것이다.

뇌의 속임수를 알 수 있는 또 다른 예는 뇌가 맹점을 제거하는 방식이다. 눈의 일부는 작용하지 않는데 시신경이 망막과 연결되는 곳에는 감지기가 없기 때문이다. 그러나 뇌는 두 눈으로 들어온 것을 합쳐서 맹점이 사라지게 한다. 마찬가지로 밤하늘을 바라볼 때 당신의 시각은 안정되고 움직이지 않는 것처럼 보이지만, 사실 당신의 눈은 도약안구운동단속운동이라고 하는 쏜살같이 움직이는 운동을 정기적으로 하고 있다.

이렇게 안구를 실룩거리는 것은 뇌가 주변 세계에 대해 좀 더 자세한 그림을 구축하는 데 도움이 된다. 도약안구운동은 아주 빠르게 일어나-몸의 각 부분에서 일어나는 모든 외부 운동 중 가장 빠르다-100분의 1초밖에 되지 않는 짧은 시간에 안구를 10도 정도 휩쓸고 지나간다. 눈이 받아들인 것의 진짜 표상을 보게 된다면 모든 것은 계속 뿌옇고 이리저리 뛰어다니고 있을 것이다. 따라서 뇌는 당신이 볼 필요 없는 것들은 그냥 삭제해 버린다.

뇌를 헷갈리게 하다

형태와 음영을 알아내는 뇌의 복잡한 기술이 잘못된 상을 만들어내는 데 어떻게 이용될 수 있는지 보여주는 예가 여기 있다.

우리는 체스판 형태에 아주 익숙하며, 우리의 뇌는 음영이 만들어내는 효과를 처리하는 법을 알고 있다. 그러나 이 그림은 특별히 그런 효과를 어떻게 해석하는지 잘못 이해하게끔 그려져 있다. 이 그림 윗부분의 검정색 네모 A는 흰색 네모 B보다 훨씬 더 어둡게 보인다. 그러나 사실 이 둘은 정확하게 동일한 회색 색조다.

믿기 어려울지 모르지만, 이 페이지를 접어서 두 네모가 함께 오게 하면 두 개가 정확히 똑같은 색조라는 것을 알 수 있다. 책을 훼손하고 싶지 않다면 www.universeinsideyou.com로 가서 Experiments(실험)를 클릭한 뒤 Chessboard experiment(체스판 실험)을 클릭해보기 바란다. 거기에 A라고 표시한 네모를 B라고 표시한 네모로 이동시켜 이들이 동일한 색조라는 것을 볼 수 있는 동영상이 있다.

너무도 작은 양자

우주 공간을 가로질러 당신의 눈까지 도달함으로써 별들을 볼 수 있게 해준 광자가 양자 입자라는 말을 여러 차례 들었다. 과연 그게 무슨 뜻일까? 양자는 사람들이 자주 듣는 단어 중 하나지만 항상 분명하게 이해되는 것은 아니다. '양자 진동 치료법'이란 걸 제공하는 희한한 제품에서건 혹은 양자의 의미를 완전히 뒤집는 '양자도약'이라는 표현에서건 이 단어는 너무 막연하게 쓰인다.

물리학에서 쓰는 의미의 양자는 존재 가능한 어떤 것의 최소량을 뜻한다. 요컨대 '어떤 것의 아주 작은 꾸러미'다. 앞에서 살펴보았듯이 원래 그 용어는 나중에 광자로 알려지게 되는 뭔가를 지칭하는 데 쓰였지만, 현재 양자입자와 양자물리학의 차원에서 보면 그것은 아주 작은 입자와 그것의 행동을 다루는 과학을 말한다.

20세기 초 과학자들이 양자의 세계에 대해 알게 되자 이것이 '이상한 나라의 앨리스'처럼 희한한 곳이라는 것을 발견하기까지는 그리 오랜 시간이 걸리지 않았다.

양자의 세계에서는 입자들이, 우리가 일상생활에서 익숙하게 보는 좀 더 큰 사물의 축소판처럼 행동하는 것은 아니다. 공을 던지면 우리는 그 공이 정확히 무슨 일을 할지 예측할 수 있다. 그러나 양자입자를 보고 있을 때에는 그것이 어디에 있고 어떻게 움직일지 확률로만 말할 수 있다. 우리가 실제로 측정하고 입자를 정확하게 밝힐 때까지는 확률만 존재한다.

광자의 행동 방식

양자의 희한함을 보여주는 가장 간단한 예는 아마도 1800년대 초에 이뤄진 '영의 슬릿(Young's slits 슬릿은 틈이라는 뜻-옮긴이)'이라는 실험일 것이다. 이것은 빛이 파동이라는 것을 '증명'하는 데 이용되었다. 실험을 하기 위해 약간 떨어져 있는 한 쌍의 틈으로 팽팽한 빛줄기를 통과시킨다. 그러면 양 틈에서 나와 섞인 빛줄기는 멀리 뒤에 있는 스크린에 떨어지게 되는데, 그 결과 각 틈마다 하나씩 밝은 점이 나타나는 게 아니라 일련의 밝고도 어두운 띠가 스크린에 나타난다.

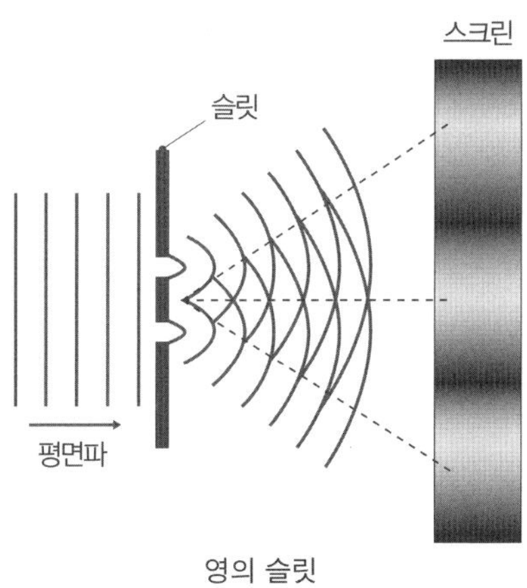

이 실험은 빛이 파동이라는 것을 보여주는 데 활용되었다. 그 가장자리가 간섭무늬(2개 이상의 파동이 서로 겹치면서 진폭이 변해 생성되는 무늬-옮긴이)처럼 보였기 때문이다.

물의 파동 두 개가 서로를 교차하면 규칙적인 패턴이 만들어질 수 있다. 두 개의 파동이 같은 지점에서 올라가면 그곳에서는 위로 향하는 강력한 파동을 얻게 된다. 마찬가지로 두 개의 파동이 모두 아래로 향하는 지점에서는 아래로 움푹 파이게 될 것이다. 그러나 파동 하나가 위로 올라가는 지점에서 다른 파동이 아래로 내려간다면 서로 상쇄될 것이다. 이것이 간섭이다. 빛이 이와 똑같은 방식으로 작용한다면 어두운 부분은 파동이 서로를 상쇄해버린 곳이고, 밝은 곳은 파동이 함께 합쳐진 곳이다.

입자의 경우에는 이러한 간섭이 불가능해 보인다. 아주 많은 퍼티(부드러운 접착제의 일종-옮긴이) 조각을 두 개의 틈을 통해 벽에 던졌다고 상상해보자. 그러면 띠무늬는 만들어지지 않는다.

하지만 지금 우리는 빛이 광자들의 '줄기'라는 것을 알고 있다. 그렇다면 도대체 어떻게 그런 효과를 만들어낸 것일까? 놀랍게도 광자를 한 번에 하나씩 한 쌍의 틈으로 발사해도 결국에는 간섭무늬가 만들어지게 된다. 개개의 광자들이 무엇에 간섭을 해서 띠를 만들어 내는 것일까?

여기서 양자의 기묘함을 확인할 수 있다. 이런 일이 일어나는 것은 각각의 광자가 두 개의 틈을 모두 통과하여 스스로를 간섭하기 때문이다. 양자 입자는 A에서 B까지 가능한 모든 경로를 서로 다른 확률로 따라간다는 것을 기억하기 바란다. 정확한 위치를 갖는 게 아니라, 서로 다른 모든 가능성의 조합이기 때문에 하나의 광자는 양 틈을 모두 다 지나간다. 어디서 발견될 수 있는가를 알아낼 확률은 파동처럼 퍼져 있으며, 이런 확률의 파동이 바로 입자들의 간섭무늬를 만들어낸다.

광자가 어떤 틈으로 지나갔는지를 분명히 밝히면서도, 광자의 통과를 허용하는 특수 감지기를 실험에 사용하면 그 무늬는 사라지며, 퍼티 조각에서 기대하는 것과 똑같이 스크린에 한 쌍의 밝은 점을 만들어낸다. 분산되게 하지 말고 한 곳에 있도록 해서 광자를 측정하면 양 틈 모두를 통과할 수 없다. 그냥 바라보는 것만으로도 광자의 행동을 완전히 바꾸는 데는 충분하다.

불확정성 원리의 본질

양자론은 불명확해 보일지 모르지만, 당신이 눈으로 뭔가를 보는 것, 그것이 바로 양자과정이라는 것을 명심하기 바란다. 사실 당신의 온 몸은 원자로 이루어져 있으며, 각각의 원자는 양자입자로 이뤄져 있다.

양자입자에 적용되는 용어 중 가장 잘 알려진 것이 아마 '불확정성 원리uncertainty principle'일 것이다. 이 말은 때때로 양자의 세계에서는 아무것도 확실한 것이 없다는 말로 해석되기도 하지만 그런 식의 철학적 개념은 아니다. 불확정성 원리는, 이것을 생각해낸 독일 과학자의 이름을 따서 '하이젠베르크의 불확정성 원리'라고도 부르는데, 양자입자에 관한 정보 두 가지 중 하나에 대해 더 잘 알면 알수록 나머지 하나에 대해서는 덜 알게 된다고 말한다. 예를 들어 입자가 어디에 있는지 좀 더 정확하게 알면 알수록 그 운동량-질량에 속도를 곱한 값-에 대해서는 덜 정확하게 알 수 있다. 입자의 운동량을 정확하게 안다면 그것의 위치는 우주 그 어디도 될 수 있다.

불확정성 원리를 묘사하는 좋은 방법은 입자의 사진을 찍는다고 상상하는 것이다. 아주 빠른 셔터 속도로 사진을 찍으면 입자를 공중에 꼼짝 못하게 잡아둘 수 있다. 입자 생김새에 관한 훌륭하고 선명한 사진을 갖게 되는 것이다. 그러나 그것이 어떻게 움직이는지에 대해서는 아무것도 말할 수 없다. 정지상태일 수도 있고 휙 지나가고 있는 것일 수도 있다.

반면 아주 느린 셔터 속도로 사진을 찍으면 입자는 길게 늘어나고 흐릿한 형체로 카메라에 잡힐 것이다. 이것은 입자가 어떻게 생겼는지는 잘 알려주지 않겠지만-형체가 너무 엉망이 되었으므로-얼마나 빨리 움직이고 있는지는 분명하게 암시해준다. 운동량과 위치 사이의 관계는 이와 약간 비슷하다.

양자가 얽히면

양자 수준에서는, 우리가 이해하기 힘든 일들이 훨씬 더 많이, 아주 자주 일어나는데 그중에서 가장 놀라운 게 '양자얽힘quantum entangle-ment'이다. 이 현상은 두 개의 양자입자, 이를테면 하나는 당신의 눈에서 시각을 촉발하고 있고 다른 하나는 우주에서 몇 광년 멀리 떨어져 있더라도, 이들을 서로 묶어서 하나의 존재를 형성할 수 있다는 걸 알려준다. 종종 이 연결에는 스핀spin이라고 하는 입자의 성질이 관여한다.

양자 스핀은 한마디로 희한하다. 이 말은 입자가 지구처럼 돈다는 뜻이 아니다. 양자 스핀은 입자에서 잴 수 있는 측정치로 디지털 값을 갖는다. 어떤 특정 방향으로 측정했을 때 둘 중 하나의 값, 위업 또는 아래다운만 가질 수 있다는 뜻이다. 입자는 측정하기 전에는 스핀값을 갖지 않는다. 단지 서로 다른 다양한 결과가 일어날 확률만 가질 뿐이다.

예를 들어 위 또는 아래일 가능성이 50:50일 수 있다. 그런 입자를 측정할 때 절반의 경우는 '위'의 값을 가질 것이고, 절반은 '아래' 값을 갖게 될 것이다. 하지만 측정을 하기 전까지는 어떤 것을 발견할지 알

길이 없다. 입자가 어느 하나의 상태로 있지 않기 때문이다. 그것은 입자가 동시에 위이기도 하고 아래이기도 한 상태의 중첩superposition이라고 알려져 있는데, 정확히 파악하기 전까지는 광자가 가능한 모든 경로를 따라갈 가능성이 있는 것과 비슷하다.

이제 그런 양자입자 두 개를 연결했다고 상상하자. 입자 하나의 스핀을 측정할 때 다른 하나는 그 반대 스핀을 가질 텐데, 이런 식으로 해서 양자들을 얽히게 할 수 있다. 그 방법은 아주 다양하다. 가장 간단한 것은 동일한 전자로부터 광자 두 개를 동시에 만드는 것이다.

자, 이제 기발한 부분이다. 당신은 이 두 입자들을 당신이 원하는 만큼 멀리 분리시킬 수 있다. 원하면 하나는 우주 반대편으로 보낼 수 있다. 당신 가까이에 있는 입자의 스핀을 점검할 때, 예를 들어 그것의 상태가 위라면 나머지 하나는 아래 상태라는 것을 확실하게 알 수 있다. 이건 그리 대단한 일이 아닌 것처럼 보일지도 모른다.

어쨌든 당신이 1파운드짜리 동전을 표면을 따라 반으로 톱질했다고 상상하자. 그럴 경우 하나는 앞면 또 하나는 뒷면인, 폭이 절반으로 좁아진 동전 두 개가 나온다. 반쪽짜리 동전 하나를 눈에 보이지 않게 호주머니에 넣고, 또 다른 하나는 보지도 말고 우주 반대편으로 보낸다. 이제 호주머니에 있는 반쪽을 보라. 앞면이다. 따라서 나머지 한 개는 뒷면이라는 것을 즉각 알게 된다. 아주 간단하고 이해하기 쉬운 실험이다.

하지만 양자입자는 이와는 완전히 다르다. 절반의 동전들은 그것이 만들어지는 순간부터 '앞'이나 '뒤'의 값을 갖는다. 하지만 입자들을 뒤엉키게 만들 때에는 그 어느 것도 스핀값이 미리 정해져 있지 않다. 각각은 측정할 때 위이거나 아래일 가능성을 50%씩 가진, 위이면서 아래이다.

두 입자는 동일하다. 하나를 볼 때 비로소 그것은 임의로 위의 위치로 자리를 잡으며, 다른 하나는 아무리 멀리 있어도 즉각 아래가 된다. 메시지가 순식간에 우주를 가로질러 간 것이다. 은밀히 감춘 정보를 입자들이 이미 갖고 있는지, 아니면 누군가 그것들을 볼 때 정보를 갖게 되는지 시험해볼 수 있다. 비밀의 값은 없다.

메시지를 보내는 그런 메커니즘을 이용할 수 있다면 그 메시지는 우주 어디든 즉각 도달할 것이다. 하지만 실제로 이런 식으로 유익한 정보를 보낼 길은 없다. 이 으스스한 연결을 통해 보낸 결과는 무작위적이어서 의미 있는 것은 운반할 수 없다. 스핀이 위가 될지 아래가 될지 고를 수 없다. 그것은 우연히 일어난다.

그럼에도 양자얽힘이 정보를 전달하는 방식은 여러 모로 응용될 수 있다. 자료를 안전하게 암호화된 상태로 있게 하는 방식을 비롯하여, 일반 기계로 풀려면 우주의 수명이 다할 정도로 오래 걸릴 문제를 풀 수 있는 컴퓨터와 양자원격전송-입자를 정확하게 복제하거나 먼 거리에서 입자들을 모으게 할 수 있는 스타트렉의 트랜스포터 소형판-에 이르기까지 놀라운 것들에 응용될 수 있다.

인간은 양자기계

양자론의 궁극적인 역설은 당신 몸이 존재한다는 사실이다. 위에서 보았듯이 몸의 모든 조각은 양자입자로 이뤄져있다. 당신 안의 모든 원자는 양자입자의 집합체다. 당신의 감각은 양자입자가 관여하는 과정

즉, 전기 및 화학 자극으로 작동한다. 당신이 머나먼 별 알닐람에서 나오는 빛을 볼 때 우주 공간을 가로지른 것은 양자입자이며, 당신의 눈으로 하여금 그것을 감지할 수 있게 하는 것도 양자과정이다.

당신의 몸은 '양자기계'다. 하지만 당신이 보고 경험하는 것은 겉으로 보기에 비非양자적인 정상적인 세계다. 이곳에서는 확률이 지배하지 않으며 사물은 한 번에 한 곳에 존재하지 더 많은 곳에 있을 수 없다. 이것을 설명할 수 있다면 좋겠지만 나는 할 수 없다. 최고의 물리학 교수 아니라 그 누구도 현실을 구성하는 양자 요소들이 행동하는 방식과 우리의 일상적인 경험이 완전히 다른 이유를 이해하지 못한다. 지금 이 순간 우리가 할 수 있는 것이라고는 어깨를 움찔거리고 이렇게 말하는 것이다. "원래 그렇게 되어 있어."

안드로메다를 본다는 것은

다시 밤하늘을 바라보기로 하자. 당신이 북반구에 있다면, 우주를 탐험하는 작업에서 한 번 들여다볼 가치가 있는 또 다른 특징이 있다. 아주 잘 알아볼 수 있는 별자리 중 하나가 카시오페이아자리다. 여기서 또 다시 패턴 인식이 작동한다. 카시오페이아자리의 별 다섯 개가 커다랗게 W자를 형성하고 있는데, 이것은 아주 쉽게 찾을 수 있을 것이다. 어쩌면 M자와 더 닮아 보일 수도 있겠지만.

우리가 관심을 둘 것은 카시오페이아자리 그 자체가 아니다. 카시오페이아자리를 W로 생각한다면 W의 두 번째 V를 화살로 생각하고 그것이 가리키는 쪽으로 카시오페이아자리 전체 너비만한 거리만큼 따라간다. 이렇게 하면 훨씬 덜 뚜렷하게 보이는 안드로메다라는 별자리로 가게 된다. 그리고 당신이 도달한 그 점 주변에 약간 뿌연 빛의 조각이 육안으로 보인다. 괜찮은 쌍안경으로 보면 그것이 그냥 보통 별이 아니라는 것이 분명해진다.

카시오페이아와 안드로메다의 위치

그 작은 조각을 볼 수 있다면 당신은 인간이 뭔가를 사용해 확대하지 않고 볼 수 있는 가장 먼 곳을 보고 있는 셈이다. 당신의 눈은 놀라운 일을 해내고 있다. 그 뿌연 얼룩이 우리 은하수에서 가장 가까운 은하인 안드로메다은하다. 그러나 '가깝다'는 것은 은하 차원에서 상대적인 것이다. 안드로메다은하는 250만 광년 떨어져 있다. 당신의 눈을 때리는 빛의 광자가 여행을 시작했을 때 인간은 존재하지도 않았다. 아직 진화하기도 전이었다. 당신은 지금 거의 상상도 할 수 없는 거리를 보고 있는 것이다.

당신의 눈은 매우 훌륭한 빛 감지기다. 뇌에서 신호를 작동시키기 위해서는 겨우 한줌의 광자만 있으면 된다. 그러나 시각에는 한계가 있다. 당신은 안드로메다와 우주의 다른 곳으로부터 당신을 향해 쏟아지는 빛의 극소량만 볼 수 있다. 당신의 눈에 있는 감지기들은 스펙트럼의 아주 작은 부분에 대해서만 반응한다.

빛나는 오줌

다른 동물은 시야가 좀 더 멀리 확장된다. 예를 들어 많은 조류는 자외선까지 뻗어 들어가는 원추세포 세트를 추가로 갖고 있다. 이것은 높은 곳을 맴돌며 작은 포유류를 사냥하는 매에게 유용하다. 매는 일반광선 속에서 들풀을 배경으로 위장을 잘하는 생쥐, 들쥐, 땃쥐 등이 있는지 자세히 살핀다. 이 작은 동물들은 끊임없이 오줌을 누는데, 그들의 오줌은 자외선에서 빛을 낸다. 매는 먹잇감을 찾아낸다기보다는 오줌의 흔적을 따라가 덮친다.

간접적이나마 당신도 자외선을 볼 수 있는 방법이 있다. 형광물체를 보면 그것이 스스로 빛을 발산하는 것처럼 보인다. 흔히 우리가 뭔가를 볼 때 그것이 재방출하는 광자는 그것이 흡수하는 광자와 동일한 에너지 범위에 있다. 그러나 형광은 물체가 자외선 광자를 흡수하고 가시광선을 내보내는 것과 관련이 있다. 따라서 원래는 눈에 보이지 않는 복사(에너지가 전자기파 등으로 방출되는 것 혹은 그렇게 방출된 에너지-옮긴이)가 들어오면 그 물체에서 '추가'된 빛이 밖으로 나오는 것을 보게 된다. 형광전구의 경우에도 같은 일이 일어난다. 전구 내부에서 자외선이 만들어지고 그것이 형광 외막을 자극하여 가시광선을 발산하게 한다.

자외선과 가시광선은 빛의 스펙트럼에서 일부를 차지한다. 별을 바라보며 정원에 서 있을 때 당신은 눈이 감지하지 못하는 온갖 범주의 광자에 흠뻑 젖게 된다. 에너지가 제일 낮은 것은 방송국에서부터 와이파이와 이동전화를 아우르는 전파라디오파다. 그 다음에는 레이더와 전자레인지, 단거리 통신에 이용되는 극초단파마이크로파가 있다. 그리고 가시광선 바로 전에 적외선이 있는데, 이것은 열로서 느낄 수 있다.

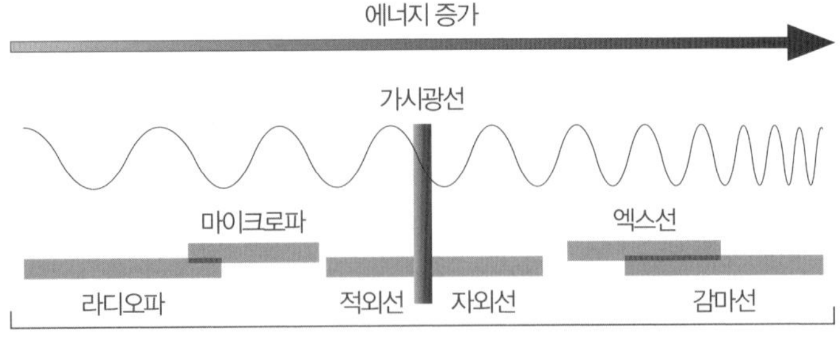

전자기파 스펙트럼

마지막으로 자외선보다 훨씬 더 에너지가 많은 것으로 엑스선X-ray
과 감마선gamma ray이 있다. 이 둘은 어떻게 만들어지느냐로 구분된다.
엑스선은 일반광이 만들어지는 것처럼 원자 바깥쪽의 전자가 에너지
를 발산하면서 만들어진다. 감마선은 원자의 핵에서 나온다. 이 둘 사
이에는 에너지가 상당히 중첩된다. 이 둘이 '레이ray'로 불리게 된 데는
역사적인 이유가 있다. 하지만 이 둘 모두 스펙트럼의 다른 부분과 같은
광자이며, 단지 좀 더 높은 에너지를 갖고 있을 뿐이다.

실험

형광 작용

자외선 광원을 하나 구하자. 자외선 램프는 싼 값에 살 수 있다. 신호
가 없을 때 푸른빛을 발산하는 평면 TV가 있다면 이것 역시 훌륭한
자외선 광원이 된다. 형광원이 될 만한 가능성이 있는 여러 가지 것
들을 시도해보기 바란다. '데이글로'(형광물감 상표명-옮긴이) 색
상이 들어간 것들을 찾아보라. 최근에 세탁한 흰 셔츠-흰옷 전용 세
제에는 '흰색보다 더 흰' 기를 내도록 형광 물질이 첨가되어 있다-
로 시도해보라. 좀 더 화려한 잡지 표지와 제품 포장은 시선을 사로
잡기 위해 종종 형광을 띤다는 것을 알게 될 것이다.

빅뱅의 메아리

당신 눈이 포착하는 가시광선을 포함하여 모든 종류의 광자는 별에
서부터 당신을 향해 흐르고 있다. 그들이 출발한 곳이 멀면 멀수록 당
신이 보는 것은 시간적으로 더 오래되었다. 가장 오랫동안 오고 있는 광

우주는 어떻게 생성되었나

자는 때로 '빅뱅의 메아리'라고 부르는데, 그럴만한 타당한 이유가 있다. 사방에서 오는 듯하면서도 어디에서 오는지 모르게 오기 때문이다.

요즈음에는 디지털 신호 대신 아날로그 신호를 잡아내는 수동 조정 텔레비전이 드물지만 아마 본 적은 있을 것이다. 그 텔레비전이 어떤 특정한 채널에 맞춰지지 않았을 때 화면에 흰점들이 눈처럼 춤을 추는 것을 봤을 것이다. 흰점의 일부는 지구에서 일어난 간섭이지만 일부는 외계에서 온다. 실제로 이런 텔레비전은 빅뱅-130억 년도 넘는 과거에-이 일어난 뒤 약 30만 년 동안 여행길에 나선 광자들을 포착하는 원시적인 전파망원경이다.

전파망원경은 사진을 통해 본 적이 있을 것이다. 전파망원경은 흔히 커다란 접시처럼 생겼는데, 어떤 것은 구경이 수백 미터에 달하기도 한다. 이런 접시는 광학망원경의 거울처럼 멀리서 오는 전파신호를 모아 수신기에 집중시킨다. 그러나 방금 언급했던 식으로 텔레비전이 광자를 포착하도록 안테나를 빅뱅의 방향으로 향하게 할 필요는 없다. 이는 다음과 같은 중요한 문제를 제기한다. 빅뱅이론이 말하는 것처럼 우주가 하나의 점에서 시작했다면 그 점은 과연 어디였을까?

코앞으로 약 30cm 떨어진 곳에 손가락 하나를 들어보기 바란다. 다른 손 손가락 하나의 끝이 처음에 들었던 손가락 끝에 아주 가까이 가게 한다. 이들 손가락 사이의 점이 바로 빅뱅이 일어났던 곳이다. 터무니없는 주장 같을 것이다. 빅뱅이 일어난 바로 그 자리에 당신이 서있는지 과연 내가 어떻게 알 수 있단 말인가?

과학을 안다는 것

지금도 팽창하는 우주

이것을 설명하기 위해 우리는 우주에 관한 또 다른 희한한 점을 파헤칠 필요가 있다. 머나먼 은하들을 바라보면 모두가 우리 은하로부터 멀어지고 있다. 안드로메다처럼 정말 가까운-우주 규모에서 보면 정말 가까운 250만 광년밖에 떨어져 있지 않다!-몇몇 은하를 제외하면 모두 우리로부터 멀어지고 있다. 우리가 우연히도 우주 한가운데 위치하고 있고 따라서 빅뱅이 일어났던 곳이라는 것은 놀랍기만 하다. 진짜 너무 놀랍다.

일부 은하들이 우리를 향해 다가오는 이유는 그들이 너무 가까이 있어서, 우주의 팽창이 그들을 멀어지게 하는 것보다 중력이 그들을 우리 쪽으로 더 빠르게 잡아당기기 때문이다. 약 50억 년이 지나면 안드로메다는 우리 은하인 은하수를 들이받게 될 것이며, 엄청난 붕괴 이후 둘은 합쳐져서 초은하를 형성할 것이다. 혹시라도 지구가 받게 될 영향이 걱정된다면 그럴 필요 없다. 당신은 그때에는 없을 것이고, 팽창하고 붉어지는 태양에 의해 지구가 이미 파삭해져 있을 것이기 때문이다.

따라서 빅뱅은 우리 주변 모든 곳에서 일어났고, 그래서 빅뱅의 메아리, 아니 좀 더 공식적인 명칭인 '극초단파우주배경복사'를 감지하기 위해 전파망원경이 필요한 건 아니다. 그것은 사방에서 온다. 당신의 감각이 극초단파를 감지할 수 있다면 하늘을 가득 채우고 있는 초기 우주의 이글거림을 지속적으로 보게 될 것이다. 현재로서는 제대로 된 종류의 감지기로만 그것을 포착할 수 있다.

빅뱅까지 죽 거슬러 올라가서 본다는 것은 불가능하다. 시작 시점, 바로 그때에는 모든 것이 너무나 밀집되어 있고 에너지가 넘쳐서 빛이 빠져나오지 못했기 때문이다. 그것은 마치 태양을 관통하여 다른 쪽을 보려고 하는 것과 비슷했다. 아니 그보다 더했다. 그러나 약 30만 년이 지나자 우주가 투명해질 정도로 모든 것이 냉각되었고, 가장 에너지가 많은 엄청나게 강력한 감마선이 우주 전역으로 터져나가기 시작했다.

우주는 계속 팽창하여 그 빛-사방에서 오는-이 건너가야 할 우주 공간을 더 많이 제공했다. 우주가 팽창하는 바람에 빛의 에너지는 감소된다.

누군가가 당신에게 무거운 공을 던진다고 상상해보자. 그리고 최고 속력으로 멀어지면서 똑같은 공을 던진다고 상상해보자. 두 번째 공은 더 멀어진 거리를 지나오면서 에너지의 일부를 써서, 다시 말해 에너지를 덜 갖고 있으므로 맞아도 덜 아프다.

마찬가지로 팽창하는 우주로부터 오는 빛은 처음 방출되었을 때보다 에너지를 덜 갖고 있다. 그리고 에너지를 덜 갖고 있는 광자는 스펙트럼 아래쪽으로 이동한다.

가시광선은 붉은색 쪽으로 이동하고-적색이동이라 부른다-감마선은 점차 아래로 이동하여 엑스선, 자외선, 가시광선, 적외선을 지나 결국 극초단파가 된다. 바로 이 극초단파가 COBE와 WMAP라고 하는 위성들이 포착한 빅뱅의 흔적 사진을 만들어냈으며, TV 화면에 흐릿한 것을 만들어낸다.

우주를 터뜨리다

빅뱅이 왜 당신의 코앞 바로 그 지점에서 일어났고 우리가 왜 우주의 중심인 것처럼 보이는지 이해하기 위해서 풍선을 하나 구하기 바란다. 펠트펜으로 풍선에 점을 몇 개 찍는다. 이 점들은 은하를 뜻한다. 풍선을 약간 불어서 은하들이 서로 얼마나 멀리 떨어져 있는지 본다.

이제 풍선을 좀 더 불어서 다시 한 번 본다. 은하들은 어떻게 움직였는가? 은하를 표시한 점들은 모두 서로에게서 멀어진다. 그러나 점들이 실제로 풍선을 가로질러 움직이는 것은 아니다. 그들은 항상 있었던 것처럼 여전히 같은 풍선 고무 조각 위에 있다. 대신 점점 더 커지는 것은 풍선 자체다.

이와 마찬가지로 팽창하고 있는 것은 우주 안의 공간이다. 따라서 당신이 우주의 어디에 있든 풍선에서 그랬던 것처럼 다른 모든 은하들은 당신의 은하로부터 멀어진다. 하지만 그 어떤 은하도 우주의 중심에 있다고 주장할 수는 없다.

이제 풍선에서 공기를 뺀다. 풍선은 점점 작아진다. 이것은 시간을 뒤로 돌리는 것과 같다. 원래 크기로 되돌아가면 풍선은 수축을 멈추겠지만 풍선이 아주 작은 점이 될 때까지 계속 작아진다고 상상하자. 고무 조각은 모두 점 안에 들어갈 것이다. 풍선이 아직 부풀어 있을 때 당신은 아무 곳이나 고를 수 있을 것이고, 풍선은 바로 그 하나의 점이 될 것이다.

마찬가지로 빅뱅은 우주 전역에서 일어났다. 당신이 어디에 있건 '여기가 빅뱅이 일어났던 곳'이라고 말할 수 있다. 왜냐하면 전 우주가 모든 것의 시작 지점이기 때문이다.

빅뱅은 과연 일어났을까

여기서 조건을 달아야할 필요가 있다. 빅뱅이론은 우주가 어떻게 시작되었는지를 설명하는 현재의 과학이론 중 가장 근거가 잘 뒷받침되는 이론이다. 하지만 그렇다고 확정적인 것은 아니며 진지한 과학자들이 고려하는 유일무이한 이론도 아니다. 우리는 아주 간접적인 증거로 작업을 하고 있는데, 단순히 그 30만 년 표시 너머를 볼 수 없기 때문만은 아니다.

우리가 가진 모든 증거는 빅뱅이론을 뒷받침하고 있다. 그러나 문제가 없는 것은 아니다. 이를 테면 빅뱅이론은, 무한한 밀도와 무한한 온도를 가진 시공의 한 지점인 특이점(singularity 시공의 곡률曲率이 무한대가 되는 블랙홀의 중심을 말함-옮긴이)이 어느 순간인지도, 어디인지도 모르는 데에서 모든 것이 시작되었다고 말한다. 이렇게 무한으로 갈 때에는 무슨 일이 일어나는지를 예측하는 방정식이 무너져버린다. 빅뱅의 토대가 되는 이론이 바로 그 특이점에서는 더 이상 들어맞지 않는 것이다. 따라서 우리는 빅뱅이 모든 것의 시작이었다고 절대적으로 확신할 수는 없다. 그 예측을 하는 데 이용된 수학이 가장 중요한 바로 그 지점에서는 적용되지 않기 때문이다.

빅뱅의 특이점과 관련한 어려움을 피해가는 이론들이 있지만 그런 것들도 문제는 있다. 현재로서는 빅뱅이 여전히 우리가 가진 최고 이론이며, 바로 그런 이유에서 그것이 사실인 것처럼 언급되는 경향이 있다. 하지만 이것은 우리가 실험실에 혹은 우주에 있는 뭔가를 직접 관찰하여 점검할 수 있는 실험이 아니다. 그저 다양한 간접 측정과 수많은 모형 구축으로부터 얻어지는 결론이다.

은하를 붙잡아두는 힘

여기서 이용되는 모형은 실제로 물리적인 모형은 아니다. 과학에서는 진짜 모형이 만들어지기도 하지만-크릭과 왓슨이 DNA 구조를 생각해냈을 때 가장 먼저 한 것이 막대기와 공으로 DNA의 한 부분을 모형으로 만든 일이었다는 것은 잘 알려져 있다-과학자들이 모형을 구축했다고 말할 때에는 대개 수학적 모형을 뜻한다. 이것은 규칙과 숫자의 조합으로, 현실 세계에서 관측되는 것과 똑같은 결과를 낳아야 한다. 모형의 예측과 현실이 일치하는 한 우리는 우주에서 무슨 일이 일어나고 있는지에 대해 가능성 있는 설명을 하게 된다. 그러나 모형의 예측과 현실이 서로 어긋나면 새로운 이론을 찾아야 한다.

그 좋은 예로, 은하가 고약하게 행동한다는 사실을 발견한 것을 들 수 있다. 은하에서 별들을 한데 모아두는 것은 중력인데, 별들을 분산시키려는 반대의 힘도 존재한다. 우주의 다른 모든 것들과 비슷하게 은하는 회전한다. 하늘을 보고 안드로메다은하를 찾아냈을 때 당신의 눈이 감지할 수 있는 것은 빛의 희미한 패턴뿐이다.

그러나 현대적인 망원경을 이용하면 은하들이 실제로 돌고 있는 것을 자세히 볼 수 있다. 은하들이 회전할 때 그 안의 별들은 일직선으로 떨어져 나가려고 한다. 그것을 막는 유일한 것이 바로 은하의 중심을 향해 잡아당기는 중력이다.

하지만 이 모형이 뭔가 잘못되었다는 것을 보여주는, 숨어 있는 문제점이 하나 있다. 은하에 있을 것으로 기대되는 모든 것의 질량을 계산하여 더해도 은하의 회전속도에서 은하를 함께 잡아두기에 충분한 질량이 나오지 않는다. 은하는 미친 풍차처럼 별들을 사방으로 뿌려야

우주는 어떻게 생성되었나

만 한다. 우리가 알고 있는 물질의 중력 이상의 뭔가가 은하를 붙들어 두고 있는 게 틀림없다.

물론 은하의 모든 물질이 다 명백한 것은 아니다. 우리는 별들과 빛을 내는 먼지구름은 볼 수 있지만 행성이나 블랙홀, 차가운 먼지는 알아볼 수 없다. 그러나 이 모든 것을 감안해도 뭔가가 더 있어야만 한다.

이 현상을 설명하는 가장 인기 있는 모형은 '암흑물질dark matter'을 포함한다. 우리는 암흑물질이 정확히 무엇인지는 모르지만 이에 대한 의견은 갖고 있다. 그것은 기본적으로 추가 질량인데, 중력을 통해 친숙한 물질과만 상호작용한다. 그것은 전자기 즉, 빛에는 영향을 받지 않는 것으로 보인다.

하지만 이것이 유일한 모형은 아니다. 중력이 은하 규모에서는 미세하게 달리 행동한다는 다른 모형이 있다. 어쨌든 양자 수준에서 우주는 우리가 보는 일반적인 크기의 사물이 행동하는 것과 아주 다르게 돌아간다. 아마도 은하 크기의 사물들은 그들만의 규칙을 갖고 있을 것이다. 이런 이론을 '수정 뉴턴 역학modified Newtonian dynamics'의 약어 MOND라고 부른다. 이 이론에서 추가되는 회전 속도를 설명하려면 중력 효과에 아주 약간만 변화를 주면 된다.

암흑에너지

우리가 잘 이해할 수 없는 뭔가를 다루는 모형의 또 다른 예는 '암흑에너지dark energy'다. 이것은 우리가 우주팽창을 다룰 때 뭔가 아주 희한한 것을 설명하는 데 필요하다. 우리는 우주의 팽창 속도가 점차 느려질 것으로 기대한다. 우리에게 친숙한 세계에서는 마찰이 사물을 느려지게 만드는 경향이 있지만 사실은 마찰이 아니라 중력 때문이다. 우주의 모든 조각들은 중력에 의해 서로를 끌어당긴다. 팽창할 때는 이런 중력이 브레이크로 작용한다.

그래서 우주의 팽창 속도가 빨라지는 것 같다는 사실이 발견되었을 때 그것은 놀라움, 그 이상이었다. 겉으로 보기에 우주는 점점 더 커지고 있을 뿐 아니라 커지는 속도도 빨라지고 있다. 그렇다면-가속으로 해석된 간접적인 측정치에 또 다른 원인이 있을 수 있다-뭔가가 가속으로 몰고 가고 있는 것이 틀림없다. 우주의 팽창이 빨라지게 하는 데에는 많은 에너지가 소요되는데, 그것을 '암흑에너지'라고 부른다.

이 두 가지 암흑 요소가 우주의 대부분을 설명하고 있다. 그런데 그게 전혀 믿어지지 않는다. 물질과 에너지가 상호 교환 가능하다는 것을 기억한다면, 우주가 지금 속도로 팽창하게 하려면 우주의 약 70%가 틀림없이 암흑에너지여야 한다고 말할 수 있다. 그리고 약 25%는 암흑물질이어야 한다. 그렇다면 당신의 몸을 포함하여 우리에게 친숙한 모든 물질과 빛은 겨우 5%밖에 안 된다. 놀랍게도 우주 내용물의 95%가 알

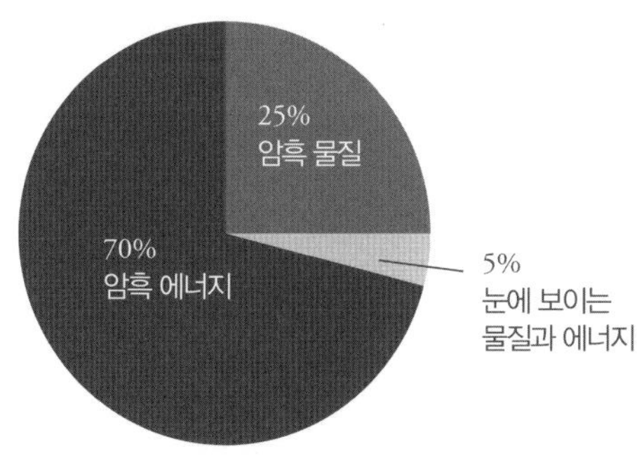

우주를 이루는 내용물의 구성 비율

려져 있지 않은 셈이다!

이것은 우리가 진짜로 이해하고 있는 것이 얼마나 적은지 확연히 드러낸다는 점에서 다소 우울하게 들릴 수도 있지만 나는 아주 기쁜 일이라고 생각한다. 어쨌든 우리는 무지하다. 우리는 100년 전보다 물질, 빛, 우주의 성질에 대해 엄청나게 더 많은 것을 알고 있다. 그런데도 아직 알아내야 할 것이 훨씬 더 많다!

양자론의 토대를 닦았던 막스 플랑크는 19세기 말 대학에 있었을 때 과학자와 음악가란 두 갈래 길에서 선택을 해야 했다. 그의 물리학 교수는 과학 분야에서는 거의 모든 것이 알려졌으니 음악 쪽으로 가라고 조언했다. 그 교수는 잘못 생각해도 너무 잘못 생각했다.

퀘이사는 아기 은하

우리가 확신하지 못하는 것이긴 하지만 계속 더 가보기로 하자. 육안으로 감지할 수 있는 것 중 가장 먼 것은 안드로메다은하인 반면, 망원경을 사용하여 찾아낼 수 있는, 사실상 가장 먼 것은 퀘이사다. 처음 발견했을 때 퀘이사－준항성체를 뜻하는 **quasi-stellar objects**를 깔끔하게 줄인 말－는 멀리 있는 별이라고 여겨졌지만 거기서 나오는 빛의 색깔 스펙트럼은 뭔가 이상했다. 너무 붉었던 것이다.

이미 보았듯이 우주 천체가 우리를 향해 움직일 때 그 빛의 에너지는 증가한다. 즉, 청색이동(스펙트럼선의 파장이 어떤 원인에 의해 본래의 파장보다 짧은 단파장 쪽으로 이동하는 현상. 적색이동은 장파장 쪽으로 이동하는 현상이다－옮긴이)을 한다. 그리고 우리에게서 멀어지면, 낮아진 에너지의 빛은 적색이동을 한다.

퀘이사에서 나오는 빛은 적색 쪽으로 멀리 이동했다. 시간이 흐르면서 우주가 팽창함에 따라 뭔가가 더 멀어질수록 적색이동은 더 크게 일어난다. 1960년대 연구대상이 된 최초의 퀘이사는 그동안 관측된 천체 중 -당시로서는- 가장 멀리 있는 것으로 밝혀졌다. 그러나 그 밝기는 우리 은하 안의 별과 비교할 만한 정도였다.

더 나은 장비로 연구를 한 뒤에는 퀘이사가 우리 태양계만큼 작을 가능성이 있는 영역에서 은하 하나의 전체만한 빛을 발산한다는 것이 밝혀졌다. 퀘이사 중에는 한 쌍의 '제트$_{jet}$'를 가지고 있는 게 많은데, 이 제트는 퀘이사 양쪽에서 쏟아져 나오는, 에너지가 매우 크고 빛나는 물질의 흐름이다. 퀘이사는 아직 형성 중인 아기 은하인 것 같다. 대부분의 은하는 가운데에 엄청나게 큰 블랙홀을 갖고 있다고 여겨진다. 우리의 은하수처럼 원숙한 은하에서 그런 블랙홀은 근처의 잔해를 이미 다 끌어들였겠지만 어린 은하는 근처의 물질을 여전히 끌어 당기고 있을 것이다.

바로 이 모든 물질, 블랙홀로 떨어지면서 광속에 가깝게 가속되는 이 물질이 퀘이사에서 극적으로 타오르는 빛을 내보내는 것으로 여겨진다.

제트에 관한 설명 중 가능성이 높은 것은 이런 거다. 블랙홀 주변에 궤도를 그리며 도는 물질의 구가 있으며, 그것이 블랙홀과 함께 돌고 있는데 그 회전이 블랙홀 안으로 떨어지는 것을 막아준다는 것이다. 극에서는 이렇다 할 만한 회전이 없어서 틈을 남길 것이고, 그 틈 사이로 물질이 폭발할 수 있을 것이다. 그러나 이런 설명은 우주론에서 추측한 것일 뿐, 사실이라는 것을 입증해주는 강력한 증거는 없다.

블랙홀이라는 신화

명칭은 익숙해도 퀘이사는 여전히 불분명하지만, 블랙홀은 소개할 필요를 느끼지 못할 정도로 분명해 보인다. 블랙홀은 모든 것을 삼키고 아무것도 빠져나가지 못하게 하는, '바닥 없는 구덩이'라는 이미지를 만들어내면서 일상의 언어가 되었다. 어둡고, 모든 것을 사로잡는 우주의 '유령'으로 여겨지는 블랙홀은 우주신화의 기본 요소가 되었다.

그러나 대부분의 신화처럼 블랙홀에 관한 것을 모두 다 믿을 수는 없다. 우선 블랙홀은 아예 존재하지 않을 수도 있다. 아인슈타인의 일반 상대성은 블랙홀이 형성될 수 있다고 예측하는데, 그럴 만한 훌륭한 간접적인 증거가 있다. 그러나 원칙적으로 블랙홀은 실재하지 않을 수도 있으며, 다른 몇몇 현상을 통해 이를 설명할 수 있을 것이다.

그리고 블랙홀은 근처에 오는 것은 무엇이든지 다 빨아들이는 일종의 우주 진공청소기라고 여겨지기도 한다. 모든 별들은 강력한 중력을 갖고 있어서 근처 우주를 깨끗이 치워버리는 데 뛰어나다는 의미에서, 이런 생각은 어느 정도 진실의 요소가 있다. 그러나 별이 자신의 거대한 중력에 대항하다 스스로를 지탱할 수 없어 무너지고 말 때 만들어지는 블랙홀은 그것을 만들어낸 별과 동일한 중력 당김을 받는다. 그렇다고 걱정할 필요는 없다. 태양은 블랙홀이 될 수 없다. 그 정도로 크지 않기 때문이다.

당신이 어느 순간에 블랙홀로 무너져 내리는 어떤 별의 주변을 도는 궤도 상에 있다면 다행히 빨려 들어가지 않고 계속 궤도를 돌게 될 것이다. 그러나 블랙홀은 같은 질량의 별보다 훨씬 더 작다. 블랙홀 자체는 이론적으로 크기가 0인 특이점에 있다. 빅뱅에서처럼 이것이 진정으로 의미하는 것은, 이론은 실패하고 우리는 무슨 일이 일어나는지 알지 못한다는 것이다.

블랙홀의 외관상 크기는 그것의 '사건 지평선'(event horizon 일반 상대성 이론에 따르면, 내부에서 일어난 사건이 그 외부에 영향을 줄 수 없는 경계면-옮긴이)으로, 이를 둘러싼 구는 원래의 별보다 훨씬 더 작으며 그곳은 되돌아갈 수 없는 귀환불능지점이다. 사건 지평선을 지나면 중력이 너무나 세 빛조차도 빠져나올 수 없다.

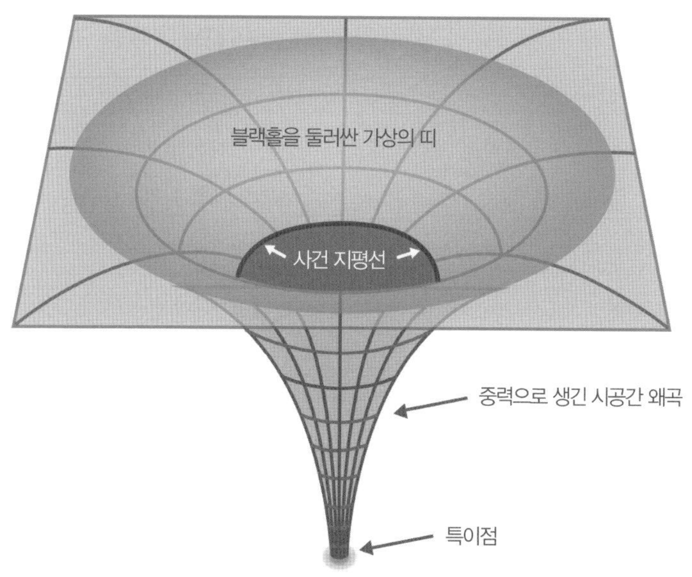

블랙홀 일대의 사건 지평선과 특이점

블랙홀 만들기

블랙홀을 생성하는 별의 반지름은 140만km 정도일 수 있다. 그러나 그런 별이 일단 특이점으로 무너져버리면 그 '사건 지평선'은 반지름이 15km밖에 되지 않을 것이다. 따라서 일반적인 별에 다가갈 수 있는 것보다 훨씬 더 가까이 갈 수 있으므로 중력은 훨씬 더 커진다. 중력은 거리의 제곱에 반비례하여 커지므로 블랙홀로부터의 거리가 반으로 줄어들면 중력은 네 배가 된다. 블랙홀로 당겨진 물체는 사건 지평선에 가까워지면서 이동 속도가 상당한 정도의 광속 비율로 올라갈 것이다.

블랙홀은 또한 조수의 높이에 새로운 의미를 부여한다. 조석潮汐은 우주의 서로 다른 지점에서 서로 다른 중력이 만들어내는 힘이다. 블랙홀에 다가가면서 극적인 기조력(조석 현상을 일으키는 힘으로 달이나 태양의 인력에 의해 생긴다-옮긴이)을 경험하게 될 것이다. 당신의 몸은 궁극적으로 중력실험장이 될 것이다.

우주복을 입은 상태에서 발이 먼저 블랙홀을 향해 가고 있다고 상상해보자. 당신의 발은 머리보다 훨씬 더 강력한 당김을 느낄 것이다. 몸 전체 길이에 걸쳐 느껴지는 당김의 차이기조력가 당신을 너무 늘려놓아 결국 길고 가느다란 분홍색 스파게티 조각처럼 되고 말 것이다. 이 과정은 스파게티화spaghettification라고 알려져 있다. 과학자들도 때로는 이렇게 유머감각이 있다.

하지만 이런 치명적인 늘리기가, 당신이 사건 지평선에 도달하기 전에 반드시 일어나는 것은 아닐 것이다. 당신은 그 지점에서 아직 살아 있을 수 있다. 스파게티화가 얼마나 빨리 시작되느냐 하는 것은 블랙홀

블랙홀에 가까이 다가갈수록 기조력이 급격히 강해져 모든 것을 늘려 놓는다.

의 크기에 달려 있다. 은하의 중심에 있다고 여겨지는 아주 커다란 블랙홀에서는 중력이 매우 완만하게 상승할 것이다. 당신은 눈치도 채지 못하고 사건 지평선을 살짝 지나게 될 것이다. 그러나 블랙홀의 중심을 향하고 있기 때문에 당신은 여전히 끈처럼 늘어날 것이다. 중심으로 빠르게 움직이는 잔해가 만들어내는 복사의 폭격에 살아남는다면 말이다.

특이점이라고 부르는 블랙홀의 중심은 이론상 하나의 점이라고 말했다. 하지만 그것은 블랙홀과 관련이 있는 정말 희한한 것을 한 가지 감추고 있다. 특이점은 엄밀히 말해 우주에 있는 점이 아니다. 그것은 시간상의 점이다. 블랙홀의 존재를 예측하는 이론인 일반상대성에 의하면 중력은 공간과 시간상의 뒤틀림이다. 블랙홀의 심장부에서 시간 자체는 완전히 뒤틀린다. 일단 사건 지평선을 통과하면 당신은 공간의 한 점이 아니라 시간의 한 점을 향해 간다. 당신이 완전히 소멸하는 시간은 바로 그 순간에 고정된다.

블랙홀과 퀘이사는 우주에서 가장 이색적인 거주자들이지만 친숙한 면도 있다. 당신이 밤하늘을 보고 있을 때 그들 중 많은 것들이 당신을 향해 광자를 뿜어내 당신 눈의 감지기들이 반응하게 한다. 우리는 수십억에서 100조 개에 달할 가능성이 있는 별들의 거대한 집합체인 은하와 이미 만났으며, 우주에는 약 1500억 개의 은하가 있다고 여겨진다. 우주는 넓은 곳이다.

약 3000억 개나 되는 별들의 집인 우리의 은하, 은하수는 깜깜한 밤에는 우주의 암흑 너머에서 희미한 띠로 보일 수 있다. 그러나 밤하늘에서 진정으로 확실한 거주자는 비교적 작은 별들이며, 가장 가까운 것이 우리의 태양계다. 우리는 육안으로 수성, 금성, 화성, 목성, 토성 등 다섯 개의 행성을 볼 수 있으며, 금성과 목성은 밤하늘에서 달 다음으로 가장 밝다. 하지만 행성으로부터 우리에게 도달하는 그 모든 광자는 두 번의 여행을 거친 것들이다. 그들은 우리 태양계의 최고 광원인 태양에서 먼저 출발해야 비로소 지구에 도달한다.

태양의 실체

태양을 한 번 보면-말 그대로 본다는 뜻이 아니다. 태양이 부분적으로 가려져 있더라도 쳐다보면 눈이 상할 것이다-우주의 저 수많은 별들이 얼마나 놀라운지 진정으로 알게 될 것이다. 태양은 충분히 멋진 별이지만 특별할 건 없다. 크기와 힘에서 아주 평균적이다. 나이도 중년에 이른 약 45억 년 정도로, 수명의 중간쯤에 와 있다.

태양에서 나오는 빛은 사실상 하얗다. 흰빛은 색이 아니다. 그것은 단지 눈에 보이는 색 전체가 함께 모인 것이다. 하지만 사람들은 태양을 그릴 때 대개 노랗게 칠한다. 그리고 어둑해져서 자연히 눈이 피하지 않게 되는 해질녘에 바라보면 우리의 이웃별은 붉게 보인다. 약간 헷갈리기도 하지만 이것도 물질과 바쁘게 상호작용하는 빛의 광자 때문이다.

광자와 상호작용하는 그 물질은 바로 공기다. 태양으로부터 대기로 들어오는 광자 중 많은 것들은 그냥 곧바로 돌진하지만 상당수의 광자들이 공기 중의 기체 분자에 의해 흡수됐다가 재방출된다. 이들이 새로운 방향으로 재방출될 때, 그것을 '산란'이라고 한다. 이 과정은 선택적이다. 빛이 더 파랄수록 더 많이 산란된다. 낮에 하늘이 파랗게 보이는 것도 그 때문이다. 스펙트럼의 빨간 끝보다 파란빛이 태양으로부터 더 많이 산란되기 때문이다.

태양광선이 모든 색을 동일한 양으로 갖고 있다면 하늘은 우리가 볼 수 있는 모든 색 중 가장 많이 산란되는 보라색이 되겠지만, 보라색보다 파란색이 더 많기 때문에 파란색이 하늘을 지배한다. 처음에 하얀 빛에서 빠져나온 파란 광자와 함께 남은 것은 노르스름한 빛깔이다. 그래서 우리가 태양을 그 색깔로 지각한다. 해가 지고 있고 광선이 행성에 접선 방향으로 들어갈 때처럼 태양광선이 대기를 아주 많이 통과해야 할 때 태양에서 곧장 나오는 남은 색은 붉은색이다. 따라서 우리가 보게 되는 것은 인상적인 붉은 석양이다.

태양은 평균적인 종류의 별일지 몰라도 태양계의 거주자로서는 조금도 평균적이지 않다. 태양은 직경이 140만km로, 지구 크기의 100배가 넘으며 질량은 약 33만 배 더 나간다. 질량 면에서는, 태양계에 있는 모든 것의 99% 이상이 태양에 있다. 그리고 모두들 알고 있듯이 태양은 뜨겁다. 그 표면은 비교적 서늘한 5500℃이지만 그 중심부는 10,000,000℃에 가깝다.

생명의 에너지원

몸을 이용하여 과학 탐구를 할 때 몸은 태양으로부터 나오는 빛이 없으면 존재하지도, 기능하지도 못한다는 것을 깨닫는 게 중요하다. 우선, 빛이 없다면 볼 수 없을 것이다. 하지만 그보다 훨씬 많은 것들을 태양의 빛에 빚지고 있다. 첫째, 지구는 대부분의 열을 태양으로부터 받는다. 지구의 열 중 소량은 지구의 핵에서 나오지만 대부분이 태양광선의 형태로 우리에게 도달한다. 이 지속적인 에너지원이 없다면 지구는 우리가 살 수 없을 만큼 추울 것이다.

게다가 태양이 없으면 숨 쉬거나 먹을 수도 없을 것이다. 당신이 호흡하는 산소는 식물에서 나오며, 식물은 광합성의 부산물로 산소를 생산한다. 빛에너지는 광합성에 쓰여 생명을 먹여 살리는 연료, 기본적으로 탄수화물을 만들어낸다. 광합성은, 빛이 특수재료로부터 전자를 폭발시켜 전기를 만들어내는 태양판의 광전자 효과보다 훨씬 더 복잡하다. 광합성의 화학과정은 복잡하며 놀랄 정도로 빨라서 일부 반응은 1조분의 1초도 걸리지 않는다. 인간이 측정한 그 어떤 것보다도 빠르다.

빛은 식물을 녹색으로 만드는 엽록소처럼 특수한 색소에 전자의 에너지를 밀어 넣음으로써 식물에 흡수된다. 이것은 광전자 효과와 비슷하지만 거기에는 그 이상의 것이 있다. 이어서 빛에서 나온 에너지는 화학적 형태로 식물 내부의 원자로로 옮겨지는데, 광합성 작용의 중심인 이곳에서 산소를 부산물로 만들어내는 근본적인 반응이 일어난다. 당신이 호흡하는 것이 바로 이 산소다. 서로 다른 식물은 서로 다른 수준으로 산소를 생산한다. 우림이 지구의 허파라는 이야기를 듣기는 하지만 대기에 가장 크게 공헌하는 것은 사실 바다의 플랑크톤이다.

빛에너지를 먹을 것으로 전환하는 지구의 이런 능력이 우리 같은 동물에게는 없다. 우리는 식물이건 다른 동물-식물이나 다른 동물을 먹은-이건 중개자를 이용해야 한다. 그래도 간접적으로 거의 모든 생명의 에너지원은 태양이다.

열, 산소, 먹이뿐 아니라 우리가 이용할 수 있는 에너지의 대부분은 간접적으로 태양에서 나온다. 화석연료가 만들어진 것은 태양이 식물에 에너지를 주어 식물이 결국 그런 매장물을 만들어냈기 때문이다. 태양에너지는 분명히 태양으로부터 나온다. 풍력도 그렇다. 기후계가 태양광선에 의해 에너지를 받기 때문이다. 유일한 예외는 지열에너지와 원자력이다.

태양계에 다른 생명체가 있을까

살아있는 모든 것들처럼 우리는 존재하기 위해 에너지가 필요하며, 저 우주에는 잠재적으로 생명을 먹여 살릴 수 있는 에너지가 확실히 훨씬 더 많다. 어두운 밤에 별들을 바라보고 서 있으면 당신은 다른 생명체의 고향일 가능성이 있는 많은 것들을 보고 있는 셈이다. 우리의 태양은 우리 은하의 수많은 별들 중 하나에 불과하며, 은하도 엄청나게 많다. 저 우주 어딘가에 생명이 있을 가능성이 있지만 그것이 발견될 때까지 당신을 기다리게 하지는 않겠다.

태양계는 그렇게 고무적인 서식지가 아니다. 초기 공상과학소설은 달이나 금성, 화성에 생명이 있다는 상상을 했다. 그러나 이들 중 그 어느 곳도 생명을 지탱해줄 것 같지는 않다. 금성은 납물이 흐르고 황산 구름이 하늘을 채우고 있는 과열된, 아주 지독한 곳이다. 달과 화성은 제한된 물과 대기를 갖고 있으며 아주 춥다. 달이나 화성의 잘 보호된 곳에 박테리아 같은 종류의 생명이 존재할 수도 있지만 실제로 그럴 것 같지는 않다. 그리고 다른 행성들은 생명이 살 수 있을 가능성이 훨씬 더 낮다.

태양계에서 지구 이외의 곳에 생명이 살 가능성이 가장 높은 곳은 목성의 위성 중 하나인 에우로파다. 얼핏 보기에 이곳은 생명이 사는 데 필요한 온기를 갖기에는 태양과 너무 멀리 떨어져 있어서 좋은 장소는 아니다. 에우로파의 표면온도는 약 영하 160℃이다. 그러나 에우로파는 그 표면 아래에 비밀을 간직하고 있다. 얼음표면층 밑에 목성이 이 위성에 가한 엄청난 기조력과 내부 방사능이 합쳐져 가열한 액체 상태의 물이 있을 가능성이 있다.

에우로파에 어는점 이상의 온도를 유지하는 이런 바다가 실제로 있다면, 전적으로 확신할 수는 없지만, 기본적인 생명 형태가 진화했을 가능성이 있다. 하지만 물과 적절한 온도만이 생명체의 유일한 요인은 아니다. 우리가 알고 있는 모든 생명은 탄소에 의지한다. 어떤 이들은 탄소 대신 규소로부터 생물이 만들어지는 것도 가능할 거라고 추측한다. 하지만 규소는 탄소가 결합하여 큰 분자를 만들어내는 것처럼-생명을 만들어내는 데 아주 기본적인 자질-생명을 만들어내는 데 있어서 그렇게 신축적이지 않다. 따라서 주변에 탄소와 기타 원자들이 아주 많아야만 한다. 하지만 에우로파에 생명이 살 수 있을 가능성은 존재한다.

지적인 외계인

이 모든 설명이 지적인 생명이 우주에 있을 수 없다는 걸 뜻하는 건 아니다. 오히려 멀리 있는 항성을 도는 행성에 존재할 가능성이 훨씬 더 많다고 말하는 것이다. 그 거리가 먼 데도 불구하고 우리는 현재 태양계 밖에서 수많은 행성들을 찾아냈다. 최초로 찾아낸 행성들은 항성 둘레를 궤도를 그리며 돌 때 생기는 흔들림 덕분에 감지되었다. 이런 기술은 목성과 같은 큰 행성들을 잘 포착해내는데, 그 이유는 이런 행성들이 가장 분명하게 흔들리기 때문이다. 이밖에도 지구와 좀 더 비슷한 행성들 즉, 기체로 이루어지지 않고 암석의 성질이 많은 좀 더 작은 행성들을 감지해냈다. 하지만 아직 생명의 증거는 없으며, 지적 생명의 증거는 확실히 없다.

외계 신호를 찾는 데 들어간 엄청난 노력에도 불구하고 발견된 것은 아무것도 없다. 지구는 지금 전파신호를 약 100년째 보내고 있다. 따라서 우리 주변에는 100광년 두께의 전파신호 '안개'가 있다. 원론적으로, 제대로 된 기술을 가진 누군가가 그 반경 안에 있다면 우리를 감지할 수 있을 것이다. 물론 그 거리 안에 있는 생명체가 지적이지 않을 수도 있고, 설령 지적이라 해도 전파를 이용하지 않을 수도 있다. 하지만 이 영역에서 아직 아무것도 등장하지 않았다는 것은 좀 실망스럽다.

우리가 20광년 같은 아주 가까운 항성간 거리-태양 이외에 가장 가까운 별은 4광년 떨어져 있으며, 20광년은 우리의 우주 뒷마당에서는 여전히 꽤 먼 거리다-에서 지적인 생명체를 감지한다 해도 대화를 하는 데 큰 진전을 볼 수는 없을 것이다. 의사소통에 전파-빛의 한 형태로서는 가장 빠르다-를 이용한다면 질문을 할 때마다 대답을 듣기 위해서 40년을 기다려야 할 것이다. 물론 이것은 어떻게 의사소통을 할지 알아낸 이후의 문제다.

외계 문명을 방문하는 것은 거의 불가능하다. 우리는 어느 화창한 날 겨우 4광분light minute 떨어진 곳에 있는 화성에 인간을 보내는 데에도 기술적으로 심각한 도전을 받고 있다. 화성에 유인우주선이 도달하는 데는 6개월이 걸릴 것으로 추정된다. 태양 이외의 가장 가까운 별은 50만 배 이상 멀리 떨어져 있다. 스타트렉의 왜곡 주행처럼 광속의 제한을 뛰어넘을 수 있게 해주는 기술-기술적으로 불가능하지는 않지만 예측 가능한 우리의 기술력을 훨씬 넘어선다-이 없으면 우리는 별을 방문하지 못할 것이다.

우주 속의 왕따, 지구

지구에 왔다고 믿어지는 외계 방문객들에 대해서도 살펴보자. 수많은 미확인비행물체UFO가 있었는데, 많은 것이 착시이거나 확인되지 않은 비행기였음이 증명됐다. 그 어떤 외계 우주선도 우리가 안고 있는 것과 똑같이 거리상의 문제를 안고 있으며, 외계인과의 조우는 모두 사기이거나 자기기만 혹은 실수였을 공산이 크다.

비행접시flying saucer라는 용어조차도 논란이 많다. 그것은 미국인 조종사 케네스 아놀드가 목격한 특이한 비행체를 서술하기 위해 1947년 신문에서 처음 사용했다. 당시 아놀드는 자신이 본 비행선이 접시처럼 생겼다고 말하지는 않았다. 그는 그것들이 '호수면 위를 통통 튀게끔 던진 접시처럼' 불규칙하게 움직였다고 말했다. 신문의 헤드라인을 쓰는 이들이 그 단어를 포착했고 그것을 그가 본 비행체의 형태로 잘못 이해했다.

우리는 우주에서 혼자가 아닐지 모르지만 확실히 여기 이 지구에 실질적으로 고립되어 있다. 우리는 우주의 먼 곳으로부터, 퀘이사와 머나먼 은하로부터, 그리고 우리의 생명원인 태양으로부터 나온 광자를 쫓아서 우리의 집인 이 행성, 당신의 눈이 광자의 일부를 감지하는 이곳까지 왔다. 말 그대로 이제 다시 지구로 내려올 시간이다. 아마도 별 바라보기를 하고 난 지금 당신의 위가 꾸르륵 거리고 있을 것이다. 당신의 눈은 별을 향하고 있을지 몰라도 당신의 위는 훨씬 더 세속적인 데 초점을 맞추고 있다.

우주는 어떻게 생성되었나

5

몸에서는
무슨 일이 벌어지나

우리 몸에서는 화학작용이 부단히 이어진다. 우리가 살아있는 이유다.

위에서 시끄러운 소리가 나면 단순히 먹을 때가 돼서 그런 것일 수 있지만, 소화불량을 경고하는 것일 수도 있다. 그것은 당신의 몸이 직면하는 가장 걱정스런 문제는 아니지만 그래도 불편한 일이다. 당신은 아마도 소화제를 찾게 될 것이다. 그 소화제는 사실 약이라기보다는 화학반응을 일으키는 단순한 구성요소일 뿐이다.

물리학은 원자가 무엇인지 살펴보지만 화학은 원자가 어떻게 결합하는지 알려준다. 때로는 화학이 전자에 관한 모든 것이라고 말하기도 한다. 화학반응에는 대개 원소들 사이의 상호작용 즉, 원소들이 원자의 바깥층으로부터 전자를 공유하거나 교환하는 과정이 수반되기 때문이다.

우리 몸은 화학실험실

당신의 위에는 중요한 산酸이 들어있다. 염산이다. 염산은 심각한 상해를 입힐 정도로 강력하기 때문에 학교 화학실험실에서 주의를 많이 기울이는 것 중 하나다. 하지만 그것은 당신의 위에 꼭 필요한 것이다. 산이 하는 일은 당신이 먹은 모든 것을 분해하여 에너지 생산에 사용될 수 있게 할 뿐만 아니라 우리 몸에서 버려지는 것을 더 쉽게 처리하게 해준다.

몸속 위산의 수준은 다양한데, 때로는 그것이 불편함을 낳기도 한다. 위산이 당신 몸속에서 닿으면 안 되는 부위에 작용하는 것도 문제를 초래할 수 있다. 예를 들어 역류가 일어나 산이 위 밖으로 뿌려져 식도까지 올라올 때 그렇다. 이런 문제들은 과식이나 너무 늦은 밤에 먹는 나쁜 식습관 때문에 흔히 나타난다. 하지만 어떤 이들은 식도열공 헤르니아(식도가 관통하고 있는 구멍이 어떤 원인에 의해 느슨해지거나 그 구멍이 커지면서 그 틈으로 위가 흉강 안으로 들어간 상태-옮긴이)처럼 신체적인 문제로 불편을 겪기도 한다.

이에 대한 즉각적인 치료법 중 하나가 제산제다. 제산제를 사용하면 간단한 화학반응이 이뤄진다. 제산제의 종류는 다양한데 대부분 탄산칼슘이나 탄산마그네슘처럼 탄산염을 함유하고 있다. 탄산염은 탄소 원자 한 개에 산소 세 개가 달린 것을 말한다.

소화제는 바위 가루

탄산칼슘은 매우 흔한 광물이다. 석회암, 대리석, 백악의 주성분으로 달걀 껍질을 단단하게 해준다. 그렇다. 소화제를 먹는다고 할 때 당신이 먹는 것은 사실 바위 가루다. 그렇다고 값싼 바위 가루를 대신 먹으라는 것은 아니다.

탄산염은 산과 반응하는 데 아주 뛰어나다. 이는 불행히도 산성비가 내리는 지역에서 분명하게 알 수 있다. 대리석 특히 좀 더 약한 석회암으로 지은 건물은 비가 산성일 때 눈에 띄게 부식돼 곤란을 겪는다. 조각품은 선명함을 잃고 돌에 새긴 명문은 완전히 사라져 묘지에 텅 빈 표지만 남겨놓을 수도 있다.

하지만 석조물에는 나쁜 것이 당신의 위에는 아주 좋다. 탄산칼슘과 같은 화학물질이 염산을 만나면 화학반응이 일어난다. 간단한 화학반응에는 두 화합물-한 개 이상의 원소를 가진 분자-의 서로 다른 조각들이 위치를 바꾸는 일이 일어난다. 그 이유는 에너지 때문이다.

분자 속의 원자들을 연결하는 여러 가지 전자결합 방식에는 에너지가 들어있다. 하지만 모든 결합이 다 동일한 것은 아니다. 하나의 배열에서 다른 배열로 가면서 에너지가 방출되면 그런 교환이 일어나기 쉽다. 그것은 높은 데서 떨어지는 것과 약간 비슷하다. 암석이 절벽 꼭대기에서 바닥으로 떨어지게 하는 것은 쉽다. 암석이 떨어지면서 위치에너지를 잃기 때문이다. 그러나 암석을 절벽의 바닥에서 위로 올리는 것은 에너지를 투입해야 하므로 훨씬 더 어렵다.

탄산칼슘과 염산의 경우, 강렬한 상호작용이 일어나 결국 세 개의 분자가 만들어진다. 염산에는 수소 원자 한 개와 염소 원자 한 개가 결합되어 있다. 화학 반응 중에 염소는 칼슘과 결합하여 염화칼슘을 형성하고, 수소 원자 쌍은 탄산염으로부터 산소를 취해 물을 만들며, 탄산염의 나머지는 이산화탄소가 된다. 그 결과 산의 수준은 떨어지고, 바라건대, 위의 불편함이 줄어든다.

위에서 일어나는 일

제산제 정제를 유리잔에 넣고 약간의 식초를 붓는다. 정제에서 거품이 나오는 것을 볼 수 있을 것이다. 이런 정제를 먹었을 때 당신의 위에서도 이와 똑같은 반응 즉, 이산화탄소를 방출하는 반응이 일어난다. 식초는 염산보다 훨씬 약한 산이므로 효과는 훨씬 약하다. 아무 일도 일어나지 않는다면 정제가 보호막으로 싸여있기 때문일 수 있다.

정제를 조각내 실험을 반복한다. 좀 더 격렬한 반응을 볼 수 있을 것이다. 이것은 바깥의 막을 통과한 탓이기도 하지만 산에 노출되는 탄산염의 표면적이 늘어났기 때문이기도 하다.

이산화탄소는 생명체의 은인

이산화탄소는 요즘 나쁜 평판을 듣고 있는 간단한 화합물이다. 007 영화에 나오게 된다면 세계를 정복하려는 악랄한 악당쯤 될 것이다. 이런 악명은 지구온난화로 인한 온실가스 역할 때문이다. 대기 중에 이산화탄소가 너무 많으면 좋지 않은 것은 맞다. 그러나 이 기체를 너무 나쁘게 그리지 않는 게 중요하다. 그것이 없으면 당신이 살지 못할 이유가 두 가지 있기 때문이다.

이산화탄소가 주는 첫 번째 이득은 온실효과의 바람직한 측면이다. 대기 중에서 이산화탄소는 열에 대해 반투명 거울 같은 작용을 한다. 지구로 유입되는 태양광선의 대부분은 대기를 관통한다. 그것은 지구 표면을 데우고, 이어서 지구 표면은 에너지가 좀 더 낮은 적외선을 내보낸다. 이중 일부는 잠시 이산화탄소 분자에 흡수된다. 그런 다음 이산화탄소는 적외선을 재방출하는데, 일부는 우주로 내보내지만 일부는 지구로 다시 돌아온다. 이산화탄소는 일종의 담요 같은 작용을 하면서 지구를 단열시켜 우리들이 살기에 적당한 온도를 유지시킨다.

이산화탄소가 할 수 있는 가장 나쁜 짓을 보고 싶다면 금성으로 가보기 바란다. 금성은 한때 지구와 가장 비슷하다고 여겨졌지만, 대기의 97%가 이산화탄소인 이곳에서는 통제 불능의 온실효과가 일어난다. 평균 온도는 480℃이며 600℃까지 뜨거워질 수 있다.

우리의 대기 중 이산화탄소는 부피 상으로 약 0.039%밖에 되지 않는다. 하지만 전체적으로 볼 때 온실효과-수증기와 메탄 같은 다른 기체들이 기여하는 것을 포함한-는, 그것이 발생하지 않을 경우 지구의 평균 온도가 약 33도 더 낮다는 것을 뜻한다. 온실효과가 없다면 지구의 평균 온도는 영하 18℃가 되어 생명체의 존재와 그 활동을 심하게 제한할 것이다.

이산화탄소의 또 다른 기본적인 역할은 식물을 먹여 살리는 일이다. 앞서 보았듯이 지구의 생활사는 식물에 의지한다. 심지어 육식동물에게도 식물이 필요하다. 그들도 역시 뭔가를 먹어야 하는 동물을, 먹게 될 것이기 때문이다. 그 먹이사슬의 아래로 내려가면 필연적으로 식물에 도달하게 될 것이다. 식물은 공기로부터 이산화탄소를 받아들이는데, 광합성을 통해 탄소를 사용하여 성장하고, 우리가 숨을 쉴 때 필요로 하는 산소를 폐기물로 만들어낸다(150쪽을 볼 것).

소다수의 기원

이산화탄소에는 놀랄 정도로 일찍 발견된 재미있는 면도 있다. 스코틀랜드의 의사 조지프 블랙은 1756년 최초로 이산화탄소를 분리해냈다. 그로부터 겨우 11년 뒤 조지프 프리스틀리가 영국 리즈에 위치한 자크 양조장에서 생산된 이산화탄소를 연구하기 시작했다. 나중에 산소를 발견하게 되는 프리스틀리가 이산화탄소를 갖고 진행한 실험 중 하나는 물을 통해 이산화탄소에 거품을 내는 것이었다. 그 실험에서 그는 뭔가 용해된 것을 발견했다. 그것은 평범한 물을 알프스 산맥에서 나오는 거품 나는 광천수의 맛이 나게 만들었다.

프리스틀리는 1772년 런던에 있는 노섬벌랜드 공작의 집에서 식사를 할 때까지 이것을 잊고 있었다. 여흥의 일환으로 손님들에게 증류 해수가 음료로 제공되었는데 별 맛이 없었다. 프리스틀리는 그것을 개선할 방법이 있다고 선언하고는 다음날 다시 와서 그 물을 소다수로 만들어버렸다. 프리스틀리는 황산과 백악으로 이산화탄소를 만들고 있었는데, 그 과정은 제산제 정제가 위에서 용해되는 과정과 다르지 않았다.

그는 이산화탄소를 에테르에서 용해시켜 보려고 하다가 한 회 분량의 맥주를 망쳐버린 뒤 양조장 출입을 금지당했다. 애석하게도 프리스틀리는 소다수를 상업화할 시간을 갖지 못했고, 결국 몇 년 뒤 요한 슈베페라는 스위스 사람이 아주 손쉽게 그것을 차지해버렸다.

과학의 돌파구, 주기율표

학창시절 화학은 그 불친절하고 금방이라도 무너져 내릴 것 같은 주기율표가 장악하고 있는 것처럼 보였다. 그러나 그 희한한 표는 당신의 위에 든 산이 제산제와 어떻게 반응할지 예측할 수 있게 해준다. 드미트리 멘델레예프가 만든 주기율표는 과학에서 매우 중요한 돌파구가 되었다. 이 러시아 과학자가 우리 주변 세계를 이루고 있는 다양한 원소들로부터 일종의 질서를 찾아낸 최초의 사람이거나 유일한 사람은 아니다. 하지만 확실히 그 일에 가장 헌신적으로 전념했으며, 카드 한 장으로 원소 하나를 나타내는 카드 한 벌을 끊임없이 만지작거리며 그럴듯한 배열 방식을 찾았다.

주기율표의 원리는 간단하다. 주기율표에는 일련의 줄들이 있다. 각 줄에는 앞의 것보다 더 무거운 원소들이 나열되어 있다. 줄의 왼쪽에서 오른쪽으로 가면서 점점 더 무거워진다. 이런 줄이 세로단으로 배열되며, 특정한 세로단 안의 원소들은 공통적인 행동을 한다.

멘델레예프는 깨닫지 못했으나 그가 한 작업은 원자 구조의 바깥에 동일한 수의 전자 혹은 빈 공간을 갖는 원소들을 세로단으로 배열한 일이었다. 원자가 다른 원소들과 어떤 결합을 형성할지 결정하는 것이 바로 이들 전자이므로, 이들이 그 원자의 화학적 행동을 구체적으로 설명한다.

이 생각은 멘델레예프가 아무도 관찰하지 못한 새로운 원소들의 존재를 예측하면서 그 위력을 증명했다. 표에는 빈자리가 있었고, 멘델레예프는 바로 위에 자리한 이미 알려진 원소들처럼 행동하는 원자들이 그 자리를 차지해야 한다고 생각했다. 따라서 멘델레예프는 예를 들어,

규소 아래에 있던 빈자리에 '에카-규소'-에카eka는 숫자 '하나를 뜻하는 산스크리트에서 왔다-라는 꼬리표를 붙였다.

결국 그 자리에 딱 들어맞는 원소가 발견되었는데, 나중에 게르마늄으로 알려지게 되었다. 게르마늄은 규소와 유사한 게 아주 많으며-두 원소 모두 나중에 트랜지스터와 전자기기를 만드는 데 사용된다-멘델레예프가 예측한 그대로 행동했다.

원소 114의 비밀

오늘날에도 주기율표는 새로운 원소가 어떨지 예측하는 데 이용되고 있다. 하지만 모든 화학물질이 다 게르마늄처럼 예측 가능한 것은 아니다.

114번 원소를 한 번 보자. 이 글을 쓸 당시 이 원소는 진짜 이름이 없었다. 그냥 운운쿼듐ununquadium 라틴어로 '하나-하나-넷-윰'이라는 별명으로 불렸다(2012년 국제순수응용화학연합IUPAC은 114번 원소명으로 플레로븀Flerovium을 채택했다. 원소기호는 Fl-옮긴이). 현재 이름을 가진 원소 중 가장 무거운 것은 112번 코페르니슘이다(2012년 116번 원소가 리버모륨livermorium. 기호 Lv으로 명명되었다-옮긴이).

이것은 당신의 위가 처리할 일이 절대 없는 원소다. 초특급으로 무거운 이들 원소는 자연에서는 나타나지 않는다. 우리 주변에서 가장 무거운 것은 92번 원소 우라늄이다. 그 이상의 것들은 모두 원자로와 입자가속기에서 만들어진다. 이들 원소를 만드는 데 그런 기계가 필요한 이유는, 핵의 모든 양전하 양성자들 사이의 반발을 극복하려면 원자핵

원소이름 / 원자번호 / 원소기호

	1	2	3	4	5	6	7	8	9	10	11	12	13	14	15	16	17	18
1	수소 1 H																	헬륨 2 He
2	리튬 3 Li	베릴륨 4 Be											붕소 5 B	탄소 6 C	질소 7 N	산소 8 O	플루오르 9 F	네온 10 Ne
3	나트륨 11 Na	마그네슘 12 Mg											알루미늄 13 Al	규소 14 Si	인 15 P	황 16 S	염소 17 Cl	아르곤 18 Ar
4	칼륨 19 K	칼슘 20 Ca	스칸듐 21 Sc	티탄 22 Ti	바나듐 23 V	크롬 24 Cr	망간 25 Mn	철 26 Fe	코발트 27 Co	니켈 28 Ni	구리 29 Cu	아연 30 Zn	갈륨 31 Ga	게르마늄 32 Ge	비소 33 As	셀렌 34 Se	브롬 35 Br	크립톤 36 Kr
5	루비듐 37 Rb	스트론튬 38 Sr	이트륨 39 Y	지르코늄 40 Zr	니오브 41 Nb	몰리브덴 42 Mo	테크네튬 43 Tc	루테늄 44 Ru	로듐 45 Rh	팔라듐 46 Pd	은 47 Ag	카드뮴 48 Cd	인듐 49 In	주석 50 Sn	안티몬 51 Sb	텔루르 52 Te	요오드 53 I	크세논 54 Xe
6	세슘 55 Cs	바륨 56 Ba	란탄 57 La	하프늄 72 Hf	탄탈 73 Ta	텅스텐 74 W	레늄 75 Re	오스뮴 76 Os	이리듐 77 Ir	백금 78 Pt	금 79 Au	수은 80 Hg	탈륨 81 Tl	납 82 Pb	비스무트 83 Bi	폴로늄 84 Po	아스타틴 85 At	라돈 86 Rn
7	프랑슘 87 Fr	라듐 88 Ra	악티늄 89 Ac	러더포듐 104 Rf	더브늄 105 Db	시보귬 106 Sg	보륨 107 Bh	하슘 108 Hs	마이트너륨 109 Mt	다름슈타튬 110 Ds	뢴트게늄 111 Rg							

세륨 58 Ce	프라세오디뮴 59 Pr	네오디뮴 60 Nd	프로메튬 61 Pm	사마륨 62 Sm	유로퓸 63 Eu	가돌리늄 64 Gd	테르븀 65 Tb	디스프로슘 66 Dy	홀뮴 67 Ho	에르븀 68 Er	툴륨 69 Tm	이테르븀 70 Yb	루테튬 71 Lu
토륨 90 Th	프로트악티늄 91 Pa	우라늄 92 U	넵투늄 93 Np	플루토늄 94 Pu	아메리슘 95 Am	퀴륨 96 Cm	버클륨 97 Bk	칼리포르늄 98 Cf	아인시타이늄 99 Es	페르뮴 100 Fm	멘델레븀 101 Md	노벨륨 102 No	로렌슘 103 Lr

을 함께 붙들고 있는 힘 즉, '강력strong force'이 열심히 작용해야 하기 때문이다.

강력은 한 가지 중요한 결점을 갖고 있는데, 아주 아주 가까운 거리에서만 작용한다는 점이다. 따라서 원자가 우라늄의 크기에 도달할 즈음이면 양성자 수가 92개-원소의 번호는 핵에 양성자가 몇 개 있고 그 주변에 전자가 몇 개 있는지 알려준다-에 달해 모든 것을 함께 묶어두는 강력의 능력이 한계에 도달한다. 그보다 더 크면 핵은 매우 불안정해지는 경향이 있다.

정말 무거운 원소들은 겨우 수천 분의 1초 또는 수백만 분의 1초 동안만 유지되다가 쪼개져 버리지만 운운쿼듐은 '안정성의 섬island of stability'이라는 것을 갖고 있다. 그 섬은 핵 안의 입자수가 특별히 안정된 상태로 들어갈 수 있게 해주기 때문에 원자들이 잘 존재할 수 있게 해주는 주기율표 상의 영역이다. 원자량 289인 114번 원소의 동위원소는 한 번에 수초씩 머물기도 한다.

앞서 보았듯이 동위원소는 핵에 든 중성자 수가 서로 다른 이형 원소다. 가장 간단한 원자인 수소는 양성자가 하나만 있는 핵을 갖고 있다. 중성자를 한 개 더하면 화학적으로는 여전히 수소처럼 행동한다. 여전히 하나의 전자를 갖고 있기 때문이며, 원소가 화학적으로 무슨 일을 할지 결정하는 것은 바깥쪽 전자이기 때문이다. 그러나 추가되는 중성자가 있으므로 이제는 더 무겁다. 그리고 원자로에서 다르게 행동한다. 수소로부터 동위원소 중수소로 옮아간 것이다.

원자 하나의 모든 질량은 실질적으로 핵에 들어있기 때문에 원자량은 양성자 수에 중성자 수를 더한 것이다. 따라서 원자량 289의 운운쿼듐 동위원소를 이야기할 때 그 핵에는 289-114=175개의 중성자가 있다.

114번 원소가 처음 만들어진 것은 1998년 러시아 두브나의 합동핵연구소Joint Institute for Nuclear Research에서였다. 첫 번째 실험에서는 이 동위원소의 원자 한 개만 만들어졌다. 그 후 일련의 동위원소들이 만들어지기는 했지만 한 번에 몇 개의 원자만 만들어졌다. 그 수가 매우 적다는 점과 몇 초밖에 존재하지 않는다는 점을 고려하면 운운쿼듐이 어떻게 생겼는지는 알 수 없으며, 주기율표에서 같은 영역에 있는 대다수의 원소들처럼 은회색의 금속일 것으로 추측되었다.

중금속이야 비활성기체야

주기율표는 운운쿼듐이 납처럼 행동해야 한다고 어느 정도는 예측한다. 멘델레예프의 용어를 쓰자면 운운쿼듐은 '에카 납'으로, 주기율표에서 납이라는 금속 밑에 있는 원소다. 하지만 한 번에 겨우 몇 개의 원자만 만들어졌음에도 불구하고, 놀랍게 114번 원소는 금속보다는 비활성기체에 더 가깝게 행동하는 것으로 여겨진다.

비활성기체는 주기율표에서 가장 '비우호적'인 세로단이다. 바깥의 전자가 꼭 차 있기 때문이다. 이는 다른 원소와의 반응에 별로 관심을 보이지 않는다는 것을 뜻한다. 이들은 헬륨, 네온, 제논 같은 기체들이다.

이들 중 가장 잘 알려진 헬륨은 특수조명에 쓰이는데 매우 특이한 기체다. 그것은 지구에서 발견되기 이전에 태양에서 최초로 발견되었다. 미처 감지되기도 전에 상층대기 속으로 들어가기 때문에 공기 중에

몸에서는 무슨 일이 벌어지나

서는 구하기 힘든 원소다. 그렇기 때문에 풍선을 부풀리고 목소리를 꽥꽥거리게 만들기 위해 헬륨 한 통을 살 수 있다는 게 놀랍다. 대부분의 헬륨은 천연가스광상에서 추출되기 때문이다.

연구할 수 있는 게 그렇게 조금밖에 없는데 운운쿼듐이 금속보다 비활성기체에 더 가깝게 행동한다고 말할 수 있을까? 이 원소의 원자들을 안쪽이 금도금된 관으로 통과해 내려가게 한다. 이 관의 길이를 따라 온도를 한쪽 끝의 상온에서부터 다른 쪽 끝의 냉랭한 영하 85℃까지 지속적으로 변하게 한다. 원자들이 관을 통과할 때 내려가는 온도는 그들이 에너지를 점점 덜 갖게 된다는 것 즉, 그리 많이 뛰지 않게 된다는 것을 뜻한다.

납 같은 금속은 비교적 쉽게 금과 결합하기 때문에 관에서 아래쪽으로 멀리까지 내려가지는 않을 것으로 기대되었다. 하지만 잘 어울리지 않는 비활성기체들은 훨씬 더 멀리까지 가다가 마침내 약한 인력이 그들을 한 자리에 들러붙게 할 것이다. 그러나 114번 원소의 원자들은 관의 끝까지 내려갔고, 이는 그들이 납보다는 비활성기체와 좀 더 비슷하다는 것을 암시했다.

이것이 주기율표의 실패를 말하는 것처럼 보이지만, 그렇지는 않다. 상대성은 화학에 방해가 되는 듯하다. 원자 바깥에 많은 수의 전자들이 날아다니기 때문에 평소보다 더 빨리 갈 필요가 있다. 특수상대성(234쪽을 볼 것)은 뭔가가 더 빨리 움직일수록 질량이 더 많다고 말한다. 이렇게 빨리 움직이는 전자들은 충분한 추가질량을 갖고 있어서 그들이 이동하는 방식을 바꾸며 화학성질에 변화를 줄 것으로 추측된다.

음식은 어떻게 에너지가 되나

운운쿼듐이 어떻든 당신의 위가 그것을 만날 가능성은 극히 낮지만 다른 원자들은 평생 동안 엄청나게 많이 위에서 처리한다. 위는 음식을 에너지로 바꾸는 작업 전체를 아우르는 용어로 사용하지만, 엄밀히 말해 위는 위장계의 첫 작업자에 불과하다. 위에서 음식은 우리가 이미 만났던 염산과 효소-음식 물질 속의 단백질 분해를 전문으로 하는 복합화합물-의 공격을 받다가 반쯤 소화된 덩어리가 되면 장으로 들어간다.

당신이 먹은 음식을 이렇게 공격하는 이유는 탄소, 수소, 산소로 이뤄진 당과 지방 같은 비교적 간단한 화학물질로 만들기 위해서다. 혈액에 의해 폐로부터 운반된 추가 산소는 위장계로 들어온다. 이 산소가 당과 지방과 반응해 음식물을 산화시킨다.

뭔가가 탈 때는 산화반응이 일어난다. 이 반응은 열을 만들어낸다. 사실 몸 안의 반응은 느리게나마 화학적으로 타는 것이며, 산소를 더해 이산화탄소, 물, 에너지를 만들어낸다. 그런 다음 이 에너지는 화학적 형태로 미토콘드리아에 의해 저장된다(78쪽을 볼 것).

음식물과의 상호작용에서 우리가 다른 동물과 다른 것은, 먹을 것을 준비하는 과정이다. 우리는 불순물을 없애기 위해 먹을 것을 씻을 뿐 아니라 자연 상태보다 더 소화하기 좋게 만드는 작업 즉, 조리를 한다.

요리는 이렇게 시작됐다

조리된 음식이 어떻게 인간의 삶에서 중요한 일부가 되었는지는 아무도 모른다. 동물이나 곡류가 불 가까이 떨어졌을 때 우연히 시작되지 않았을까 추정할 뿐이다. 좋은 냄새가 나자 지나가던 사람이 뜨거운 열이 가해진 것을 한 번 먹어보았을 것이고, 조리로 맛이 더 좋아지자 그것을 따라해 보게 되었을 것이다.

열을 가해 얻는 효과 중 하나는 먹을 것의 단백질 조직을 변형시켜 씹기 좋고 소화하기 쉽게 만든다는 점이다. 조리는 또한 우리의 후각을 자극하는 복합화합물을 방출한다. 음식을 먹을 때 선호도를 좌우하는 것은 맛이라고 생각하는 경향이 있지만 먹기 좋은 것을 알아내는 데 매우 강력하게 작용하는 요소는 냄새다. 배설물이 훌륭한 먹을거리가 아니라는 것을 알아내기 위해 그 맛을 보는 건 원치 않을 것이다.

후각은 뭔가 해로운 것을 먹지 않도록 막아주는 첫 번째 방어선이다. 우리가 맛이라고 생각하는 것의 많은 부분이 사실은 냄새다. 조리를 통해 맛이 향상되는 것은 탄수화물을 보다 간단한 당으로 분해하고 물이 끓어 없어지면서 맛이 진해진 덕분이기도 하지만, 상당 부분은 코를 자극하는 향기로운 화학물질이 방출되기 때문이다.

하지만 조리의 좀 더 중요한 부차적인 효과가 있다. 그것은 박테리아와 바이러스를 죽이고, 강낭콩에 든 피토헤마글루티닌-조리하지 않으면 치명적이다-과 감자 같은 가지과 식물에서 발견되는 독을 없앤다는 것이다.

조리된 고기가 더 맛있고, 덜 질겨서 먹기 쉽다는 것, 그것을 먹은 이들이 위통을 겪거나 먹은 것 때문에 죽을 가능성이 낮다는 것을 깨닫기까지는 틀림없이 시간이 꽤 걸렸을 것이다. 그러나 그 사실을 깨닫게 되자 우리는 자연 상태로는 먹을 수 없던 것들을 식단에 올려놓을 수 있게 되었다.

특히 강낭콩처럼 날 것 상태에서 독성을 띠는 것들을 조리해 먹으면 안전하다는 것을 깨닫는 것은 분명히 힘들었을 것이다. 강낭콩을 먹고 죽은 이웃을 보고나서 그 콩을 조리해서 먹어보겠다고 상상하는 건 어렵다. 먹을 수 없는 어떤 것들은 조리를 하면 먹을 수 있다는 것을 알게 된 결과, 굶주린 가족으로 하여금 그런 위험을 감수하게 했을 수도 있다. 또는 끓인 음식에 우연히 강낭콩이 들어갔는데 끔찍한 위통이 일어나지 않았을 수도 있다. 어쨌든 조리는 에너지 생산을 돕기 위해 우리가 일상적으로 날것을 준비하는 과정의 한 부분이 되었다.

뇌를 속이는 카페인

먹는다는 것이 에너지를 만들어내는 일과 관련된 것만은 아니다. 당신의 감각(197쪽을 볼 것)은 먹는 행위가 즐거움을 누릴 기회라는 것을 확실하게 알려준다.

당신이 먹는 것 중에는 두뇌에 직접적인 영향을 주는 것도 있다. 예를 들어 아침에 기본으로 마시는 차나 커피 한 잔을 보자. 커피, 차, 일부 청량음료에 들어있는 카페인은 신경계에 빠르게 영향을 주는 약이다. 정신적 쾌감을 얻기 위해 카페인을 사용하기 시작한 것은 오래전이다. 중국에서는 수천 년 동안 차가 소비되었고, 커피는 16세기에 아프리카에서 서구로 갔으며, 아프리카에서는 이미 오랫동안 커피원두가

몸에서는 무슨 일이 벌어지나

흥분제로 사용되었다.

카페인은 몸에 서너 가지 영향을 주지만 가장 흥미로운 것은, 아데노신이라고 부르는 화학물질을 처리하는 뇌의 수용기를 추적하여 거기에 들러붙는다는 것이다. 자물쇠와 열쇠를 생각해보기 바란다. 수용기는 특정한 형태의 열쇠만을 받아들이는 자물쇠와 같다. 카페인은 아데노신이 들어가기로 되어 있는 자리에 들어갈 수 있다. 공교롭게도 아데노신의 역할 중 하나는 졸리고 피곤한 느낌을 유발하는 것이다. 아데노신 수용기에 결합하는 아데노신의 양을 감소시킴으로써 카페인은 정신이 좀 더 깨어있는 느낌을 갖도록 도와줄 수 있다.

아데노신의 활동 감소에 따른 부작용으로 뇌의 또 다른 천연 화학물질인 도파민의 활동 증가가 있다. 도파민은 신경전달물질로, 뇌의 뉴런으로부터 다른 세포로 신호를 전달하는 것을 돕는 데 쓰이는 분자 중 하나다. 그 결과 카페인이 우리에게 주는 효과와 비슷한 약간의 사기 진작이 일어난다.

카페인은 자극성 음료를 공급하는 차, 코코아, 커피, 콜라 같은 상당수의 식물에서 나타난다. 카페인의 긍정적인 성질 중에는 원래 목적에서 파생된 우연한 부작용이 있다. 카페인이 식물의 포식 곤충들을 죽여 없애는 천연살충제라는 것이다. 그것이 우리의 신경계와 상호작용할 때도 우연히 우리들이 좋아하는 결과를 낳는다.

라테를 마시거나 콜라를 홀짝이는 것이 뇌의 근본적인 작용에 변화를 가져온다고 생각하면 꽤 겁이 난다. 그러나 해를 끼치지는 않으며 집중력에 약간 이로운 효과를 준다.

수많은 약물처럼 카페인도 중독에 이를 수 있으며, 중독돼 있는데 카페인을 멀리하게 되면 금단증상이 일어난다. 커피를 포기한 많은 사람들이 기분이 더 좋다고 말하는 이유가 여기에 있다. 그들은 그 약이 자신의 몸에서 나간 뒤의 느낌을 불쾌했던 금단증상 시기와 무의식적으로 비교한다. 커피나 차를 적당량만 즐긴다면 포기할 필요는 없다.

개와 다크 초콜릿은 상극

또 다른 기호품인 초콜릿에도 카페인이 들어있다고 추정되지만 사실은 그렇지 않다. 초콜릿에서 뇌에 영향을 주는 가장 두드러진 성분은 카페인과 같은 과에 속하는, 쓴 맛이 나는 화학물질 테오브로민인데, 그리스어로 '신들의 음식'이라는 뜻이다. 테오브로민은 좀 더 약하긴 하지만 카페인과 비슷한 효과를 갖고 있다. 그 효과는 녹는점이 입 안의 온도와 비슷하다는 것, 설탕과 함께 초콜릿을 매력적이게 만드는 요인 중 하나라는 것이다.

개에게 초콜릿을 먹이면 안 된다고 알려져 있다. 그 이유는 테오브로민이 개에게 유독하기 때문이다. 작은 개라면 강력한 다크 초콜릿-밀크 초콜릿보다 테오브로민을 훨씬 더 많이 함유하고 있다-50g만으로도 죽을 수 있다. 이것은 개에게만 국한된 문제는 아니다. 종마다 체내에서 테오브로민이 처리되는 속도가 다르기는 하지만 어느 정도는 모든 포유류에게 영향을 준다. 고양이는 테오브로민에 특히 민감하지만, 단맛 수용기가 없어서 초콜릿에 특별히 끌리지 않으므로 문제가 없다.

테오브로민은 인간에게도 유독하지만 염려할 정도는 아니다. 양이 많으면 사실상 모든 것, 물조차도 유독하다. 인간은 개보다 체중 1kg 당 테오브로민에 대한 저항력이 약 세 배는 더 강하며, 체중이 훨씬 더 많

다크 초콜릿에 들어있는 화학물질 테오브로민은 개에게 치명적이다.

이 나가므로 초콜릿을 먹어도 해가 되지는 않는다. 성인 한 명이 밀크 초콜릿 5㎏ 이상은 먹어야 위험해질 것이다.

살충제가 몸에 미치는 효과를 걱정해 유기농 식품을 사는 사람이라면 유독성에 중요한 영향을 미치는 복용량 정도는 알고 있어야 한다. 실질적으로 모든 물질이 어느 정도 위험 요소를 갖고 있다. 하지만 우리가 먹게 되는 제충제의 양은 비교적 적어서 우리가 먹는 다른 많은 것들과 비교하면 그 위험도는 미미하다. 식물은 인공적인 약만큼이나 위험한 천연살충제도 함유하고 있다.

먹기 전에 과일과 채소를 씻는 것은 분명 이치에 맞다. 부분적으로는 흙에서 나온 박테리아 때문이다. 그러나 식단으로 인한 암 발병 위험을 더한다면 위험의 93%는 알코올, 2.6%는 커피로부터 온다. 상추, 후추, 당근, 계피, 오렌지주스 등 상대적으로 위험한 천연 위험원을 일단 제외하면 첫 번째 화학오염물질은 0.05%를 차지하는 ETU라는 화학물질이다. 모든 주요 화학오염물질과 합법적 수준의 살충제를 더하면 셀러리를 먹는 것과 비슷한 정도의 위험이 따를 뿐이다.

이런 이야기를 하는 이유는 셀러리를 먹거나 오렌지주스를 마시지 말라고 말하기 위해서가 아니다. 단지 위험을 전체적으로 비교해서 보는 것이 중요하다는 것이다.

아스피린 파워

뇌와 몸에 중대한 영향을 미치는 것을 당연하게 여기는 또 다른 예가 있다. 버드나무 껍질과 메도스위트조팝나무속라는 식물의 추출물을 이용한 약초 치료가 그것이다. 이런 것들이 두통, 열, 염증에 사용된 것은 기원전 2000년까지 거슬러 올라간다. 고대 수메르의 우르 제3왕조의 약품 구입 목록에도 있는 이들은 그때 이후로 줄곧 인기 있는 진통제였다.

18세기에는 버드나무 껍질을 찾는 이가 더 많아지게 되었다. 퀴닌의 출처인 기나나무 껍질은 치명적인 말라리아를 치료하는 데 이미 사용되고 있었지만 매우 비쌌다. 그 대용으로 훨씬 싼 버드나무 껍질이 추천되었지만, 이것은 사실 오해의 결과였다. 버드나무 껍질은, 기나나무가 치료 효과를 발휘했던 말라리아의 증상을 단지 억제할 뿐이었다. 그래도 이 오해는 버드나무 껍질이 더욱 잘 나가게 만들었다.

문제는 그 약이 위를 엉망으로 만든다는 것이다. 지금 우리가 살리실산으로 알고 있는 그 유효성분은 두통과 기타 통증, 열 등을 사라지게 도왔지만, 대신 소화과정을 방해하고 심한 위통을 유발했으며 심지어 위험한 위출혈까지 일으켰다.

1899년 독일의 화학회사 바이엘이 부분적인 해결책을 찾아냈다.

살리실산에서 파생된 아세틸살리실산이라는 제품은 약효가 동일하지만 위에는 더 순했다. 그들은 그 화합물의 독일어 명칭인 아체틸스피르자우레를 줄여 '아스피린'이라 불렀다. 그것은 인기 많은 기침 억제제인 헤로인과 함께 바이엘 사에서 가장 잘 팔리는 상표가 되었다. 아스피린이라는 이름은 저작권 보호를 받았다. 바이엘만이 그것을 만들 수 있었다.

그러나 현재 영국 등 일부 국가에서는 일반명으로 통용되고 있다. 이는 특이하게도 종전 조약 즉, 1919년 6월 28일에 체결된 베르사유조약에 따른 결과였다. 이 조약은 제1차 세계대전이 끝났을 때 독일이 지불해야 할 배상에 대해 자세히 열거했다. 이 조약 내용의 대부분은 국경, 군사 배치와 무기 배치 제한, 재정적 지불, 중공업 조항의 세부 사항 등 우리가 예상할 만한 것들이었다. 그런 대형 관심사 사이에 아스피린이라는 이름을 사용할 수 있는 권리가 들어있었다.

독일과 전 세계 80개국에서 아스피린은 여전히 바이엘 사의 트레이드 마크지만 영국과 기타 조약국에서 그 이름은 누구든지 사용할 수 있었다. 그렇게 사소한 권리가 주요한 조약에 들어갔다는 사실은 말도 안 되는 것처럼 보일 거다. 하지만 양측 모두 전쟁 말기에 끔찍한 스페인 독감으로 타격을 입었고, 아스피린이 해열에 필수적이라는 것이 증명되었다. 그것은 의학의 진정한 돌파구였다.

아스피린은 50년 넘도록 엄청나게 중요한 약이었다. 내가 어렸을 때 아스피린은 처방전 없이 살 수 있는, 여전히 인기 있는 유일한 진통제였다. 그러나 1970년대에 이르러서는 위에 좀 더 친화적인 파라세타몰 때문에 패자가 되었다. 미국에서 이것은 아세트아미노펜으로 불리지만 파나돌바이엘 제품과 타이레놀이라는 상표명으로 더 잘 알려져 있

다. 아스피린은 이제 더 이상 쓰이지 않을 것만 같았다. 그러다가 아스
피린이 심장마비와 뇌졸중 예방을 도울 수 있다는 사실이 알려졌다.

아스피린은 사이클로옥시지네이스라는 효소를 망가뜨려 고통을
누그러뜨리고 염증을 완화시킨다. 효소는 몸이 화학반응을 더 잘 하도
록 도와주는 특수 단백질이다. 사이클로옥시지네이스의 경우, 그 반응
은 염증을 일으키고 고통의 메시지를 뇌에 전달하는 한 쌍의 호르몬을
생산하는데, 아스피린은 이 반응을 방해함으로써 진통제 역할을 한다.

그러나 아스피린이 혈액 속 혈소판을 뭉치게 하는 트롬복산이라는
화합물의 능력도 감소시킨다는 것이 발견되었다. 혈소판은 상처에서
혈액을 응고시키는 세포지만 혈관에서 서로 뭉치면 흐름을 막아 심장
마비와 중풍에 이를 수 있다. 이런 위험을 감소시키기 위해 적은 양으
로 장기간 아스피린을 복용하는 일이 아주 흔해졌다.

이런 새로운 용도가 아스피린의 운명을 부활시켜 매년 약 3만 5000
톤의 아스피린이 소비되고 있다. 아스피린은 이렇게 카페인처럼 몸속
의 복잡한 화학신호 메커니즘의 작은 부분에 관여하여 유익한 결과를
낳는 비교적 간단한 화학물질이다.

근육이 움직이는 원리

우리가 소비하는 특정 화학물질로부터 쾌감이나 의학적 효과를 얻
을 수도 있지만, 그래도 먹는 행위의 주목적은 에너지를 만드는 일이다.
우리는 느린 연소 과정에서 음식의 소화가 ATP 분자에 저장되는 에너
지를 어떻게 만들어내는지 이미 보았다. 근육은 이런 에너지를 써서 당

신을 움직이게 만든다. 특별한 단백질이 ATP로부터 에너지를 방출하는데, 하나의 단백질이 또 다른 단백질로 만들어진 섬유를 따라 '걸어' 내려오면서 일련의 작은 톱니바퀴처럼 힘들게 나아간다. 그 결과 근육이 수축되고 몸이 움직일 수 있게 된다. 이 과정은 전기 신호에 의해 활성화된다.

이런 전기 신호에 대한 이해는 아주 유명한 공포영화로 이어졌다. 매리 월스톤크래프트 고드윈이라는 젊은 여성은 남편 될 사람과 함께 낭만적인 여름휴가를 떠나면서 읽을거리를 갖고 갔는데, 그중에 이탈리아의 루이지 갈바니의 연구 보고서가 있었다. 그 젊은 여성은 장차 결혼하여 매리 셸리가 될 사람이었고, 스위스에서 보낸 휴가 중 어느 비오는 날에『프랑켄슈타인』이라는 소설이 될 이야기를 썼다.

갈바니는 해부한 개구리로 실험을 하다가 개구리 다리에 전기를 가했는데 마치 살아있는 것처럼 다리가 씰룩거렸다. 당시 대단히 잘못 묘사되긴 했지만-특히 고드윈 여사에 의해서-이것은 동물 체내에서 조절신호를 보내는 방식으로서 전기가 갖는 중요성을 처음으로 들여다본 것이었다.

에너지는 어떻게 일이 되나

지금까지 나는 '에너지'를 잘 이해된 개념으로 가정했지만, 우리가 무엇을 다루고 있는지 분명히 할 필요가 있을 것 같다. 우리는 이미 에너지와 물질이 상호 교환 가능하다는 것을 알아보았다. 비록 물질을 에너지로 전환하기 위해서는 흔히 핵분열, 융합, 또는 물질-반물질 소멸과 같은 특별한 반응이 있어야 하지만 말이다. 몸속에서는, 화학에너지가 방출되어 근육의 기계에너지로 전환된다. 이때의 화학에너지란, 분자 안의 원자들을 서로 묶어주는 전자결합으로 생겨난, 저장된 에너지를 말한다.

에너지를 갖는다는 게 어떻게 무슨 일이 일어나도록 하는 것일까? 에너지는 일을 한다. '일'은 에너지가 한 곳에서 다른 곳으로 옮겨지는 것일 뿐이다. 이를 테면 우리가 뭔가를 밀고 있을 때, 일이라는 것은 우리가 쓴 힘에 그것이 움직인 거리를 곱한 것과 같다.

옛날 옛적에 비과학적인 의미에서 일은 대개 육체적으로 힘든 일 즉, 육체노동을 뜻했다. 오늘날 우리가 일터에서 하는 일은 덜 직접적일 수 있다. 그러나 두뇌의 일조차도 에너지의 운반이 수반되며, 그 두뇌의 일은 육체적인 일의 준비단계가 된다. 예를 들어 책을 쓸 때 창조적인 생각을 하는 데에는 육체적인 일이 많이 수반되지 않지만 타자를 치는 것에서부터 책을 만들어내는 것에 이르기까지 모든 것에는 육체적인 일이 관여된다. 일반적으로 말해서 몸은 화학에너지를 일로 전환하는 작업을 하고 있다.

일반적인 에너지처럼 일은 줄joule이라는 단위로 측정된다. 일상생활에서 우리는 구식 에너지 단위인 칼로리를 사용하는데, 1칼로리는 4줄이 약간 넘는다. 우리는 음식의 에너지 함량을 수천 칼로리-즉 킬로칼로리-로 잰다. 영양학자들은 '킬로'가 대중을 혼동시킬 것이라 생각했고-우리가 미터법에 익숙해지기 전의 일이었다-그래서 129킬로칼로리라고 말하는 대신 소문자 c의 칼로리를 써서 129칼로리-calories 명백하게 틀렸다-또는 대문자 C를 써서 129칼로리-Calories 대문자 C는 기술적으로는 맞지만 혼동을 불러일으킨다-라고 말한다.

먹는 만큼 나오는 에너지

몸을 움직일 때마다 자신이 먹은 음식에서 나온 에너지를 써버린다. 이 점은 아주 분명하다. 하지만 어떤 생물들은 먹는 것보다 더 많은 에너지를 쓰는 듯한 인상을 남겨 마치 무에서 에너지를 만들어내는 것처럼 보인다. 종종 인용되는 예가 호박벌이다. 종교계는 '호박벌이 어떻게 나는지 이해하는 사람은 아무도 없다. 고로 과학에는 답이 없다'며 과학이 설명할 수 없는 뭔가를 신이 할 수 있다는 예로 이용했다.

그러나 사실 호박벌의 역설은 모두 오류다. 그렇다. 크고 통통한 몸을 그렇게 작고 연약한 날개로 계속 공중에 떠 있을 수 있게 한다는 것이 희한해 보이긴 한다. 그러나 벌은 놀랄 정도로 가벼우며, 호박벌의 날개는 새의 날개와는 다르다. 호박벌의 날개는 훨씬 더 빠른 속도로 움직여서 위로 몸을 들어 올린다. 이는 위아래로 펄럭이는 날개보다는 한 세트의 헬리콥터 날개에 더 가깝다. 그 메커니즘은 소용돌이를 만들어내는데, 빠르게 회전하는 공기기둥이 전통적인 날개 형태보다 훨씬 더 잘 들어올린다. 호박벌과 관련해서 풀어야할 문제는 전혀 없다. 호박벌은 먹는 것보다 더 많은 에너지를 쓰지 않는다.

무에서 유를 창조하는 캥거루

그러나 어떤 의미에서, 먹는 것보다 더 많은 에너지를 쓰는 동물의 예로 딱 맞는 게 하나 있다. 바로 캥거루다. 캥거루가 하루 동안 뛰는 데 필요한 에너지를 더해 보면 캥거루가 먹은 것이 만들어내는 에너지

보다 더 많다. 무에서 에너지를 만들어내는 혹은 그렇게 보이는 동물
인 셈이다.

생물학자들이 처음에 계산을 할 때는 캥거루의 다리를 움직이게 하
는 근육이 통통 튀는 고무공처럼 작용한다는 점을 놓치고 말았다. 고무
공을 떨어뜨리면 공은 땅에 부딪쳐 찌그러지고, 그러면서 그 충돌로부
터 에너지를 흡수한다. 그런 다음 원래 형태로 되돌아가면서 그 에너지
를 방출하고 공으로 하여금 다시 공기 중으로 올라가게 한다. 그것은 마
치 스프링 혹은 늘어난 고무줄에 에너지가 저장되는 것과 같다. 추가에
너지를 계界에 보태지는 않지만 공은 바닥에 짓눌려 찌그러지면서 저
장된 에너지의 힘을 받아 다시 공기 중으로 튀어 오른다.

이와 비슷한 일이 캥거루에게도 일어난다. 캥거루의 근육은, 캥거
루가 바닥을 칠 때 마치 고무줄이 늘어나는 것처럼 에너지가 근육에 저
장되게끔 연결되어 있다. 그 에너지가 방출되면서 부분적으로 다음 뜀
뛰기에 힘을 준다. 때문에 캥거루가 계속 움직일 때는, 섭취한 것에서
나오는 에너지보다 훨씬 적은 에너지가 필요하다. 이런 체계가 없다면
이 동물은 바닥에 부딪칠 때 에너지를 소리와 열로 모두 잃게 될 것이
다. 그러나 캥거루는 이때 에너지를 일부 저장해 다시 사용한다. 이것
은 전기자동차가 제동에너지를 전지에 넣어 나중에 다시 사용하는 것
과 비슷하다.

열은 움직이는 거야

당신의 몸에서 사용하는 에너지를 살펴보든, 캥거루가 사용하는 에

너지를 살펴보든 우리가 지금 다루는 것은 열역학이다. 이것은 움직이는 열에 관한 학문처럼 들리는데, 맞는 말이다. 열이 에너지의 한 종류라는 것을 기억한다면 말이다. 열은 물질 속에서 움직이는 분자들의 운동에너지다. 뭔가에 열을 가하면 그 분자들은 더 빠르게 돌아다닌다.

열역학은 19세기에 엄청나게 중요해졌는데, 이는 증기기관이 어떻게 작동하는지 설명해주기 때문이며 지금은 과학의 핵심적인 일부분이 되었다. 그것이 얼마나 중요한가는 20세기 초의 위대한 과학자 중 하나였던 아서 에딩턴의 말에서 잘 엿볼 수 있다.

"누군가가 당신이 내세우는 우주론이 맥스웰의 방정식-전자기가 어떻게 작용하는지 설명하는 방정식-에 들어맞지 않는다고 지적한다면, 그것은 맥스웰의 방정식이 잘못된 탓이다. 만일 관찰에 모순되는 것이 밝혀진다면, 글쎄, 실험주의자들은 때로 실수를 하기도 한다. 하지만 당신의 이론이 열역학 제2법칙에 어긋난다면 당신에게 희망을 줄 수 없다. 그 이론은 아주 굴욕적으로 무너지는 것 외엔 달리 방도가 없다."

에딩턴이 말하고 있는 이 '제2법칙'에 대해서는 잠시 뒤에 다시 다루겠지만, 그 외에도 몇 가지가 더 있다. 희한하게도 열역학은 제0법칙-제1법칙 이후에 추가되었지만 그 근간을 이루고 있어서 이렇게 불린다-부터 시작한다. 이것은 동일한 온도에서 두 물체가 접촉하면 한쪽에서 다른 쪽으로 전체적인 열의 흐름은 일어나지 않는다는 것이다. 사실 열은 튀는 분자들에 관한 것이므로 에너지가 지속적으로 앞뒤로 전달되지만 서로 상쇄된다.

제1법칙에 의하면 그 에너지는 보존된다. 즉 에너지를 만들어 내거나 없앨 수 없다. 집어넣은 것을 빼낼 뿐이다. 에딩턴이 그렇게 중시했던 제2법칙은 열이, 다시 말해 에너지가 뜨거운 곳에서 찬 곳으로 이동

끓는 물에서 발견하는 열역학

전기주전자에 물을 채우고 스위치를 켠다. 소리를 듣는다. 안이 보이는 주전자라면 무슨 일이 일어나고 있는지 지켜본다. 제0법칙에 의하면 주전자의 스위치를 켜기 전 원소와 물 사이에 열의 흐름은 없었다. 하지만 스위치를 켜자 원소는 전기에 의해 가열되고 곧 주변의 물과 온도가 아주 달라진다. 제2법칙에 따라 에너지는 뜨거운 것에서 찬 것으로 흐르기 시작한다.

쉬익 소리가 들릴 것이고, 시간이 지나면서 그 소리는 점점 더 커진다. 그러다가 주전자가 끓기 바로 전에 비교적 조용해진다. 그 순환의 마지막에 물이 끓으며 부글거리는 소리가 들리게 될 것이다. 그 쉬익 거리는 소리는 수많은 작은 수증기 방울들이 터지면서 내는 소리다. 가열된 원소가 물의 끓는점보다 상당히 더 뜨겁기 때문에 그 원소와 바로 인접한 물은 많은 에너지를 흡수하여 작은 기체 방울을 만든다. 이런 것들이 물로 들어가고, 원소로부터 멀리 떨어져 있지 않은 물은 훨씬 더 차가워서 거품이 아주 작게 펑 소리를 내며 터지게 만든다. 이것이 더해져 주전자에서 쉬익 거리는 소리를 만들어낸다. 끓기 바로 전에 소리가 사라지는 이유는 물이 모두 실질적으로 끓는점에 도달해 거품이 터지지 않기 때문이다.

그런 다음 물이 끓는점에 도달함에 따라 원소와 접촉하는 지점뿐 아니라 물 전체에 좀 더 큰 거품이 형성되면서 끓을 때 흔히 보는 휘돌아가는 움직임이 만들어진다.

한다는 것이다. 그리고 열역학법칙을 완성시키는 제3법칙이 있다. 이것은 물체를 유한한 수의 과정을 거쳐 차가움의 완전한 한계인 절대영도(54쪽을 볼 것)까지 내려가게 할 수는 없다는 것이다. 항상 일부분씩 더 가까워질 뿐 결코 끝까지 갈 수는 없다는 말이다.

영구기관은 없다

　열역학 제1, 제2법칙은 흥을 깨는 법칙이다. 그것은 영구기관을 제작할 수 있는 가능성을 배제한다. 어린 자녀가 있다면 당신은 어쩌면 그들이야말로 영구기관이라고 생각할지도 모르겠다. 하지만 인체의 에너지 수준은 항상 음식으로부터 채워질 뿐이다.

　영구기관이란 말은 멋지게 들린다. 영원히 움직이는 기계를 생각하는 것은 뭔가 마술적이다. 고갈되지 않고 전기를 공급받기 위해서는 그런 기관을 발전기에 연결만 하면 될 것이다.

　제1, 제2법칙 중 어느 한 가지를 어길 수 있다면 당신은 웃을 수 있을 것이다. 에너지보존법칙이 적용되지 않는다면 계에 집어넣은 것보다 더 많은 에너지를 쓸 수 있다. 넣은 것보다 더 많은 에너지를 내놓는 기관을 일단 가동시키면 나오는 것을 다시 투입해 기관을 스스로 가동시킬 수 있을 것이고, 그렇게 해도 에너지는 남을 것이다. 마찬가지로 제2법칙을 어길 수 있다면 그것은 찬 곳에서 좀 더 따뜻한 곳으로 에너지를 가게 할 수 있다는 것을 뜻한다. 그러면 그 에너지를 써서 일을 할 수 있을 것이다.

　냉장고는 찬 곳-안쪽-에서 에너지를 빼내 좀 더 따뜻한 곳-바깥쪽-으로 보내므로 제2법칙을 어기는 것처럼 보일지도 모른다. 그러나 냉장고는 도움을 받지 않고는 이런 일을 해낼 수 없다. 열역학 제2법칙은 에너지를 계로 집어넣지 않을 때에만 적용된다. 하지만 냉장고는 그런 일을 하고 있다. 에너지를 써서 찬 곳에서 좀 더 따뜻한 곳으로 열을 이동시키며, 이때 이동시키는 것보다 더 많은 에너지를 사용한다.

　사람들은 최소한 1300년 동안 영구기관을 만들려고 시도했다. 영구기관은 너무나 인기가 많아서 특허 당국은 제대로 작동하는 모형으로 시연할 수 없는 경우에는 영구기관 특허 신청 접수를 중단했다. 때로는 영구기관처럼 보이는 것이 있을지도 모르지만 계속 움직이게 하기 위해서는 외부 어딘가로부터 항상 에너지를 받아야만 할 것이다.

에너지 크룩스

영구기관처럼 보이는 것으로 가장 잘 알려진 예는 아마 크룩스 복사계일 것이다. 이 장난감은 유리구 안에 노 모양의 날개가 들어 있다. 날개는 그 어떤 동력에도 연결되어 있지 않으며 모터나 태양전지도 들어가지 않는다. 그런데도 날개는 돌고 또 돌아 마치 영원히 그럴 것처럼 보인다. 영구운동처럼 보이지만 사실 이 장치는 태양 혹은 근처의 광원에 의해 작동된다. 유리구는 기계에너지가 날개를 돌리는 것은 막을지 모르지만 빛을 막지는 않으며, 이런 형태로 에너지가 장치 안으로 계속 흘러들어온다.

이 복사계는 빛의 충돌로 작동된다고 여겨지곤 했다. 각 날개의 한 면은 검고 다른 면은 하얗다. 빛의 광자는 검은 면에 의해 흡수되고 흰 면으로부터 반사될 것이다. 광자는 질량은 없지만 에너지는 갖고 있으며, 아인슈타인이 말하는 것처럼 질량과 에너지는 상호 교환이 가능하므로 광자는 운동량 즉, 사물을 움직이게 하는 힘을 갖는다. 사실 태양으로부터 나오는 광자 '바람'을 모으는 거대한 태양 돛으로 우주선을 움직이는 것도 가능할 것이다.

불행하게도, 조금이라도 눈에 띌 만큼 밀어내려면 정말 큰 돛이 있어야 한다. 복사계 안의 날개는 이런 일을 해내기에는 너무 작다. 날개를 움직이게 하는 것은 유리구 안의 공기다. 저항을 감소시키기에는 비교적 낮은 압력이지만 그래도 거기에 있기는 있다. 날개의 검은 면이 광자를 흡수하므로 흰 면에 비해 따뜻해진다. 이런 온기의 일부가 제2법칙에 따라 근처 공기 분자로 옮겨지므로 검은 면은 더 빨리 움직이는 분자들에게 더 많이 난타당하게 되고 날개는 움직이기 시작한다.

The Universe Inside You 웹사이트 www.universeinsideyou.com로 가서 Experiments(실험)를 택하고 Crookes in action(크룩스 작동)을 클릭한다. 동영상이 크룩스 복사계가 작동하는 모습을 보여줄 것이다.

광압이 아니라 열이 원인임을 보여주는 것은 쉬운 일이다. 그렇지 않으면 복사계는 당신의 기대와 반대되는 방향으로 가기 때문이다. 만일 광압으로 움직인다면 흰 면을 더 밀 것이고, 따라서 날개 뒤쪽인 흰 면으로 돌 것이다. 그러나 열역학 예측에 의하면 검은 면이 밀리게 되며, 실제로 운동의 뒤에 있는 것은 바로 이 검은 면이다.

무한청정에너지

영구기관은 빅토리아 시대의 생각처럼 보일지도 모르지만 2007년에 어떤 회사가 영구기관 장치처럼 보이는 것을 출시하며 대규모 언론 발표회를 열었다. 아일랜드의 스턴사가 '무한청정에너지infinite clean energy'를 생산할 기계를 보여주겠다고 장담하면서 헤드라인을 장식했다. 스턴사가 자랑한 오르보 장치는 무에서 전력을 만들어내기 위해 자기장을 이용했다. 대대적인 광고 이후 런던에서 열리기로 한 시연회는

'기술적인 어려움' 때문에 취소되었다. 단지 조명상의 문제 즉, 조명이 그 장치에 너무 뜨거워서 베어링을 망가지게 했기 때문이라고 추정되었으므로 며칠 뒤 새로운 시연회를 개최하는 것이 타당해 보였지만 오르보는 아직도 시연되지 않고 있다.

스턴사의 장치는, 전력을 만들어내기 위해 지구 자기장으로 통하는, 희한한 경로를 따라가는 고정 및 이동 자석의 조합을 이용하는 것으로 추정된다. 스턴사는 영구기관, 다른 식으로 말하자면 진정으로 재생 가능한 에너지원을 만드는 데 실패한 긴 대열에 합류했다. 우리가 풍력이나 태양력을 '재생 가능하다'고 말할 때 의미하는 것은 그런 것들이 태양에서 나오는 것이고 따라서 아주 아주 오랜 시간 동안 사용 가능하다는 것이지 진정으로 재생 가능한 것은 아니다.

엔트로피와 무질서

열역학 제2법칙은 종종 다른 식으로 표현된다. 즉 엔트로피가 상승한다고 한다. 엔트로피는 처음에는 애매한 개념처럼 들린다. 엔트로피는 계 안의 무질서의 양이다. 당신의 몸은, 무작위로 배열되어 당신을 이루고 있는 모든 화학적 구성요소들보다 훨씬 더 적은 엔트로피를 갖고 있다. 왜냐하면 당신의 몸은 구조를 갖추고 있기 때문이다.

10대의 방은 엔트로피가 엄청나다. 무질서할수록 엔트로피는 더 높다. 실제로 엔트로피는 그럴듯하게 보이려고 하는 말이 아니라 통계적인 측정치다. 그것은 계의 구성요소들을 조직할 수 있는 구분 가능한 방식의 수이다.

예를 들어 이 지면의 글자에 대해서 생각해보자. 지금 당신이 읽고 있는 단어들과 똑같이 철자가 쓰이도록 배열하는 방법은 단 하나뿐이다. 그러나 글자를 다른 식으로 배열하는 방법은 아주 아주 많다. 대부분은 이해 불가능한 글자들의 뒤범벅이 될 것이다. 그러므로 지금 당신이 보고 있는 배열에서 글자들은 아주 질서 정연하고 엔트로피가 낮다. 열역학 제2법칙은 이렇게 만들기 위해 에너지가 들어갔다는 것을 말해준다. 글자가 그냥 제자리로 떨어진 것이 아니다. 내가 그 일을 해내야만 했다. 편집자와 인쇄자도 마찬가지다. 똑같은 글자들이 무작위로 뒤죽박죽되어 있는 경우는 많이 있으며, 그런 것들은 비교적 무질서하고 엔트로피는 더 높을 것이다.

엔트로피의 상승은 꽤 자연스러워 보인다. 예를 들어 찻잔은 박살이 난 수많은 사기 조각보다 더 질서 있고 엔트로피는 더 낮다. 엔트로피를 올리는 일은 아주 쉽다. 잔을 떨어뜨려 산산조각이 나게 하면 된다. 엔트로피를 떨어뜨리고 모든 조각들을 다시 모아 하나의 물건이 되게 함으로써 떨어뜨렸던 잔을 되돌리는 것은 실질적으로 불가능하다.

엔트로피가 상승한다는 생각은 지구 생명의 진화를 반박하는 데 이용되었다. 지구는 무질서하고 무작위적인 분자들의 집합에서부터 지금 우리가 보는 모든 살아있는 것들을 포함해 매우 질서 있는 형태로 나아갔다. 어떤 이들은 이것이 혼돈으로부터 질서가 생겨나게 하는 창조자가 있어야 한다는 것을 증명한다고 생각한다. 그러나 그것은 제2법칙을 잘못 이해한 것이다. 제2법칙은 닫힌계폐쇄계 즉, 에너지가 들어오거나 나갈 수 없는 계에서 엔트로피가 상승하거나 같은 상태를 유지한다고 말한다. 지구는 닫힌계가 아니다. 우리에게는 태양으로부터 엄청난 양의 에너지가 쏟아져 들어오며, 우리가 제2법칙을 어길 수 있는 것도 그 때문이다.

괴물의 물리학

엔트로피와 생명 사이의 이런 연결이, 물리학이 생물에 직접적인 영향을 미치는 유일한 예는 아니다. 당신의 몸은 물리학 법칙과 관련해 아무런 문제가 없다. 아마 중력 때문에 약간 축 처지는 것 외에는.

그러나 괴물은 사정이 다르다. 공상소설에 나오는 무시무시한 괴물 중에 엄청나게 큰 곤충과 거미가 있다. 거미 같은 무자비한 킬러가 인간을 먹이로 삼을 정도로 커진다면 끔찍할 것이다. 어쩌면 우리가 그런 무시무시한 포식자와 마주치지 않는다는 것이 이상해 보일지도 모르겠다.

그들은 왜 이 세상을 차지하도록 진화되지 않았을까? 1950년대의 영화 〈그들!Them!〉에 나오는 육중한 개미들이나 〈반지의 제왕〉과 〈해리포터〉의 거대한 거미들을 생각해보라.

혹시 그런 생물들 때문에 악몽을 꾼다면, 그런 것들은 결코 존재할 수 없으니 안심해도 좋다. 욕실에서 발견되는 종류의 거미를 잡아서 100배 더 크게 만들었다고 상상해보자. 끔찍하다! 우리가 '100배 더 크게'라고 말하는 것은 폭이 100배로 넓어지고 다리도 100배는 더 길어지는 것을 뜻한다. 그런 거미의 다리를 잘라서 횡단면을 보면 정상적인 거미 다리 면적의 100x100 즉, 1만 배가 될 것이다. 그러면 그처럼 거대한 거미의 무게는 어떻게 될까? 무게는 부피에 좌우되므로 그 거미는 100x100x100 즉, 100만 배 더 무거울 것이다. 이는 겨우 1만 배 더 큰 다리로 100만 배나 되는 무게를 지탱하게 된다는 것을 뜻한다. 거미는 자신의 무게 때문에 쓰러지고 말 것이다.

이런 일은 인간을 포함하여 대형 포유류에서도 일어날 것이다. 그러나 거미와 곤충은 갑각 즉, 딱딱한 바깥 피부를 통해 숨을 쉬기 때문에 거대한 크기로 불어났을 때 또 다른 문제를 겪게 될 것이다. 갑각의 표면적과 몸으로 들어오는 산소량은 1만 배로 늘어나겠지만 100만 배나 더 큰 몸을 지탱시켜야 할 것이다. 따라서 그렇게 육중한 거미는 다리가 모두 툭 부러질 것이고 질식해 죽게 될 것이다. 그러니 무서워할 필요가 없다.

두 다리로 선다는 것

다시 당신의 몸으로 돌아오자. 당신은 자신의 이동수단이 거미보다는 더 간단하다고 생각할지 모르겠다. 어쨌든 거미는 다리가 8개 있어서 자신의 발에 걸려 넘어지지 않도록 잘 조절해야 한다. 우리는 다리가 두 개여서 걷는 게 쉽다. 하지만 우리에겐 다른 문제가 있다.

두 다리로 서 있는 것은 그렇게 안정적이지 않다. 아기가 첫 걸음을 떼는 모습만 지켜봐도 이를 알 수 있다. 그것은 두발자전거와 세발자전거를 타는 차이와 약간 비슷하다. 두발자전거 타는 법을 처음 배울 때에는 균형의 문제를 안게 되는데, 두 다리로 걸으려고 하는 사람도 마찬가지다. 이것은 상당량의 연습을 필요로 하며 에너지도 소비된다. 실제로 두 다리로 걷는다는 것은 일종의 반복된 넘어짐과 일어섬이 결합된 것이다.

꼼지락거리기와 관절 꺾기

서있는 것은 앉아있는 것보다 훨씬 더 많이 당신의 에너지를 고갈시킨다. 우리 중 정말로 꼼짝하지 않고 가만히 앉아있을 수 있는 사람은 거의 없다. 다른 사람들이 가만히 있다고 여겨지는 상태를 바라보는 것, 그들이 꼼지락거리면서 자세를 바꿔 가며 조금씩 움직이는 걸 보는 것은 매우 흥미로운 일이다. 손은 계속 움직이면서 시간 때우기를 잘한다. 우리 할머니는 종종 엄지손가락을 빙빙 돌렸는데, 이유를 설명하기는 어렵지만 이런 습관에 빠져들기 쉽다.

그리고 손가락 관절 꺾기도 있다. 손가락 관절을 꺾지 말라고 하는 사람들은, 계속해서 관절을 꺾으면 결국 관절염을 앓게 될 거라고 한다. 하지만 그게 정말일까? 그것을 밝히는 것을 사명으로 삼은 사람이 있다. 캘리포니아 사우전드오크스 출신의 의사 도널드 L. 엉거는 오른손은 건드리지 않고 왼쪽 손마디만 60년 넘게 매일 꺾고 있다.

단 한 사람으로부터 확정적인 결론을 이끌어내는 것은 불가능할지라도 엉거 박사는, '스무 살 때부터 하루에 담배 40개비를 피웠는데 지금 내 나이 아흔다섯입니다'라면서 뉴스에 자주 등장하는 사람과 비슷하다. 그는 왼손에 아무 장애도 겪지 않았으므로 손가락 관절 꺾기와 관절염을 연결시키는 것은 미신이다.

손마디를 꺾든 꺾지 않든 우두커니 서있는 것은 분명히 우리의 다음 목적지에서 본격적으로 시험하게 될 능력이다. 놀이공원으로 가보자.

6.

감각은
어떻게 작동하나

감각은 생명을 정의하는 것 중 하나다. 감각의 메커니즘이 곧 과학이다

뒤집어지고, 코르크 마개뽑이처럼 빙글빙글 돌고, 튕겨지고, 방향 감각을 잃게 하는 롤러코스터를 타봤을 것이다. 세상이 어떻게 보이는가? 당신의 감각에 어떤 영향을 주는가? 롤러코스터에서 내렸을 때 당신은 아마도 어지러울 것이고 걸을 때 약간 비틀거릴 것이다. 그렇다면 롤러코스터에서 내린 뒤에도 왜 계속해서 당신의 감각은 흔들리는 것일까?

감각은 생명을 정의하는 생물학적 과정 중 하나다. 그것은 당신과 세계의 접점을 제공한다. 감각 없이는 뭔가를 찾아낼 길도, 주변 세계에 반응할 길도 없다.

소리는 어떻게 듣나

당신은 몇 가지 감각을 갖고 있는가? 반사적으로 나오는 대답은 다섯 가지일 것이다. 하지만 놀이기구를 타고 난 결과를 놓고 보면 그 대답은 분명히 틀린 것이다. 오감 즉 시각, 청각, 후각, 촉각, 미각 중 무엇이 우리가 거꾸로 있었다는 것을 알려주던가? 어쩌면 시각이라고 할지도 모르겠다. 시각이 기여한 것은 확실하지만, 눈을 감고 있다고 해서 우리가 거꾸로 있다는 것을 모르는가? 진짜 그렇게 생각하는가? 오감이 중요한 것은 맞지만 이는 우리의 감각 탐험에서 시작에 불과하다.

우리는 별을 바라볼 때 시각에 어떤 일이 일어나는지 이미 살펴봤다. 그럼 듣는다는 것은 무엇인가? 소리는 종종 파동으로 묘사되지만 규칙적인 맥의 연속으로 보는 게 더 정확하다. 파동에 관한 그림은 수면의 잔물결 같은 것이다. 파도는 물결이 움직이는 방향과 수직을 이루며 움직인다. 그러나 소리의 파도인 음파에서는 소리가 움직이는 방향과 같은 방향으로 파동이 인다.

이런 종류의 압축 '종세로'파가 바로 소리다. 확성기, 음악 기기 또는 성대가 진동할 때 그것은 가장 가까이에 있는 공기 분자들을 밀고 나간다. 용수철이 압축되는 것처럼 공기 분자들은 한 무리의 그 다음 공기 분자들에 더 밀착되어 눌린다. 그 다음 공기 분자층은 밀려나 계속해서 그 다음에 있는 공기 분자들에 더 밀착된다. 압축이 앞으로 이동하는 것이다. 이것이 바로 공기를 통해 초속 약 340m로 이동하는 소리다.

생각해보면 소리는 물의 물결처럼 횡으로 이동하는 파동이라기보다는 이런 유형의 압축파여야 할 것이다. 만약 소리가 이동하면서 횡측면으로 간다면 나머지 공기와 계속 부딪칠 것이고 금방 에너지를 다 잃어버릴 것이다. 대개 횡파측면파는 파동 치는 것의 가장자리를 따라서만 이동할 수 있다.

유일한 예외가 빛이다. 만일 빛을 파동으로 생각한다면, 빛은 횡으로 이동하고 매체의 가운데를 통해 이동할 수 있는데, 그것은 빛이 물질 속의 파동이 아니기 때문이다. 빛은 우주의 진공 속에서도 잘 움직인다.

과학을 안다는 것

소리 흉내 내기

용수철 장난감을 준비한 뒤 용수철의 한쪽 끝을 뭔가에 고정시킨다. 그럴 상황이 안 되면 누군가에게 한쪽 끝을 잡게 한다. 용수철이 꽤 팽팽해질 때까지 수평으로 잡아당긴다. 이제 당신이 잡고 있는 쪽에서 용수철을 갑자기 앞으로 밀고, 바로 이어서 뒤로 당긴다. 용수철의 다른 쪽 끝으로 물결을 보내야 한다. 이것을 서너 번 한다. 파동이 용수철을 타고 이동하면서 금속의 나선은 압착되었다가 늘어난다. 용수철 장난감이 없다면 www.universeinsideyou.com을 방문하여 Experiments(실험)를 클릭한 뒤 Waves in Springs(용수철의 파동) 실험을 선택하여 소리 유형의 종파가 일어나는 것을 보기 바란다.

소리가 움직이는 속도는 자연에서 누구나 손쉽게 시험해볼 수 있다. 다음에 뇌우를 만나게 되면 소리의 속도를 직접 잴 수 있을 것이다. 천둥은 번개가 온도를 20,000℃까지 급상승시킬 때 공기가 만들어내는 소리다. 천둥과 번개 모두 같은 장소에서 동시에 일어난다.

우리는 번개가 치는 것을 보고 얼마 후에 천둥소리를 듣게 될 것이다. 이런 현상을 통해 소리의 속도를 직접 느낄 수 있다. 사실상 빛은 즉각 도착한다. 예를 들어 뇌우가 10km 떨어진 곳에서 일어나고 있다면 빛이 그 거리를 이동하는 데에는 30만분의 1초밖에 걸리지 않는다. 따라서 천둥소리를 듣는 데 지연되는 시간은 소리가 그 거리를 지나오는 데 얼마나 걸리는지 알려준다. 10km 떨어진 곳의 뇌우라면 그 소리는 초속 약 340m로 이동하여 빛보다 29초 이상 뒤처질 것이다.

감각은 어떻게 작동하나

달팽이관에서 일어나는 일

소리는 공기 사이로 파동을 치며 당신의 귀까지 도달한다. 눈에 보이는 귀의 바깥쪽 부분이, 넓게 퍼진 압축파들을 머리 안의 작은 구멍으로 이동시키며 파동을 증폭시킨다. 머리의 더 안쪽에서 압축파가 고막을 때린다. 이동하는 공기 분자들이 고막을 밀고 당겨서 앞뒤로 움직이게 만든다. 고막은 세 개의 미세한 뼈-몸에서 가장 작다-를 통해 이런 움직임을 난원창이라 부르는 두 번째 막에 전달하고, 이것이 달팽이관의 유액을 움직이게 만든다.

달팽이관은 나선모양의 뼈로 된 방-달팽이관의 영어 명칭 cochlea는 라틴어로 달팽이란 말에서 나왔다-인데 물 같은 액체로 가득 차 있다. 액체의 움직임을 아주 작은 터럭 다발들-털처럼 생겼지만 사실은 세포막이 연장된 것-이 포착해내며, 다발 아랫부분에 있는 '털세포'를 자극하여 청신경에서 신호를 만들어낸다. 시각에서처럼 외부의 물리적 현상이 전기 신호가 되어 신경에서 뇌로 이동하고, 그곳에서 신호가 처리되어 '소리 그림'을 그리게 된다.

어떤 이들은 이 털세포에 손상을 입기도 하는데, 달팽이관 이식을 통해 청력을 부분적으로 회복시킬 수 있다. 이식된 달팽이관은 털세포가 작용하도록 하는 신경세포를 직접 자극한다. 외부의 헤드폰이 소리를 포착, 신호를 처리함으로써 일련의 전기 자극을 만들어내는 것이다. 이 자극을 피부 아래 이식된 작은 장치로 전달하고, 이어서 달팽이관에 장착된 전극을 자극한다.

초창기에 이식된 달팽이관에는 전극이 하나밖에 없었지만 시간이 흐르면서 그 수는 20개로 늘어났고, 별도의 자극점도 갖추게 되었다.

이는 털세포와 연결된 신경세포의 작은 부분만 활성화된다는 것을 뜻한다. 하지만 이식 장치는 사람의 말도 이해할 수 있게 해주어 기대했던 것보다 큰 효과를 나타냈다. 현재는 10만 명이 넘는 사람들이 달팽이관 이식으로 혜택을 보고 있다.

청각의 오류

우리는 청각을 시각보다 더 간단한 감각으로 생각하는 경향이 있다. 너무나 많은 착시 현상이 알려져 있기 때문에 뇌가 시각적 카메라를 구성한다는 사실 즉, 뇌가 받아들이는 다양한 입력정보로부터 어떤 상을 만들어내는 시도를 한다는 사실은 쉽게 받아들인다. 반면 소리는 그저 소리일 뿐이라고 생각하는 경향이 있다. 우리는 우리가 듣는 것이 바로 거기에 있다고 가정한다. 하지만 소리를 인식할 때도 유입되는 원자료는 당신의 뇌에 의해 처리되고 조작된다.

청각의 오류 즉, 착청auditory illusion을 일으키는 것은 충분히 가능한 일이다. 직접 실험해보고 싶다면 www.universeinsideyou.com으로 가서 Experiments(실험)를 클릭하고 McGurk Effect(맥거크 효과)를 선택한 뒤 웹페이지에 나오는 지시대로 따라하기 바란다.

칠판 긁는 소리는 왜 듣기 싫을까

눈에 뭔가가 보이는 것과 마찬가지로 소리도 단순한 정보원의 의미를 넘어선다. 소리는 우리의 감정에 강한 영향을 미칠 수 있다. 영화 속에서 당신을 울게 만드는 순간이 있다면, 아마도 그때 음악이 갑자기 커지면서 감정 반응을 촉발했을 가능성이 크다. 심지어 음악이 없어도 이런 효과를 낼 수 있다. 드라마에서 배경음악을 아주 많이 쓰는 경우, 어느 순간 갑자기 침묵이 흐르면 긴장을 고조시켜 진짜 몰두하게 만든다.

소리가 우리의 감정에 미치는 효과를 확인할 수 있는 또 다른 예가 있다. 소음을 거슬려 한다는 것이다. 거슬리는 소리는 우리의 감각을 지배할 수 있다. 거슬리는 소음으로 가장 유명한 것은 손톱으로 칠판이나 석판을 긁는 소리다. 이런 소리의 영향을 분석한 결과, 뜻밖에도 우리를 불편하게 만드는 독특한 소리는 고주파 때문이 아니었다. 이런 고주파는 제거할 수 있는데 그렇게 해도 여전히 귀에 거슬렸다.

손톱으로 칠판을 긁는 소리가 앞선 인류의 경고 비명-칠판 긁는 소리에서 거슬리는 부분의 주파수 분포가 마카크원숭이가 내지르는 경고 비명의 주파수와 비슷하다-이거나 오래전에 잊은 어떤 포식자의 소리와 비슷할지도 모른다는 주장이 있었다. 원인이 무엇이든 연구 논문은 '분명히 인간의 뇌는 이 오싹한 소리에 여전히 강한 혼적 반응을 보인다'고 결론 내리고 있다.

감자칩 맛있게 먹는 법

시각과 청각은 주요한 감각이다. 잃게 될 경우 삶에 중요한 영향을 미친다. 그러나 미각은 좀 다르다. 미각은 우리가 뭔가 안 좋은 것을 먹었을 때 이를 알게 해주고, 먹는 것을 따분한 일에서 즐거운 일로 바꿔

과학을 안다는 것

준다. 하지만 그것은 세상을 깜짝 놀라게 할 만한 감각은 아니다. 게다가 미각은 오감 중 가장 덜 효과적인 감각이다. 첫 번째 이유는 단순한 접근 통로에 있다. 맛을 보려면 뭔가를 일단 입으로 들여보내야 한다. 또 미각을 보충하기 위해서는 상당 정도 다른 감각에 의지해야 하기 때문에 제한적이다.

우리가 맛이라고 여기는 많은 것들이 사실은 냄새나 눈에 보이는 것의 영향을 받고 있다. 미뢰맛봉오리만 작용하게 놓아두면 기대한 만큼 맛을 잘 구별해내지 못한다. 소리의 영향을 받게 되면 맛을 지각하는 데에도 약간 차이가 난다. 배경 소음이 크면 우리가 먹는 음식이 덜 달고 덜 짜지만 더 바삭거린다고 생각하게 된다.

미각의 한계

성인용인 이 실험에는 약간의 준비가 필요하다. 적포도주와 백포도주 각각 한 잔씩, 두 잔을 냉장고에서 같은 온도로 냉각시킨다. 포도주가 시원해지고 있는 동안, 질감은 비슷하지만 맛은 아주 다른 음식을 작은 조각으로 자른다. 예를 들어 서로 다른 치즈 몇 가지, 생과일, 야채, 초콜릿, 눅눅한 빵 같은 것 말이다.

이제 휴지를 말아 코를 막고 마스크로 눈을 가린다. 이 단계에서 실험을 진행하기 위해 도움이 필요할 수도 있겠다. 이상적인 것은, 맛을 보기 전에 준비한 것들을 다른 사람에게 섞게 하는 것이다. 준비물들이 어떻게 놓여있는지 알면 실험효과를 얻을 수 없기 때문이다.

이제 각각의 포도주를 한 모금씩 마신다. 대부분은 적포도주와 백포도주를 구분할 수 있다고 생각하지만 과연 시각과 후각 없이도 그럴까? 다른 음식도 시도해 본다. 맛은 다르겠지만 후각과 시각의 기여가 없어도 평소처럼 분명하게 차이를 느낄 수 있는가?

감자칩같이 바삭한 것을 먹을 때 시끄럽게 바삭거리며 깨무는 소리를 들려주면 실험 참가자들은 좀 더 조용한 소리를 들었을 때보다 자신이 먹고 있는 것이 더 신선하고 바삭거린다고 생각했다.

맛을 알아내는 미뢰

미뢰가 알아내는 다섯 가지 주요한 맛으로 단맛, 쓴맛, 신맛, 짠맛, 우마미 맛이 있다. 마지막 것이 가장 덜 익숙한 데, '감칠' 맛이라고도 한다. 맛을 돋우기 위해 가공식품에 첨가하는 조미료인 글루탐산모노나트륨MSG에 농축된 형태로 나타난다.

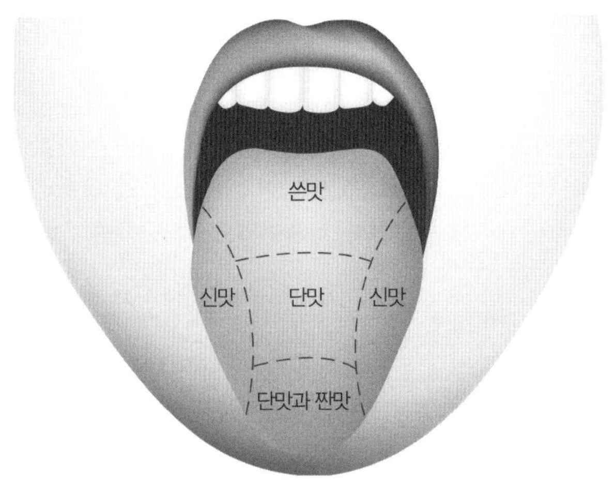

맛을 감지하는 혀의 부위

혀의 어느 부위가 어떤 맛을 감지하는지 보여주는 그림을 본 적이 있을 것이다. 나는 혀의 특정 부위가 압력 자극을 받았을 때 그런 맛을 감지할 수 있다고 주장하는 실험도 본 적이 있다.

이것은 완전히 허구적인 생각인데, 그런 생각을 하기 시작한 것은 19세기 초로 거슬러 올라간다. 그런 생각은, 두개골의 튀어나온 부위의 크기가 정신적 능력을 반영한다는 빅토리아 시대의 생각 즉, 골상학보다도 더 엉터리다.

사실은 혀의 모든 부분이 모든 맛을 감지할 수 있다. 혀에는 2000~6000개의 미뢰가 있다. 미뢰는 혀의 표면에 난 작은 함몰 부위다. 이를 통해 음식-고형물일 경우에는 침에 용해된-이 미각수용기와 접촉할 수 있는데, 이것이 특정 화학물질로 신호를 만들어낸다. 이를테면 짠맛은 기본적으로 나트륨 이온을 감지하는 것이고, 신맛은 산을 감지한 결과다.

바다에는 소금이 없다

소금은 우리 식단에서 매우 특이한 부분을 차지한다. 음식 선반을 찾아보면 우리가 규칙적으로 먹는 것 중 생물로부터 나오지 않은 유일한 것이 소금일 가능성이 높다. 소금은 광물이다!

소금은 어휘에서도 아주 중요한 구성원이다. 당신은 당신의 소금 혹은 땅의 소금만 한 가치가 있는가?(worth one's salt는 제 값을 하다, 유능하다는 뜻이 있다. the salt of the earth는 큰 가치가 있거나 믿을 만한 것을 말한다-옮긴이), 당신은 남의 상처에 소금을 뿌릴 만큼 형편없는 사람인가? 혹은 재산을 소금에 보관해 둘 만큼 부자인가?(rub salt into someone's wounds는 남의 상처에 소금을 뿌리다 또는 사태를

악화시키다, salt away는 나중을 위해 무언가를 비축한다는 뜻이다-옮긴이)

여담이지만 로마 군인들이 소금salt으로 급여를 받았으며 여기서 급여라는 단어 '샐러리salary'가 유래했다는 소리를 가끔 들었을 것이다. 그 단어의 출처인 것은 확실하지만-라틴어로 소금은 sal이다-군인들의 살라리움salarium은 소금을 사기 위해 지불한 돈을 말한다. 그렇다고 군인들이 암염 덩어리가 든 급여 자루를 받은 것은 아니다.

간단한 염화나트륨 화합물인 소금은 극적인 원소 두 가지를 결합한다. 나트륨소듐은 물과 접촉하면 폭발하는 금속이며, 염소는 최초로 널리 쓰인 화학전 물질인 녹색의 독가스로, 제1차 세계대전 때 대재앙을 불러일으켰다. 그 두 가지가 합쳐져 안정적인, 작고 하얀 결정을 만들어낸다는 것이 놀랍다.

모든 동물은 소량의 소금을 필요로 한다. 소금은 몸에서 전해액-유체에서 전기를 운반하는 역할을 한다-으로 작용하는데, 이는 소금이 항상 우리 식단의 일부였음을 뜻한다. 처음에 인간이 소비한 소금은 모두 동물 혈액 속의 다른 것들과 섞여 소비된 것이었을 가능성이 높지만 말이다.

소금은 매우 독특한 맛을 갖고 있다. 우연히 한 모금 들이킨 바닷물보다 강렬하게 짠 것은 거의 없다. 그러나 희한하게도 바닷물에는 소금이 들어있지 않다. 물론 바닷물에는 암석 물질에서 용해된 나트륨 이온(이온에 대한 설명은 50쪽을 볼 것)과 주로 해저 화산과 화구에서 기원한 염소 이온이 모두 용해된 상태로 들어있다. 그러나 이 두 종류의 이온은 독립적으로 떠돌아다닌다. 바닷물이 증발해야만 염화나트륨 즉 소금이 형성된다. 원칙적으로 물은 그 안에 나트륨 이온 또는 비슷한 금속인 칼륨포타슘 이온만 들어 있으면 짠맛이 난다.

냄새는 어떻게 맡을까

미각처럼 후각도 다른 감각에 비해 그 일상적인 가치는 적다. 물론 연기를 감지하거나 집 여기저기에서 상한 것을 찾아낼 때는 유익하다. 앞서 보았듯이 맛의 즐거움을 안겨주는 주요 기여자다.

그러나 후각은 여전히 제한된 감각이다. 최소한 인간에게는 그렇다. 후각으로 멀리서 뭔가를 감지할 수는 있다. 그러나 냄새로 방향을 느끼기는 매우 어려우며 이 감각은 감기를 비롯해 코를 막는 감염질환에 의해 너무 자주 손상된다.

후각은 그것을 이용하는 방식뿐 아니라 그것이 작동되는 방식에서 미각과 꽤 밀접하게 연관되어 있다. 후각은 코의 뒤와 그 위 머릿속의 특별 감지기를 사용하여 다양한 화학물질을 감지하는 과정이다. 공기에 실려 온 화학물질이 수용기 위의 점액에서 녹고, 포착된 화학물질은 그러한 수용기와 상호작용하여 뇌로 가는 신호를 촉발시킨다.

동물 세계에서 후각은 우리 인간에게보다 훨씬 더 중요하다. 공원을 걷고 있는 개를 보면 이것을 알 수 있다. 물론 개도 눈과 귀를 사용하지만 코-우리가 맡을 수 있는 것보다 100만 배 이상 희석된 냄새도 잡아낼 수 있을 정도로 엄청나게 민감하다-도 끊임없이 사용한다. 개가 공원에서 맡는 냄새는 개가 눈으로 볼 수 있는 것만큼이나 중요하다.

짝을 찾을 때 작동하는 후각

적이나 먹잇감을 찾아내는 데에만 냄새가 사용되는 것은 아니다. 동료들과 의사소통을 하는 하나의 방법이 될 수도 있다. 개는 그 어떤 일을 할 때보다 다른 개의 냄새를 포착하는 데 더 많은 시간을 쓴다.

냄새로 신호를 보내는 메커니즘에서 가장 잘 알려진 화학물질은 페로몬이라는 호르몬이다. 벌이나 흰개미같이 함께 행동하는 곤충들은 신호를 보내고 행동을 조정하기 위해 다양한 페로몬 도구를 갖고 있다. 인간도 페로몬을 생산한다.

그러나 냄새가 이성을 대하는 우리의 행동에 얼마나 큰 영향을 주는가에 대해서는 많은 논쟁이 있다. 특정 유전자의 차이가 호르몬 생산에 어떤 영향을 주는지, 후각을 통해 선호도에 어떤 변화를 줄 수 있는지 살펴본 유명한 실험이 있다. 이 실험에서 많은 동물들은 특정 그룹의 유전자 HLAhuman leucocyte antigen 사람백혈구항원에 서로 다른 변이가 발생한 짝을 냄새로 알아낸다는 사실이 밝혀졌다. 이 유전자는 부분적으로 감염에 저항하는 역할을 담당하고 있다.

이런 결과는 후손들이 서로 다른 HLA 변이를 갖고 있어서 벌레들과 싸워 이길 가능성을 높이는 데 이롭다는 것을 뜻한다. 동물들이 이렇다면, 과연 인간의 선택에도 영향을 줄 수 있을까?

1995년에 이뤄진 실험에서 한 무리의 여성들에게 티셔츠 냄새를 맡게 했다. 각각의 셔츠는 서로 다른 남자가 이틀 밤 동안 입었던 것이다. 참여자들의 유전자 검사 결과, 여성들은 냄새만을 토대로 자신의 것과는 다른 HLA 유전자를 선호했다는 것이 밝혀졌다.

따라서 우리의 후각이 짝의 선택에 영향을 줄 가능성은 있다. 비록 유일한 요인은 아니지만 말이다. 예를 들어 우리는 코의 형태에 따라 뚜렷한 선호도를 보이기도 한다. 후각과는 반대로 자신의 것과 가까운 HLA 유전자를 가진 짝의 얼굴형을 고르는 것 같다. 물론 우리는 냄새와 관련한 유전적 충동 하나에만 휘둘리지는 않는다. 하지만 인간적인 매력에 영향을 주는 듯하다.

냄새는 기억을 부른다

세세한 기억을 불러일으키는 데에는 후각이 그 어떤 감각보다 뛰어나다는 소리를 종종 들을 것이다. 하지만 근거 없는 소리라는 것이 밝혀졌다. 기억을 불러일으키는 데 그 어떤 감각보다도 후각이 더 뛰어나다는 증거는 없다.

그러나 뇌에서 신경세포가 발화하는 방식을 보면 후각이 기억을 불러일으키는 데 효과적인 것 같다. 냄새가 특정한 사물이나 사건과 처음 연결되었을 때 시작되는 뇌 활동은 그 후에 일어난 경우보다 훨씬 더 활발하다. 이는 우리가 특정한 냄새를 처음 경험했던 때를 잘 기억하는 게 당연하다는 뜻이다.

이는 우리가 다른 감각보다는 냄새를 초기 기억과 결합시키는 경향이 더 강하다는 것을 뜻할 수도 있다. 따라서 『잃어버린 시간을 찾아서』에서 차에 살짝 담근 마들렌 케이크의 맛이 불러일으킨 어린 시절의 기억에 대해 지루하게 웅얼거렸던 마르셀 프루스트는 엉뚱한 감각을 기억의 촉발도구로 사용한 셈이다.

촉각은 기계처럼

후각은 우리가 지금까지 다룬 다른 세 가지 감각과 마찬가지로 몸의 작은 부위에 모여 있는 수용기들에 집중되어 있다. 그러나 다섯 번째 감각인 촉각은 훨씬 더 넓게 분산되어 있다. 몸의 어떤 부위는 다른 부위보다 촉각이 훨씬 더 발달되어 있는데 촉각수용기는 피부 전체에 퍼져있다.

촉각은 기본적으로 기계적인 과정으로 작동한다. 피부에 있는 감지기가 피부 표면의 압력이나 변형에 반응한다. 촉각은 유입되는 촉발자 즉 빛, 소리, 화학물질을 감지하는 수단이 아니라 몸 자체의 변화를 관찰한다는 점에서 다른 네 가지 주요 감각과는 구별된다. 다른 감각은 환경에 초점을 두지만 촉각은 당신의 몸을 계속 점검한다.

피부의 놀라운 기능

다섯 가지 감각이 보장되어 있는데도 왜 다른 감각이 더 필요한 것일까? 여기 간단한 예가 있다. 스위치를 켠 다리미에서 몇 센티미터 떨어진 곳에 손을 놓는다. 오감이 말해줄 수 있는 것은 아무것도 없다. 예컨대 다리미 바닥을 본다고 해서 당신에게 화상을 입히리라는 것을 알 수는 없다. 하지만 떨어져 있어도 다리미가 뜨겁다는 것은 느낄 수 있으며 지각이 있다면 만지지 않을 것이다(지각이 있다는 뜻의 영어 단어 'sensible'은 여기서 특히 잘 맞는 단어인데, 원래는 감각으로 감지할 수 있는 것을 뜻했다). 멀리서 어떻게 열을 감지할 수 있을까? 그것은 당신의 피부가 눈에 보이지 않는 형태의 빛인 적외선을 알아채는 감지기를 갖고 있기 때문이다.

어떻게 놀라울 정도로 정확하게 온도를 느끼는지는 잘 알려져 있지 않다. 뜨거운 것과 차가운 것을 감지하는 서로 다른 메커니즘이 피부에 있으며, 대상이 뜨겁거나 차갑다고 느끼는 메커니즘과 적외선이 피부에 미치는 영향을 다루는 별도의 메커니즘이 있을 수는 있다. 확실히 피부에는 일종의 수용기가 있어서, 뜨거운 것에 가까이 갔을 때 열의 영향을 느낄 수 있게 해준다.

통증의 감각

우리는 고추나 카레같이 맛이 강한 음식을 'hot(뜨겁다, 맵다)'하다고 말한다. 하지만 다리미에서 나오는 열을 감지할 때와 똑같은 감각을 쓰는 게 아니다. 그것은 맛도 아니다. 고추의 맛은 피망의 맛과 다르지 않다. 하지만 고추를 깨물면 그 맛은 새로운 감각이 등장하면서 완전히 없어진다. 그것은 바로 통증의 감각, 통각이다.

많은 사람들이 매운 음식을 즐기지만 그런 '열'이 촉발하는 느낌은 사실 통증이다. 고추에는 입의 통증 수용기와 결합하는 캡사이신(고추에서 추출되는 무색의 휘발성 화합물로, 알칼로이드의 일종이며 매운 맛을 내는 성분이다-옮긴이)과 기타 물질이 들어있다. 이것들을 접촉하면 피부의 연약한 부위에 비슷한 영향을 준다. 그래서 캡사이신이 들어있는 페퍼스프레이(최루액이나 분말을 분사하는 기기-옮긴이)가 등장하기도 했다. 그건 그렇고 타조의 공격을 받을 때에는 페퍼스프레이가 소용없을 것이다. 타조는 캡사이신 수용기가 없는 조류여서 아무런 효과도 없다.

고추는 통증을 만들어내는 많은 방법 중 하나에 불과하며, 그 방면에서는 비교적 순한 종류다. 통증은 사실 서너 가지의 서로 다른 감각을 아우르는 복잡한 용어다. 캡사이신을 포착하는 화학적 감지기가 작동하면 통증을 경험할 것이다. 또 우리가 받게 되는 자극의 양이 촉발 수준을 넘어가면 열 감지기와 기계적 감지기를 통해서도 통증을 경험할 것이다. 약간의 열은 쾌적하지만 촉발점을 넘으면 화상을 입는다. 통증이 되는 것이다.

마찬가지로 몸에 가해지는 약한 기계적 자극은 촉감으로 느낄 수 있다. 그러나 정도가 심해지면, 뭔가가 당신을 찔러서 살을 비튼다면 그것은 통증이 된다.

모든 감각이 그렇듯 수용기를 자극하면 신경계몸의 인터넷에 신호를 만들어낸다. 이 신호는 뇌로 보내지게 되고 단순히 화학적이고 전기적인 신호였던 것이 통증의 경험으로 남는 것이다.

진통제는 이런 메커니즘에 따라 작용한다. 몸에서 고통을 느끼는 지점으로 이동하여 손상된 부분과 어떻게든 상호작용하는 것이 아니라 뇌에서의 작용을 가로막아 통증 신호가 전달되는 것을 막는다.

통증은 중요한 기능을 하지만 그것이 작동하는 방식을 보면 몸의 '설계'가 그렇게 제대로 되어 있는 건 아니란 것을 알게 된다. 통증원은 우리가 경계할 필요가 있지만, 그 감각은 너무 부풀려져 있다. 다른 감각은 막을 수 있지만-간단히 안대와 귀마개를 생각해볼 것-통증은 우리 자신의 이익을 위해 가장 자주 조정하려고 하는 감각이다. 만일 인간이 진화된 게 아니라 정말 설계되었다고 본다면, 설계자는 통증이 일단 자기 일을 끝내면 통증을 손쉽게 꺼버리는 방법을 우리에 게 주었을 것이다.

나는 내 코를 어떻게 찾을까

고유수용감각

당신이 오감을 넘어서는 감각능력을 갖고 있다는 것을 보여주는 간단한 실험이 있다. 자리에 앉아 눈을 감는다. 손을 옆으로 하고 잠시 가만히 있는다. 이제 한 손을 들어 집게손가락으로 자신의 코끝을 만진다. 지금 한 번 해보기 바란다.
뇌에 부상을 입지 않은 이상 대부분의 사람들은 이것을 쉽게 해낼 수 있다. 이것을 해낼 수 있으려면 분명히 감각이 필요하다. 하지만 당신을 도와준 것은 오감 중 과연 무엇이었을까? 그 어느 것도 아니다. 이것은 완전히 다른 메커니즘이다.

위의 실험은 고유수용감각proprioception이라고 하는, 가장 불분명하고 간접적인 감각과 관련이 있다. 이것은 몸의 부위가 서로 어디에 있는지를 감지하는 감각이다. 이것은 일종의 '감각에 대한 감각meta-sense' 이다. 근육이 무슨 일을 하고 있는지에 대해 뇌가 알고 있는 것을, 몸의 크기와 형태에 관한 느낌과 결합시키는 것이다. 방금 해본 실험이 보여주듯 기본적인 오감을 사용하지 않고도 손이 실수 없이 몸의 다른 부분을 정확히 만질 수 있게 안내하는 메커니즘이다.

다른 동물들은 우리보다 훨씬 더 넓은 범위의 감각을 갖고 있다. 예를 들어 상어는 먹이동물의 신경계가 만들어내는 전기장을 감지할 수 있으며, 어떤 새들은 자신들의 이동을 안내해주는 지구 자기장을 감지한다. 이런 새들은 사실상 나침반이 몸속에 내장돼 있는 것과 같다. 박쥐처럼 방향정위(자신이 놓인 상황을 시간적·공간적으로 파악하여 이것과 관계되는 주위 사람이나 대상을 똑똑히 인지하는 일-옮긴이)를 이용하는 동물은 우리가 들을 때 쓰는 감지기를 쓰고 있을지도 모른다. 하지만 그들은 완전히 다른 감각, 단순히 소음을 듣는 게 아니라 시각의 3차원적 경험에 가까운 뭔가를 구축하는 감각을 사용한다.

롤러코스터에서 발견한 감각

이 장을 열었던 롤러코스터 얘기로 돌아가자. 우리가 롤러코스터에서 이리저리 몸이 던져질 때 작동하는 감각은 가속에 의존하는 감각이다. 그것은 종종 균형감각의 일부로 확인된다. 하지만 이는 생물학자들이 감각과 기능을 혼동하는 사례 중 하나다. 가속 감지의 주요 용도는 균형을 잡는 것이지만 우리가 실제로 감지하는 것은 가속이다.

가속을 감지할 수 있는 것은 우리가 움직일 때 철벅거리는 유체가 내이內耳 안에 들어있기 때문이다. 이 유체는 작은 털세포 위로 흐르는데, 움직임이 있을 때 함께 당겨지는 이 털세포는 우리가 어떻게 움직이고 있는지 뇌에 신호를 보낸다. 이것은 어떻게 돌려지고 비틀어지는지 알려주는 이동전화기 속 가속감지기에 해당하는, 신체 속 가속감지기다. 이것 때문에 우리는 롤러코스터에서 내려도 여전히 어지럽고 비틀거리는 것이다. 유체는 생물계에서 가속을 효과적으로 감지하게 하지만, 심하게 방해를 받았을 때 안정을 되찾기까지 시간이 좀 걸린다.

롤러코스터에서 당신은 두 가지 주요한 힘을 받게 된다. 당신을 지구 중심으로 잡아당기는 중력과 롤러코스터가 당신에게 가하는 힘이다. 이 힘은 당신이 궤도를 따라 돌진할 때 온갖 방향으로 당신을 밀고 당긴다. 이렇게 밀고 당기는 것을 관성력-g-force, 'g'는 중력gravity을 뜻한다-이라고 한다.

무게와 질량의 차이

사실상 당신이 느끼는 관성력은 일종의 인공적인 무게다. 과학에서 무게라는 단어는 조심해서 써야 한다. 어떤 것의 무게는 그것이 중력 때문에 느끼는 힘의 양이지만 우리는 그것을 질량을 대체하는 말로 사용하는 경향이 있다. 질량은 어떤 것의 안에 들어있는 물질의 양을 잰 것이다.

무게와 질량은 같은 단위를 사용하기 때문에 혼동하기 쉽지만 이 둘은 근본적으로 다르다. 달에서 무게가 1kg 나가는 커피 자루에는 지구에서 무게 1kg의 자루에 든 커피보다 6배는 더 많이 들어있을 것이다. 그러나 질량 1kg의 커피는 똑같다.

당신이 지구 표면에서 70kg의 무게가 나간다면, 국제우주정거장에서는 그 무게가 실질적으로 0이 될 것이다. 지구에서 당신의 질량 역시 70kg이겠지만 이 값은 우주정거장에서도 동일할 것이다. 이것을 보고 놀라지는 말자. 이미 말했듯이 질량은 단순히 당신 안에 든 물질이 얼마나 되는지를 나타낸다. 그 물질은 당신이 궤도에 진입한다고 해서 사

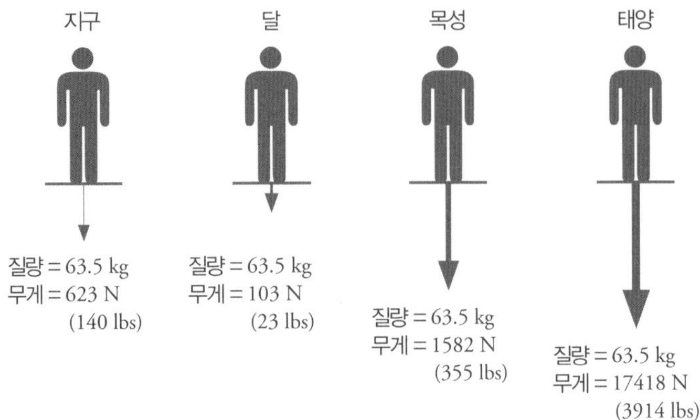

질량은 어디서나 같지만 무게는 행성에 따라 다르다.

라지는 게 아니다.

질량은 뭔가에 물질이 얼마나 들어있는지 알려주는 것 외에도 사물을 움직이게 하는 데 얼마만큼의 힘이 필요한지도 말해준다. 뉴턴이 운동의 제2법칙-사실 뉴턴은 이 목적을 위해 질량 개념을 만들어냈다-에서 알아낸 것이 바로 이것이다. 운동의 제2법칙에 의하면 뭔가를 움직이게 하는 데 필요한 힘의 양은 그 물체의 질량에, 그것이 경험하는 가속도를 곱한 값이다. 따라서 당신이 뭔가를 빠르게 가속하면 할수록 그렇게 하는 데 더 많은 힘이 든다. 이것은 당신이 지구에 있건 우주에 있건 마찬가지다.

무게는 중력이 질량에 가하는 힘의 양이다. 지구표면에서 중력으로 인한 가속도는 초속 약 9.8m다. 따라서 당신이 어딘가에서 떨어진다면 매초마다 초속 9.8m씩 더 빠르게 떨어질 것이다. 힘 즉, 당신의 무게는 당신 질량의 9.8배다. 하지만 우리는 단위를 조작하여 무게를 질량과 동일한 단위로 잰다. 무게는 사실 미터법에서 힘의 단위인 뉴턴으로 재야만 한다. 새로 태어난 아기의 무게가 얼마냐고 물을 때 사실 그 답은 '35뉴턴' 같은 수치여야 하지만 이렇게 하면 사람들을 헷갈리게 만들 것이다.

롤러코스터 혹은 가속하는 다른 모든 것에서 관성력을 경험할 때, 그것은 예를 들어 2gg-force 즉, 중력의 두 배일 수 있다. 과학적인 단위는 아니지만 그 느낌을 이해하는 데 도움이 된다. 인간은 특수장비 없이 5g까지의 힘은 참아낼 수 있으며 아주 짧은 시간 동안 100g에 달하는 갑작스런 충격을 견뎌낸 적도 있다.

미는 힘 당기는 힘

놀이기구나 차를 타고 코너를 돈다고 상상할 때, 힘이 당신에게 어느 쪽으로 작용하는지는 분명하지 않다. 탈것이 오른쪽으로 돌면 당신은 차의 왼쪽으로 밀리고 있다고 느낀다.

원심력에 의해 밖으로 던져지는 것 같지만 사실은 그렇지 않다. 원심력 같은 것은 없다. 상식은 "아냐, 원심력은 있어. 그러니까 그렇게 급선회할 때 내가 옆 사람 무릎에 앉았지"라고 말하겠지만 물리학은 그 정도로 어리석지 않다.

이와 관련해 실제로는 무슨 일이 일어나는지 밝혀낸 사람이 바로 뉴턴이다. 일단 뭔가가 움직이면 당신이 그 방향에 변화를 주거나 속도를 늦추려고 밀지 않는 이상 계속 직선으로 간다. 지구 위의 사물은 항상 중력을 받아 방향이 바뀌고-예를 들어 공을 던지면 공은 수평으로 가다가 휘어 땅 쪽을 향한다-마찰 때문에 멈추게 하는 힘을 받는다(사물은 회전에 의해 방향을 바꾸는 힘을 받기도 한다. 축구공이 벽처럼 늘어선 선수들을 피하여 '휘는' 경우가 그렇다).

그렇다면 이제 다시 그 상상의 원심력으로 돌아가 보자. 롤러코스터에서 찻잔 놀이기구로 옮겨 탔다고 하자. 빙글빙글 돌아갈 때 뭔가가 당신을 바깥쪽으로 미는 것 같은 느낌이 든다. 하지만 일단 움직이기 시작하면 당신의 몸을 직선상으로 계속 움직이게 하는 데에는 아무런 힘이 들지 않는다(실제로는 마찰에 대응하기 위해 힘이 필요하다). 당신을 바깥쪽으로 미는 데는 힘이 필요 없다.

대신 찻잔 놀이기구의 바깥쪽은, 당신이 바깥으로 향하는 것을 막고 당신을 찻잔 안에 있게 하기 위해 안쪽으로 민다. 힘은 실질적으로 밖원심 centrifugal이 아니라 안구심 centripetal 뉴턴이 만들어낸 용어을 향하면서 직선으로 움직이려는 자연스런 상황에 저항한다. 롤러코스터에서나 차에서나 마찬가지다. 몸은 일단 움직이기 시작하면 직선으로 차 밖으로 향하려고 하지만 차가 회전 방향으로 당신을 밀면서 힘을 가해 당신이 움직이려는 방향을 바꾼다.

중력의 발견

당신이 앉아서 이 책을 읽을 때 몸에 직접적으로 작용한다고 느끼는 가장 명백한 힘은 중력이다. 지구를 향한 이 당김은 자연의 네 가지 힘 중 하나다. 멀리서 작용원격작용하는 이 힘은 수백 년 동안 과학자들을 괴롭혔다. 뉴턴이 거의 잘 안 읽히는 자신의 역저『자연철학의 수학적 원리Philosophiae Naturalis Principia Mathematica』에서 중력이 어떻게 행성을 궤도에 붙들어 놓는지 설명했을 때 수많은 동시대 사람들은, 그가 중력을 사람이 사람에게 끌리듯이 끌어당기는 힘인력으로 묘사했다고 하여 그를 조롱했다. 그의 생각은 '초자연적'이고 '터무니없다'는 소리를 들었다.

문제는 멀리서 뭔가가 일어나게 하려면 A에서 B로 뭔가를 보내야만 한다는 데 있었다. 깡통을 울타리에서 떨어지게 하려면 그것을 향해 뭔가를 던져 움직이게 만들어야 한다. 나로 하여금 당신의 소리를 듣게 하려면 당신이 우리 사이의 공기를 통해 음파를 보내야만 한다. 하지만 중력은 서로를 끌어당기는 물체들을 연결하는 것도 없이 작용하는 것처럼 보인다. 뉴턴은 그냥 어깨를 들썩이며 "나는 가설을 짜 맞추지는 않는다"라고 말했다. 그는 중력이 어떻게 작용하는 것인지는 몰랐지만, 성공적인 수학적 설명으로, 떨어지는 사과에서부터 궤도를 도는 행성에 이르기까지 모든 것을 중력이 효과적으로 이어준다는 것을 알았다.

$$E=mc^2$$

중력이 어떻게 당신의 몸을 지구 위 제자리에 있게 하는지 설명한 사람은 알베르트 아인슈타인이다. 사람들에게 아인슈타인이 무엇으로 가장 유명하냐고 물으면 아마 질량과 에너지를 연결하는 방정식 $E=mc^2$이라고 말할 것이다. 물론 그 방정식은 중요하다. 하지만 과학자에게 묻는다면 그의 가장 인상적인 연구는 중력이 어떻게 작용하는가를 설명하는 '일반상대성이론'이라고 말할 것이다.

이 이론은 최소한 수학적으로는 악명이 높을 정도로 복잡하다. 아인슈타인조차 곤란을 겪어 실력이 더 좋은 수학자들의 도움을 받아야만 했다. 하지만 그 기본 원리는 아주 간단해서 거의 하찮게 보일 정도다. 아인슈타인은 1907년 직장에서 여유 시간에 그것을 생각해냈다. 그는 당시를 이렇게 술회했다.

"베른의 특허국 사무실에 앉아 있었는데 문득 어떤 생각이 떠올랐다. '사람이 자유낙하를 한다면 자신의 무게는 느끼지 않을 것이다.' 나는 깜짝 놀랐다. 그 단순한 생각이 뇌리에 깊이 새겨졌다. 그것은 나를 중력 이론에 이를 수밖에 없게 만들었다."

나중에 그는 이때의 경험을 '내 인생에서 가장 행복했던 생각'이라고 말하게 된다.

아인슈타인은 등가원리principle of equivalence를 생각해냈다. 그것은 중력과 '가속되는 것'은 동일하다는 것이다. 예를 들어 당신이 창문 없는 로켓 안에 있는데 바닥으로 당겨진다고 느낄 때, 그런 당김이 중력에 의한 것인지 혹은 당신이 경험하는 가속 로켓의 관성력 때문인지 밝혀주는 실험은 없다. 그것을 구별할 방법은 없다.

물론 속임수를 쓸 수는 있다. 위성항법장치GPS 같은 것을 사용하여 자신의 위치와 가속도를 알아낼 수 있다. 또는 로켓안의 다른 위치에서 실험을 할 수 있을 것이다. 당신이 느끼는 당김이 중력이라면 로켓의 위치마다, 그곳이 지구로부터 더 먼지 혹은 가까운지에 따라 느낌이 달라야 할 것이다.

하지만 아인슈타인이 뜻한 것은 그게 아니다. 특정 지점에서 측정을 하되 로켓의 밖을 내다볼 수 있는 기술을 이용하지 않는다면 그 힘이 가속에 의한 것인지 중력에 의한 것인지 알 길이 없다.

둘은 동등하므로 중력에 대응하기 위해, 다시 말해 중력을 끄기 위해 가속을 이용할 수 있다. 자유낙하에서 바로 이런 일이 일어난다. 아마도 '구토 혜성vomit comets' 장면을 본 적이 있을 것이다. 하늘 높이 올라갔다가 중력에 대응하는 딱 맞는 속도로 지상을 향해 가속하는 항공기를 말하는데 탑승자들은 항공기가 그런 급강하 상태에서 수평비행으로 옮아가기 전 약 20초쯤 떠 있는 상태가 된다.

시간과 공간의 비틀림

당신이 국제우주정거장ISS을 방문하여 자신의 몸에 미치는 영향을 관찰할 때에도 이런 일이 일어난다. 우주비행사들은 실질적으로 중력을 경험하지는 않는다. 지구에서 멀리 있기 때문에 그런 건 아니다. ISS가 궤도를 도는 높이에서 중력은 지상 수준의 약 90%다. 그러나 우주정거장 궤도의 특성상 우주정거장과 그곳에 있는 이들은 중력을 상쇄시키는 속도로 계속 떨어지고 있다. 그들이 타버리거나 산산조각이 나지 않는 유일한 이유는 그들이 계속 지구에서 벗어나고 있기 때문이다.

궤도상에서 우주정거장은 떨어질 뿐 아니라 옆으로 날아가고 있다. 이 두 가지 움직임이 서로 상쇄하여 우주정거장을 같은 높이에 있게 해주지만 자유낙하는 여전히 계속된다.

이런 등가원리를 생각해낸 아인슈타인은 또 다른 놀라운 생각을 하게 되었다. 가속하는 우주선에서 빛줄기를 옆으로 발사하면 그 빛이 뒤에 남을 것이라는 생각이었다. 실질적으로 빛은 우주선을 가로지르며 휠 것이다. 하지만 중력과 가속의 구분이 불가능하다면 중력도 빛을 휘게 만들어야만 할 것이다.

감각은 어떻게 작동하나

아인슈타인이 덜 뛰어난 사람이었다면 빛이 다른 것들처럼 중력에 의해 당겨질 것이라는 결론을 내렸을지 모른다. 하지만 그러는 대신 완전히 말도 안 되는 생각을 하게 됐다. 만약 지구같이 큰 물체가 사물을 잡아당기는 것이 아니라 시간과 공간시공을 비틀어버린다면? 그렇다면 빛이 휘는 결과를 낳을 것이다.

일반상대성의 작용을 설명할 때 쓰는 그림은 흔히 고무판 위에 볼링공이 놓여있는 모습이다. 이때 고무판은 시간과 공간을 나타낸다. 공이 판을 함몰시킨다. 빛을 공이 놓여있는 판을 가로지르는 직선으로 여긴다면 그 선은 휠 것이다. 빛은 이제 휜 부분을 따라 움직일 것이다. 질량이 시간과 공간을 뒤틀리게 만들어서 빛의 방향을 바꿔놓은 것이

빛은 우주선을 가로지르며 휘게 된다. 이때 휜 것은 빛이 이동하는 시공이다.

다. 하지만 빛은 여전히 직선을 따라가고 있다. 휜 것은 빛이 이동하고 있는 시공이다.

사과는 왜 떨어지나

일반상대성으로 중력을 다룰 때 깔끔한 점은 원격작용이 있을 필요가 없다는 것이다. 질량을 가진 것이라면 그 어떤 것이라도 주변의 시공을 뒤틀리게 만들며 이런 뒤틀림이 시공 구조로 퍼져나간다. 당신의 몸도 시간과 공간에 아주 작은 뒤틀림을 만들어낸다. 따라서 휜 시공의 일부분과 만나게 되는 것은 모두 중력의 당김을 느낄 것이다.

고무판 모형은 훌륭하지만 약간의 오해를 불러일으킬 수 있다. 첫째, 시공 그림은 2차원이지만 실제로는 3차원의 공간과 1차원의 시간을 갖는다. 그리고 고무판은 물체가 다른 것의 중력 당김을 느낄 때 움직이기 시작하는 이유-예를 들어 뉴턴의 사과-를 설명하는 데에는 그다지 훌륭하지 않다.

이것은 볼링공 때문에 고무판이 움푹 들어간 부위의 가장자리에 볼베어링을 올려놓는 것과 같다고 할 만하다. 볼베어링은 공을 향해 경사면 아래로 구르기 시작할 것이다. 하지만 공은 왜 구르기 시작하는 것일까? 무엇이 공을 굴러 내려가게 하는가? 음, 에에, 그것은 바로 중력이다. 따라서 이 설명은 중력을 설명하기 위해서 중력을 이용하고 있다. 그것은 순환논증(증명하려는 결론을 전제로 하여 결론을 증명하는 것-옮긴이)이어서 쓸모가 없다.

현실은 훨씬 더 놀랍다. 사과 한 개를 허리 높이로 들었다가 놓는다.

놓는 순간 사과는 중력의 당김을 느낄 것이다. 사과는 지구를 향해, 그리고 지구는 사과를 향해 당겨진다. 하지만 지구의 질량이 훨씬 더 크므로 당기는 힘이 훨씬 더 세다. 사과는 금방 떨어지며, 점점 더 빨리 떨어진다.

이 과정을 일반상대성의 관점으로 설명할 수 있다. 일단 지구의 질량은 공간만 휘게 만드는 게 아니라 시공을 휘게 만든다는 말로 모든 걸 설명할 수 있을 것 같다. 사과는 공간에서는 정지 상태이지만 시간 속을 움직이고 있다. 일단 시공이 휘게 되면 시간 속에서 그 움직임은 부분적이겠지만 다른 차원으로 뒤틀려야만 한다. 그러나 시간은 1차원뿐이므로 시간 속 움직임의 일부분이 공간 속 움직임이 된다. 시간의 뒤틀림 때문에 사과는 공간 속에서 가속되고 땅으로 떨어진다. 이해하기 힘들지만 사실이다.

등가원리

앞에서 말한 내용이, 당신이 시간 속 움직임의 일부를 잃게 되고 따라서 중력장에서 시간은 좀 더 느리게 흘러야 한다는 말로 생각할지도 모르겠다. 그것은 사실이다. GPS 위성은 위성에 탑재된 시계와 GPS 기기에 나타난 시간을 비교해가며 작동한다. 이들 시간은 아인슈타인의 특수상대성이론으로 설명하려면 수정되어야 한다. 이 이론에 따르면 움직이는 물체에서는 시간이 더 느리게 간다. 따라서 인공위성의 시계는 지구상의 시계보다 약간 더 느리다. 그러나 위성은 지구표면에서보다 중력의 영향을 덜 받는다. 따라서 일반상대성에 의하면 위성의 시계는 빨리 갈 것이다. 때문에 GPS가 제대로 작동하려면 반드시 고쳐야 할 사항이다.

등가 평가

헬륨을 채운 풍선을 줄에 매달고 차를 탄다. 운전은 다른 사람이 하게 한다. 풍선 줄을 대략 차 안의 가운데에 있도록 들어서 풍선이 떠 있게 하되, 차의 천장에는 닿지 않게 한다. 그런 다음 안전한 상황에서 운전자에게 브레이크를 밟게 한다. 브레이크를 갑자기 밟기보다는 몇 초간 꾸준히 밟아야 한다. 풍선에 어떤 일이 일어나는가?

위의 실험에서 무슨 일이 일어날까? 풍선은 앞 유리를 향해야 한다. 그 이유는 이렇다. 운전자가 브레이크를 밟으면 차는 느려진다. 달리 표현하자면, 가고 있는 길의 반대되는 방향으로 가속된다. 감속은 움직임의 반대 방향으로 가속되는 것이다. 그런 가속은 풍선에는 적용되지 않으므로 풍선은 계속 앞으로 향한다. 힘을 가하지 않는 이상 물체는 원래대로 계속 움직인다는 뉴턴의 운동 제1법칙에 해당하는 현상이다.

그러나 실제로는 아주 다른 일이 벌어질 것이다. 그것을 이해하는 가장 쉬운 방법은 아인슈타인의 등가원리를 활용하는 것이다. 속도가 느려짐에 따라 차는 뒤쪽으로 가속되고 있다. 가속과 중력은 등가이므로 차의 앞부분으로 당기는 중력과 동등하다. 로켓의 예를 생각해보라. 아래로 향하는 중력이 있거나, 로켓이 위로 가속되고 있으면 당겨지는 느낌은 동일하다. 차의 브레이크를 밟으면 가속에 의한 '중력'으로 인해 앞쪽으로 당겨진다.

이제 헬륨 풍선이 지상으로 끌어당기는 정상적인 중력을 경험할 때 어떻게 되는지 생각해보자. 풍선은 중력과 반대 방향으로 간다. 풍선이 밀어내는 공기보다 풍선 무게가 덜 나가고, 따라서 중력 반대 방향에서 힘을 느끼게 되기 때문이다. 이를 부양력이라고 한다. 이는 차의 앞쪽으로 중력 당김이 있으면 헬륨 풍선은 차의 뒤쪽으로 떠간다는 것을 뜻하며 실제로 이런 일이 일어난다.

중력은 창조자

중력은 당신의 몸이 존재할 수 있게 해주는 네 가지 힘 중 가장 확실한 힘이다. 이것을 우리가 모를 수는 없다. 중력이 없으면 당신이 여기에 없을 이유는 아주 많기 때문이다. 단지 당신을 이 행성의 표면에 붙잡아두거나 지구를 태양 주변 궤도에 붙잡아두는 문제를 말하는 게 아니다.

태양과 행성들을 만들어낸 것도 중력이다. 약 45억 년 전 먼지와 가스 구름이던 것들은 태양과 행성들을 만들어내기에 충분할 정도로 잡아당겨졌는데, 이 모든 일이 중력 때문에 일어났다. 어디에나 존재하는 이 힘은 태양을 작동시켜 열과 압력을 만들어냈다. 이게 바로 우리의 모든 열과 빛을 만들어내는 핵융합의 기본 요소들이다.

중력으로부터 얻는 혜택 중에는 좀 더 미묘한 것도 있다. 우주에서 너무 오래 있는 우주비행사들은 근육과 뼈가 점점 더 약해지는 것을 알 수 있다. 중력이 없으면 전 생애를 다 살지 못할 가능성이 꽤 높다. 꾸준히 아래로 향하는 그 힘이 없다면 무엇보다 숨 쉬는 게 더 어렵다. 간이 위로 떠서 폐를 짓누르고 횡경막이 이동하여 폐활량을 줄일 것이기 때문이다. 그러면 우주에서 태어난 아기는 생존하지 못할 수도 있다.

물론 다른 생물들은 0g$_{g\text{-force}}$에서 고군분투할 것이다. 식물이 뿌리를 어디로 보내면 되는지 스스로 아는 것도 중력 덕분이다. 이 사실이 알려진 것은 오래전 일인데 다윈도 그것을 알아챘다. 우주에서 뿌리는 방향감각을 잃고 사방으로 자란다. 조류의 알은 훨씬 더 큰 문제다. 중력이 있다면 껍질 가까이에 붙들려 있겠지만 그렇지 않은 상황에서는 난황이 제대로 자라지 못해 새가 부화하지 못한다. 이 사실은 국제우주정거장에서 실시된 실험-특이하게도 KFC의 후원을 받았다-을 통해 발견되었다.

전자기력의 파워

우주와 인간 생명에서 노골적으로 드러나는 힘이 중력이지만 네 가지 힘 중 가장 약한 것도 중력이다. 당신의 몸에 매우 분명하게 영향을 주는 '일상적인' 힘 즉 전자기력과 비교해보면 확실해진다. 이름이 시사하듯 전자기력은 전기와 자기를 일으킨다. 이 힘은 헤어드라이어나 냉장고 자석에만 국한된 게 아니다.

전자기력은 세상의 일상적인 역학에서 그 중심에 있다. 두 물체가 물리적으로 상호작용할 때, 예를 들어 뭔가를 밀거나 만지거나 들거나 혹은 그 위에 앉을 때마다 두 물체를 이어주는 힘이 바로 전자기력이다. 당신은 아마도 버튼을 누를 때 손가락이 플라스틱에 닿는다고 생각할 것이다. 하지만 사실은 손가락 끝에 있는 원자의 전자가 버튼 원자의 전자를 밀어낸 것이다. 접촉은 없다. 버튼을 밀어내는 힘을 전달해

감각은 어떻게 작동하나

주는 것은 바로 전자기 반발이다.

놀이공원에서 놀이기구를 탈 때도 당신과 놀이기구 또는 놀이기구와 트랙 사이의 접촉을 책임지는 게 바로 전자기력이다. 물론 중력도 작용한다. 다만 등가원리 덕분에 커브를 돌 때 기구의 옆면으로 세게 밀리기 때문에 훨씬 더 무겁게 느껴지는 거다. 하지만 전자기력은 항상 존재하기 때문에 당신과 당신이 접촉하는 일상적인 물체 사이에 늘 작용한다. 전자기력은 모든 곳에 존재한다.

실험

중력은 약골

금속에서 멀리 떨어진 상태에서 냉장고 자석을 허리 높이로 들고 있다가 떨어뜨린다. 자석이 땅으로 떨어지는 것은 전혀 놀라운 일이 아니다. 이번에는 같은 높이로 들되 냉장고나 다른 금속 물체와 아주 가까이 선다. 이런 상황에서 자석을 떨어뜨리면 냉장고에 들러붙는다. 거대한 지구가 중력으로 자석을 아래로 잡아당기고 있음에도 불구하고 금속에 끌리는 이 자그마한 물체의 자기력은 자석을 위로 떠받치기에 충분하다.

이 실험을 할 때 금속에서 멀리 떨어져 있는 상태에서 자석을 떨어뜨리는 이유가 궁금할 것이다. 자석은 당연히 땅으로 떨어질 테니까. 하지만 바로 이 점에서 과학은 일상생활과 다르다. 무슨 일이 일어날지 가정할 수는 없다. 과학에 관한 한, 상식은 종종 우리를 실망시킨다. 의미 있는 비교를 하기 위해서는 언제나 시험해 보는 것이 좋다.

앞에서는 자기를 이용했지만 전기도 이용할 수 있다. 예를 들어 머리를 빗은 빗과 작은 종이로 전하를 띠게 할 수 있다. 전기와 자기는 모두 동일한 힘의 일부분으로, 그 힘은 중력보다 훨씬 더 세다. 약 10^{40}배 더 크다. 그럼에도 중력이 중요한 이유가 딱 하나 있다. 일반적으로 원자와 분자는 전체적으로는 전하를 띠지 않아-물체가 접촉할 때 작용하는 것은 원자의 하위 구성요소들의 전하다-전자기력에 영향을 받지 않지만 중력의 영향은 받기 때문이다.

전류는 물처럼 흐르지 않는다

일상생활에서 전자기력중 전기는 피해갈 수 없다. 전기는 몸이 계속 돌아가는 데 중요한 역할을 하기 때문이다. 예를 들어 뇌와 신경계는 전기 자극을 우리 몸의 행동을 통제하는 의사소통 메커니즘의 일부로 이용한다. 심장의 규칙적인 박동은 전기 자극에 의해 활성화된다. 우리가 학교에서 배우는 전기의 대부분은 전지, 전구, 회로를 만지는 것이지만 이런 걸 아무리 많이 해봐도 전기가 무엇인지 이해하기는 힘들다. 어쩌면 그것은 당연해 보인다. 물리과학의 거의 모든 '작용'처럼 전기는 반反직관적인 양자 수준에서 움직이기 때문이다.

전기를 설명할 때 흔히 물의 흐름을 설명하는 모형을 쓰는데 정말 좋지 않은 비교다. 물이 관을 따라 흐르듯이 전기가 전선을 따라 흐른다면 전기가 새는 것을 막기 위해 전기 소켓이라도 막아야 한단 말인가. 어쨌거나 빅토리아 시대부터 이 모형을 사용해온 결과, 우리는 수많은 전기 관련 용어를 지을 때 유체의 성질을 빌려왔다.

전류가 작용하는 것은, 금속 같은 전도체가 느슨하게 풀려 떠다니는 전자들을 갖고 있기 때문인데 물질의 원자들이 이런 전자들을 서로 공유하고 있는 것이다. 금속 조각의 오른쪽 끝에 양전하를 놓으면 음전하를 띠는 전자들이 그쪽으로 끌려갈 것이다.

전자들이 모두 다 오른쪽 끝에 모이면 왼쪽 끝에는 전자가 부족할 것이다. 전자가 부족하다는 것은 금속의 왼쪽 끝이 양전하를 띠게 되어 다시 전자들을 잡아당긴다는 것을 뜻한다. 하지만 왼쪽 끝에 전자를 공급하면 축적된 양전하는 중화된다. 따라서 물과 달리 전기는 끝이 이어진 완전한 회로가 있을 때에만 흐르는 것이다.

전류 모형을 만들어낸 이들이 전자의 존재를 알지 못했다는 것은 꽤 불행한 일이다. 그들은 전류가 어느 쪽으로 흐를지를 임의로 결정했는데, 우연히 그 흐름은 전자들의 움직임과는 반대 방향이었다.

물 모형이 안고 있는 또 다른 문제는 전자가 전류를 공급하기 위해 '관'으로 쏟아진다는 걸 암시하고 있다는 점이다. 만일 그런 일이 일어난다면 우리는 전기 장치가 작동하기까지 아주 오랜 시간을 기다려야 할 것이다.

전구는 스위치를 올리자마자 즉각적으로 반응한다. 하지만 전자들이 전선을 지나가는 속도를 측정해보면 걷는 속도보다 느릴 정도로 느긋하다. 사실은 고속으로 쏜살같이 움직이지만 사방에서 이런 움직임의 대부분은 서로 상쇄되기 때문에 모두 더하면 양극을 향해 점진적으로 이동하게 된다.

전지에서 나오는 것은 한 무더기의 전자들이 아니라 전자기장 즉, 전자기에너지의 영향이 미치는 장이며 그것은 광속으로 이동한다. 스위치를 찰칵하고 켜면 이 눈에 보이지 않는 파동 즉, 광자들의 줄기가 전구에 이미 있던 전자들을 움직이게 만든다. 이들은 고맙게도 전선의 전체 길이를 따라 이동할 필요가 없다.

사실 전자기력은 빛과 물질 사이의 모든 상호작용에 관여한다. 그러므로 우리가 물건을 만지거나 전기 장치를 움직이게 하는 것만이 전자기력은 아니다. 전자기력이 없다면 우리는 그 어떤 것도 보지 못할 것이며, 빛으로 우주를 건너온 태양에너지도 지구를 데우지 못할 것이다.

몸이 공중분해되지 않는 이유

완벽을 기하기 위해 중력, 전자기력과 함께 작용하는 나머지 두 힘에 대해서도 살펴봐야 할 것 같다. 그 두 가지 힘은 당신이 존재하는 데, 당신의 몸이 기능하는 데 중요하지만 그렇게 분명하게 보이지는 않는다. 둘 중 더 강력한 것은, 상상력이 부족한 표현이긴 하지만, '강한 핵력강력 strong nuclear force'이라 부른다. 이 힘은 전자기력도 이긴다. 다행스러운 일이다. 강력이 없다면 몸의 모든 원자들은 각각의 구성요소로 떨어져 나갈 것이기 때문이다.

원자의 핵에서 양전하를 띠는 양성자가 날아가 버리지 않게 해주는 것이 바로 강력이다. 전자기력은 양성자가 가능한 한 멀리 가버리게 하려고 하지만 강력이 이를 이겨내고 핵을 단단한 묶음으로 붙들어 둔다. 강력이 없으면 몸의 모든 원자들은 서로 떨어져 날아가 버리고 말 것이다.

강력이 중력과 전자기력처럼 거리의 제곱에 반비례해 떨어진다면 우리는 끝장날 것이다. 우주의 모든 핵은 서로에게 끌리는 것을 멈추지 않는다. 하지만 강력은 그 세기가 훨씬, 아주 훨씬 더 빨리 떨어진다. 뭔가가 양성자나 중성자로부터 10^{-15}m 정도 떨어지게 될 즈음 강력은 실질적으로 0이다. 커다란 원자가 없는 것은 바로 이 때문이다. 우라늄보

감각은 어떻게 작동하나

강력이 없으면 몸의 모든 원자들은 서로 떨어져 날아가 버릴 것이다.

다 큰 핵을 가진 것은 함께 붙어있는 게 어렵다.

여기까지는 이야기의 절반에 불과하다. 핵을 붙들어주는 강력은 일종의 부작용이다. 그것은 강력의 가장 극적인 역할로부터 힘이 새어나온 결과다. 그 역할은 다름이 아니라 쿼크를 그들이 속한 곳에 그대로 있게 하는 것이다. 모든 양성자나 중성자는 서로 다른 쿼크 세 개로 구성되는데, 이들이 도망가는 것을 강력이 막아준다. 다른 힘과 달리, 쿼크가 존재하는 범위 안에서 강력은 더 멀리 떨어져도 약해지지 않고 오히려 더 강해진다. 쿼크는 양성자나 중성자 안에서 자유롭게 움직이지만 분리되려고 할 땐 강력이 아주 신속하고 강력하게 작용한다. 양성자나 중성자를 그 구성요소들로 쪼개는 것은 거의 불가능하다.

과학을 안다는 것

약력이 없는 지구는

강력에 비해 네 번째 힘은 아주 특이하다. 이 '약한 핵력약력 weak nuclear force'은 강력보다 100만 배 정도 더 약하다. 전자기력에는 지지만 중력은 이긴다. 약력이 입자 사이의 단순한 끌어당김이나 반발은 아니다. 강력보다 영향을 미치는 거리가 훨씬 짧은, 이 약한 상호작용은 입자들이 서로 양성자 직경의 극히 일부분만큼 사이가 떨어져 있어야 힘을 발휘한다.

약력은 쿼크의 스위치 같은 역할을 하여 '맛깔flavor'을 바꿔준다. 약력 덕분에 핵입자는 그 종류를 바꿀 수 있다. 별에서 일어나는 핵융합과정과 핵에서 고에너지 전자를 뿜어내는 베타 붕괴 같은 핵붕괴 과정에서 양성자가 중성자로 바뀔 때처럼 말이다. 따라서 롤러코스터를 탈 때는 약력이 겉으로 보기에 필수적이지 않은 것 같지만 그것이 없으면 태양이 타오르지 않을 것이고 지구상에 생명은 없을 것이다. 사실 지구도 없을 것이다. 별의 핵반응에서 더 무거운 원소들은 결코 만들어지지 않았을 것이기 때문이다.

롤러코스터를 탈 때 이 모든 힘이 당신에게 작용하므로 롤러코스터에서 내렸을 때 좀 두들겨 맞은 것 같기도 하고 약간 어지러운 느낌이 드는 것은 놀라운 일이 아니다. 하지만 더 젊어진 것 같은 느낌도 들지 않는가? 사실 롤러코스터를 타고 나면 타지 않았을 때보다 1초의 몇 분의 1 정도는 더 젊어진다.

감각은 어떻게 작동하나

시간여행을 떠난다는 것

좀 더 극단적인 예를 들어보자. 당신이 광속의 99%로 비행할 수 있는 신형 우주선 탑승을 자원했다고 상상해보라. 물론 초속 29만 7000km나 되는 그 속도가 하찮은 건 아니다.

당신은 우주선을 타고 2년 9개월 정도 걸리는 왕복여행을 떠난다. 하지만 돌아왔을 때 당신은 충격을 받게 될 것이다. 당신이 떠나있던 사이에 지구상에서는 20년이 흘러갔을 테니까. 당신의 친구와 가족 모두 나이를 스무 살씩 더 먹었을 것이다. 지난 20년 동안 지구상에서 무슨 일이 일어났는지 생각해보라. 그 모든 것을 놓쳐버렸다고 상상해보라. 그 여행을 함으로써 사실상 당신은 미래로 17년 넘게 시간 여행을 한 셈이다.

시간 여행을 하는 우주 여행과 롤러코스터를 타서 노화가 아주 조금 줄어든 것 모두 20세기 과학의 혁명적인 성과 중 하나 때문에 일어난 것이다. 그것은 바로 아인슈타인의 특수상대성이다.

아인슈타인은 빛에 뭔가 특별한 것이 있음을 깨달았다. 빛은 진공에서 초속 약 30만km로만 갈 수 있다. 그 이유는 빛이 전기와 자기 사이의 특별한 상호작용이기 때문이다. 전기원을 움직이면 자기가 만들어진다. 자석을 움직이면 전기가 만들어진다. 딱 맞는 속도 즉, 빛의 속도로 움직이는 전기 자극을 받으면 전기가 자기를 만들고, 자기가 전기를 만들고, 이런 식으로 계속된다. 빛의 광자는 지속적으로 자신을 다시 만들어내며 날아간다. 이 과정은 바로 그 정확한 속도에서만 일어날 수 있다. 조금이라도 느려지면 이 모든 것이 중단된다.

빛이 아닌 다른 것들은 당신이 그것을 향해 어떻게 움직이느냐에

과학을 안다는 것

따라 속도가 변한다. 줄에서 기다릴 때에는 그 놀이기구가 시속 60마일로 쏜살같이 지나가겠지만 놀이기구를 탔을 때에는, 흔들거리는 것을 제외하고는, 당신의 몸을 향해 놀이기구가 움직이는 건 아니다. 대신 휙 지나가는 것은 풍경이다. 모든 움직임은 상대적이다. 시속 60마일로 달리는 두 대의 차가 정면으로 부딪친다면 그 충돌은 시속 120마일로 일어난 것이다. 하지만 빛은 다르다. 당신이 빛을 향해 다가가건 빛으로부터 멀어지건 아무런 상관이 없으며, 빛은 항상 같은 속도로 움직인다.

빛보다 빨리 움직일 수 있을까

아인슈타인이 뉴턴의 간단한 운동 법칙에 고정된 빛의 속도를 집어넣었으니 뭔가는 내줘야만 했다. 한때 변하지 않는 것으로 여겨졌던 것 즉, 물체의 질량과 시간이 흐르는 속도 같은 것도 바뀌어야만 했다. 당신이 점점 더 빨리 움직임에 따라 시간은 느려지고, 당신의 질량은 증가하며, 당신의 길이는 당신이 움직이고 있는 방향으로 감소한다. 특수상대성이 작용하게 된 것이다.

특수상대성의 또 다른 의미는, 정상적으로는 빛보다 더 빨리 움직이는 게 가능하지 않다는 것이다. 시간은 광속을 유지하게 될 때까지 점점 더 느려진다. 만일 더 빨리 가는 것이 가능하다면 당신은 시간을 뒤로 거슬러 올라가는 여행을 할 수 있을 것이다.

그러나 이 명백한 한계에도 불구하고 광속이란 장벽을 피해가는 길이 있다. 뭔가를 빛보다 더 빨리 가게 하는 가장 간단한 방법-이것을 타임머신으로 사용할 수는 없지만-이 지금 전 세계 모든 물냉각 원자로

감각은 어떻게 작동하나

에서 일어나고 있다. 원자로의 핵을 둘러싸고 있는 물을 보면 으스스한 푸른빛으로 가득 차 있을 것이다. 이런 빛은 빛보다 더 빨리 이동하는 전자들이 만들어낸다.

앞에서 보았듯이 빛은 공기에서보다 물에서, 진공에서보다 물에서 더 느리게 이동한다. 궁극적인 한계 속도는 진공에서의 빛의 속도다. 이 장벽을 넘어서면 시간이 거꾸로 갈 수 있다. 그러나 사물은 물에서 광속보다 더 빨리 이동할 수 있는데, 물에서 빛의 속도는 초속 22만5000km 정도다. 핵원자로에서 뿜어져 나오는 전자-약한 핵력이 만들어낸다-는 이보다 더 빠르게 이동한다.

전자는 물 분자를 쏜살같이 지나면서 다른 전자를 방해하여 체렌코프 복사(Cherenkov radiation 전하를 띤 입자가 매질 속을 통과할 때, 입자의 속도가 그 매질 속에서의 빛의 속도보다 더 빠를 경우에 방출되는 전자기복사-옮긴이)로 빛에너지를 쏟아낸다. 그것은 비행기가 음속보다 더 빨리 이동할 때 내는 음속 폭음소닉붐에 비유된다. 그 푸른빛은 빛보다 빠른 전자가 만들어내는 시각적 폭음, 옵티컬붐이다.

시간 터널링

빛보다 더 빨리 이동할 수 있는 또 다른 방법은 '양자 터널링'을 이용하는 것이다. 양자입자가 태양에 연료를 공급하기 위해서 그러는 것처럼 장벽을 뛰어넘을 때 장벽 사이의 공간을 통해 이동하는 것은 아니다. 장벽의 한쪽에서 다른 쪽으로 가는 데 시간은 걸리지 않는다. 이는 터널링 부분을 포함하여 A에서 B로 이동한다면 전체적으로 빛보다 빨리 움직이는 것을 뜻한다.

원칙적으로 그런 장벽을 통해 보내지는 신호를 포함하여 빛보다 더 빨리 이동하는 모든 것은 시간상 뒤로 이동한다. 그러나 입자가 더 멀리까지 통과해야 하면 할수록 통과할 가능성은 떨어진다. 터널링 현상은 아주 짧은 도약에서만 관찰되었는데, 너무나 짧아서 그 신호가 감지될 즈음이면, 뒤로 간 시간은 이미 잃어버렸을 정도다. 따라서 이런 식으로 복권 추첨 결과를 시간을 거슬러 뒤로 보낼 수는 없다.

실험

빛보다 빠른 모차르트

www.universeinsideyou.com로 가서 Experiments(실험)를 클릭하고 Faster than light Mozart(빛보다 빠른 모차르트) 실험을 택한다. 한 쌍의 프리즘 사진을 클릭하여 음악 파일을 실행시킨다. 여기서 신호는 터널링 장벽을 통해 보내졌으며, 이동하는 내내 그 평균 속도는 광속의 4.7배이다. 쉬익 거리는 소리가 나지만 신호는 분명하게 구별 가능하다.

타임머신을 타게 되면

당신의 몸은 다른 것에 대해 움직일 때 시간상으로는 항상 앞으로 이동한다. 하지만 미래에는 과거로 여행할 수 있는 타임머신에 접근할 수도 있다. 시간 여행이 가능할 것 같지는 않지만 그것을 막는 물리 법칙은 없다. 과거로의 여행은 미래로의 여행보다 훨씬 더 어렵지만-현재의 기술을 확실히 넘어서는 수준-물리적으로 불가능하지는 않다.

이론물리학자는 그것을 단지 공학의 문제라고 말할 것이다. 당신에게 필요한 것은, 웜홀wormhole 시공에서 두 점을 잇는 현실의 구멍을 만들어 그것을 반反중력antigravity으로 열어놓고 그곳을 날아 통과하는 것이다. 또는 중성자별에서 끈을 확보하여 원통을 만든 뒤 광속에 가까운 속도로 돌린다. 원통 주변을 날면 과거로 들어가는 시간 터널을 갖게 될 것이다. 이런 것들은 오늘날의 기술수준을 수백만 년은 더 뛰어넘는 과업이다. 하지만 회전하는 중성자별 같은 효과를 만들어낼 수 있는 가능성은 하나 있다.

그 과정은 '틀 끌림frame dragging'이라는 것에 달려있다. 일반상대성의 작은 세부사항 중 하나인데, 중력이 당기는 정상적인 방향 옆쪽으로 작은 요소가 있다. 중력 당김을 일으키는 물체가 회전하면 그 옆으로 작용하는 당김이 그것과 함께 시공을 당긴다. 마치 당밀이 든 단지에서 숟가락을 돌릴 때 숟가락이 당밀을 함께 당기듯이 잡아당긴다. 시공을 충분히 빨리 끌면 시공의 소용돌이를 만들어내 시간상 뒤로 여행하는 게 가능할 것이다.

미국의 물리학자가 회전 물체가 빛 자체로 대체되는 시간 터널을 레이저로 만들자고 제안한 적이 있다. 이런 장치를 만드는 데는 약간의 기술적 문제가 있지만 이 책을 쓸 무렵 그것을 현실화시키기 위해 재원을 찾는 움직임이 있었다. 처음 만들어지는 장치는 작은 입자만 시간상 약간 뒤로 떨어뜨리겠지만, 양자 터널링과 달리 이것이 성공하면 더 큰 규모로 확대되어 과거로의 여행이 정말 가능해질 수 있을 것이다.

누군가 자신이 좋아하는 역사상의 인물을 만나러 가는 여행을 계획하기 전에 이 타임머신 역시, 상대성이론에 기반한 그 어떤 접근과 마

과학을 안다는 것

찬가지로 한계를 갖고 있다는 점은 말해야 할 것 같다. 시간상으로 타임머신이 처음 만들어진 시점보다 더 멀리는 여행할 수 없다. 그 장치를 사용해 공룡 사냥을 떠날 수는 없을 것이다. 하지만 희한한 역설은 만들어낼 것이다.

시간여행이 낳는 역설

시간상 뒤로 돌아가는 여행으로 가능해질 결과 중 가장 유명한 상상은, 자신이 태어나기 전의 시간으로 돌아가 부모나 조부모의 한쪽을 죽일 수 있다는 것이다. 당신은 타임머신을 만들기 전에 살아 있었으므로 이런 일을 할 수 없지만, 타임머신이 만들어진 뒤에 태어난 누군가는 이런 일을 할 수 있을 것이다. 왜 이런 짓을 하는지는 잘 모르겠지만 이런 시도를 한다면 역설로 뒤죽박죽된 상태에 빠지게 될 것이다. 왜냐하면 그들이 부모 중 하나를 죽인다면 그들은 태어나지 못할 것이고, 그렇게 되면 자신의 부모를 죽일 수 없을 것이기 때문이다.

어떤 사람들은 그런 역설이 과거로의 여행이 결코 가능하지 않다는 것을 증명한다고 생각한다. 그러나 그런 역설이 만들어진 결과, 시간여행자를 그들의 부모가 아직 살아있는 또 다른 우주alternative universe로 보내 버리거나 그들이 처음에 과거로 여행하려던 그 지점으로 되돌려 보내 역설의 행위를 상쇄할 수 있을 것이다.

또 하나의 희한한 가능성이 있다. 타임머신이 만들어진 이후에 쓰여진 책 한 권을 입수한다. 그 책을 갖고 과거로 시간 여행을 하여 그 책을 쓰기 전의 저자에게 그 책을 준다. 그가 본문을 그대로 베껴서 출판

사에 넘긴다. 자, 그렇다면 그 책을 쓴 사람은 누구인가? 그는 저자가 아니다. 그는 단지 인쇄된 판본을 보고 그대로 베꼈을 뿐이다. 그 책은 저절로 생겨났다. 이해하기 어렵지만 시간 여행이 실현 가능해지면 있을 수 있는 일이다.

천식환자는 놀이공원으로

놀이공원의 줄로 다시 돌아가자. 만일 당신이 천식을 앓고 있다면 그곳은 건강에 좋은 곳이 될 수 있다. 네덜란드에서 이런 연구가 이뤄진 적이 있다. 중증 천식을 앓고 있는 25명의 젊은 여성들과 천식을 앓지 않는 15명에게 반복적으로 롤러코스터를 타게 했다. 천식을 앓고 있던 이들은 롤러코스터를 타고난 뒤 숨이 덜 차다는 것을 알게 됐다. 심지어 폐 기능을 방해할 정도로 천식을 앓고 있는 사람에게도 비슷한 결과가 나타났다.

결론은 이렇다. 긍정적인 감정적 스트레스-롤러코스터에서 내릴 때 당신이 느낀 그 '우후!'하는 고무된 기분-는 숨이 차다는 느낌을 감소시키지만 부정적인 스트레스는 천식 증상을 더욱 악화시킨다는 것이다. 그래서 천식을 앓고 있는 이들이 더 자주 놀랄 거리를 찾으면 좋은 결과를 얻을 것 같다.

과학을 안다는 것

7.

우리는
왜 이렇게 생겼을까

 인간은 어떻게 승자가 되었을까? 염색체에게 물어 보라

매력적인 이성을 만나게 되면 나이를 불문하고 횡설수설하는 멍청이가 되기 마련이다. 다른 동물은 그게 문제가 되는 것 같지는 않다. 흥분의 순간이 지나가면 그냥 잘 살아간다. 하지만 우리 인간은 뭔가를 생각하게 되거나 몸의 통제력을 잃어버리는 것 같다. 도대체 우리 안에서 무슨 일이 일어나는 것일까?

매력의 요소

매력적인 것이 왜 우리의 뇌를 방해하는지 고민하기 전에 다른 사람을 매력적으로 만드는 것이 무엇인지 좀 더 잘 알아보자. '매력끌어당기는 힘 attraction'이라고 할 때 내가 기본적으로 고려하는 것은 신체적인 외모다. 이런 접근 방식은 얄팍해 보일지 모르지만 어떤 점에서 볼 때 그 반대다.

물론 우리는 파트너가 될 가능성이 있는 사람에게서 흥미로운 것들, 이를테면 대화, 지혜, 지능, 인성을 발견한다. 하지만 이런 것들은 좋은 동반자에게서나 발견하는 것이다. 당신의 몸에 관한 한, 생물학적으로 말하자면 매력은 생식을 잘할 수 있는 능력과 관련이 있을 뿐이다. 그게 근본적인 매력이다. 나머지 다른 모든 좋은 것들은 동반자로서 그 냥 함께 지내기에 좋은 요소일 뿐이다.

그렇다면 누군가를 매력적으로 만드는 것은 무엇일까? 주요 요인 들을 보자.

○ 젊음

당신이 얼마나 젊은지, 얼마나 늙었는지는 상관없다.
성숙한 상태에서의 젊음은 성공적으로 생식할 수 있을
가능성이 더 높다는 것을 뜻한다.

○ 건강

상대의 생물학적 '가치'를 생각할 때 아주 기본적인 자질이다.

○ 대칭

우리는 대칭적인 몸, 특히 대칭적인 얼굴을 가진 사람에게
끌린다. 사진에 작은 변화를 준 여러 실험을 통해 입증된
사실이다. 아마도 비대칭이 부실한 건강과 종종 연결되기
때문일 수 있다.

○ 접근 가능성

매력의 목적이 생식이라면 우리는 상대가 우리의 진가를
알아봐주는 것을 소중하게 생각한다. 그것은 공격받지 않고

일이 진전되리라는 것을 암시하기 때문이다.

서로를 알아보는 것이 매력을 형성하는 데 기여한다는 것을 보여주는 재미난 실험이 있다. 사람들에게 얼굴 사진을 보여주면서, 일부 사진을 조작하여 눈의 동공을 더 크게 만들면 이 사진들이 눈에 띄게 더 매력적으로 보일 것이다. 누군가가 매력적이라고 느낄 때 당신의 동공이 확대되기 때문이다. 이는 자신도 모르게 일어나는 반응이다. 따라서 당신의 뇌는 확대된 동공을 가진 다른 사람의 사진을 봤을 때 그가 당신에게 관심이 있다고 가정한다. 그래서 그가 더 매력적으로 보이는 것이다.

왜 매력을 느끼는 걸까

인간의 매력을 연구하는 실험 중 가장 희한한 것은 닭을 대상으로 한 실험이었다. 스톡홀름대학교 연구진들은 닭을 훈련시켜 남자 또는 여자의 얼굴을 고르게 했다. 닭들은 사람들이 일반적으로 더 매력적이라고 여길 만한 얼굴에 호감을 표시했다. 제한적인 실험이었고 단정할 수 있는 것은 아니지만, 인간이 아닌 동물 관찰자들도 인식 가능한, 기본적인 매력의 자질이 같다는 것을 암시하는 듯하다.

물론 매력은 사랑에 빠지는 것과는 좀 다르다. 하지만 사랑에 빠지게 되는 과정도 과학적 실험 대상이다. 사람들은 처음 사랑에 빠지게 될 때 이상하게 행동하는 시기를 거친다. 신경전달물질 세로토닌을 뇌로 운반하는 단백질 실험이 그것을 입증했다. 사랑에 빠진 지 얼마 되지 않은 사람들의 경우 신경전달물질을 받아들이는 자리에서 일관되고 특이한 패턴이 생긴다는 것을 보여줬다. 이는 뇌의 화학적 성질이 강박장애를 지닌 사람들의 것과 비슷하게 변했다는 것을 암시한다.

짝으로서의 매력과 결합 행위는 많은 것을 암시하지만 그 밑에 깔려있는 생물학적 명령은 생식을 하라는 것이다. 현대사회에서 우리는 이것을 한쪽으로 제쳐두는 경향이 있다. 그 이유는 우리에게 선택의 여지가 없기 때문이기도 하지만, 몸이 뇌를 압도한다는 생각을 우리가 좋아하지 않기 때문이다. 하지만 우리의 행동이 생존 기회를 높이고 생식을 통해 유전 물질을 전하려는 자연적인 필요에 강하게 영향을 받는다는 것만큼은 의심의 여지가 없다.

때때로 당신은 이것이 기이하고도 극단적인 주장으로 이어지는 것을 보게 된다. 즉, 유전자가 이 모든 것을 통제하는데 그 목적은 유전자가 확실히 전해지도록 하기 위한 것이라는 주장 말이다. 여기서 '이기적인 유전자'라는 발상이 나왔다. 하지만 이것은 물리학자가 움직이는 물체를 생각할 때 마찰을 무시하거나 복잡한 형태를 구球로 단순화하는 것과 같다.

이런 단순화는 인간 행동의 원인을 온전하게 밝혀주지 못한다. 생식을 하는 데 필요한 성욕이 우리의 여러 가지 행동 뒤에 숨어있지 않다고 말하는 것처럼 말이다. 사실 우리는 새로운 생명을 만들어내려는 강력한 본능을 갖고 있다.

당신의 정확한 나이

닭처럼 당신의 생명도 알과 함께 시작되었다. 둥지에 놓여 있는 달걀처럼 통통하고 껍질에 둘러싸인 것은 아니지만, 알은 알이다. 하지만 인간의 알난자과 닭의 알 사이에는 당신의 나이를 결정하는 중요한 차이가 있다.

인간의 난자는 아주 작다. 난자는 하나의 세포에 불과하며, 일반적으로 그 지름은 약 0.2mm다. 인쇄된 마침표 크기와 차이가 나지 않는 크기다. 당신이 나온 그 난자는 당신 어머니의 몸속에서 형성되었는데, 놀라운 점은 어머니가 세상에 태어나기 전 배胚 embryo 상태였을 때 그것이 만들어졌다는 것이다. 아마도 그 난자의 형성, 다시 말해 어머니에게서 온 당신 DNA의 절반이 만들어진 때를, 당신이라는 존재가 형성된 최초의 순간으로 봐야 할 것이다.

그 순간은 당신의 나이만큼의 과거에 일어난 게 아니다. 당신의 나이에다가 당신을 낳을 때의 어머니의 나이를 더한 만큼의 과거에 일어났다는 얘기다. 어머니가 30세에 당신을 낳았다면 당신의 18번째 생일에 당신은 48세가 되었다고 말할 수 있다.

인간이 포식자가 된 까닭

하지만 이런 생각은 당신의 시작을 놓고 봤을 때 꽤 추상적이다. 우리는 우리가 살아있는 개별적인 존재로 등장했을 때를 우리가 진짜 시작된 때로 생각하는 경향이 있다.

만일 당신이 나처럼 50세가 넘었다면 새벽 2시쯤 태어났을 가능성이 꽤 높다. 나는 그랬다. 오늘날에는 분만을 충분히 통제하는 경우가 많아서 이런 일이 일어날 가능성은 낮다. 하지만 인간은 한밤중 가장 조

우리는 왜 이렇게 생겼을까

용한 시간에 태어나려는 경향이 있는 듯하다. 동물원의 침팬지 연구에서 약 90%가 자정을 많이 지나지 않은 한밤중에 태어났다.

태어날 동물에게는 이때가 가장 안전한 때이므로 이런 '불편한' 시간에 출산하는 습성을 물려받았을 가능성이 있는 것 같다. 기술을 개발하기까지 인간은 포식자이기보다는 먹잇감이었다. 출산했을 때 아기와 어머니는 모두 방어능력이 없다. 따라서 수렵채집사회에서 사람들이 먹이를 찾아 밖으로 나가는 낮보다는 주변에 사람들이 있는 때가 이로울 것이다.

이는 지금보다는 인간이 처음 존재하기 시작하던 때 더 적합했을 수많은 행동과 반응 중 하나다. 10만 년이 지났어도 우리는 많이 진화하지 않았다. 생물학적으로-다음 장에서 보겠지만 우리의 뇌가 작용하는 방식을 포함하여-우리는 지금 우리가 살고 있는 세계가 아니라 그 옛날 세계에 대처하게끔 진화되어 있다. 인류는 매년 125만 명이 도로 위에서 죽음을 당한다. 반면 뱀에 물려 죽는 것은 수천 명이 고작이다. 유럽이나 미국에서는 그 비율이 아주 낮다. 하지만 우리는 여전히 자동차보다 뱀을 더 무서워한다.

호모사피엔스가 진화한 이래 인간에게 일어난 큰 변화는 뇌로부터, 우리가 기술을 개발한 방식으로부터 생겨났다. 아마도 초기의 가장 큰 변화는 우리가 먹이동물에서 궁극적인 포식자로 바뀌었다는 점일 것이다. 모든 최초의 기술-예를 들어 돌덩어리를 손에 쥐고 사용한 것 같은-은 이런 역할 변화를 만들어냈다.

개는 인간이 개발한 기술

당신과 당신의 몸이 이 행성의 모든 동물과 가장 다르게 된 것은, 넓은 의미에서 기술을 사용했기 때문이다. 우리는 스톤헨지가 정교한 고대 기술의 최고봉이라고 난리를 떤다. 하지만 아무 공원이나 거닐어보라. 오늘날에도 여전히 이용되고 있는, 우리가 먹잇감에서 포식자로 성공적으로 바뀌는 데 크게 기여한, 훨씬 더 오래된 기술을 만날 가능성이 크다. 그것은 바로 개다.

좀 이상하게 들릴지도 모르겠다. 어떻게 개가 기술이 될 수 있단 말인가? 개는 살아있는 생물인데. 하지만 개는 그들이 번식되어 나온 야생동물 즉, 늑대와 두 가지 점에서 분명한 차이가 있다. 그것은 개를 야생의 동물이 아니라, 만들어진 동물이 되게 했다. 첫째는, 개에게 기능이 있다는 점이다. 개는 인간 옆에 그냥 존재하기만 하는 것이 아니라 우리를 대신해 활동한다. 두 번째로 개는 특정한 의도에 따라 사육된, 정교한 유전적 변이를 지닌 동물의 첫 사례다.

개는 인간보다 더 빨리 달릴 수 있으며 훨씬 더 효과적인 후각을 갖고 있다. 개의 턱은 더 강력하고, 송곳니는 인간의 약한 이보다 더 크고 위력적이다. 사냥개와 보호견-우리가 효과적인 포식자가 되게끔 도와준 두 가지 역할-을 생각해보면, 개는 우리가 숨었을 때 효력을 발휘할 수 있는 막강한 무기가 되고, 공격자에게는 혼란스런 2차 위험원이 된다.

무리에 대한 충성심 때문에 개는 주인과 가깝고도 복잡한 관계를 발전시키면서 빠르게 도구 이상의 존재가 되었다. 복잡한 관계란, 개를 대하는 태도가 시대별로 문화권별로 어떻게 변했는지 살펴보면 알 수 있다. 모든 문명이 개를 이용했지만 그 본성을 바라보는 시각은 매우 달랐다. 중동 문화권에서 개는 종종 더러운 쓰레기 동물로 여겨졌다. 성서의 언어에서 영감을 받은, 개가 들어가는 수많은 욕설은 개에게 더럽고 게으르고 욕심 많고 부끄러움을 모르는 동물이라는 꼬리표를 붙여놓았다.

그런 욕설이 개를 이용하는 것을 막지는 못했다. 중세 말엽에는 귀족의 집에서 자유가 허락된 '고상한' 사냥개와 다른 동물들처럼 아무런 배려도 받지 못했던 사역견의 구분이 점점 더 확연해졌다. 모든 종류의 개가 현재는 애완견으로 길러지므로 더 이상 품종을 구분하는 건 큰 의미가 없지만 애완견과 사역견의 구분은 오늘날까지 어느 정도 지속되고 있다.

역사적으로 개의 품종은 역할에 맞게 선택되었다. 체격이 좋은 마스티프는 경비견과 사냥개로, 똑똑하고 순한 리트리버는 떨어진 먹잇감을 찾아오는 데, 강단 있는 테리어는 여우굴로 들어가거나 쥐와 대결하는 데, 예민한 하운드는 냄새를 추적하는 데 동원된다. 다른 융통성 있는 기술처럼 개는 다양한 필요를 충족시키는 수많은 모델로 개발되었다.

그런 용도 중 일부는 오늘날에도 여전히 유효하다. 오늘날 개들은 여전히 인간의 능력을 확장시켜준다. 개를 처음 사육하기 시작했을 때에는 꿈도 꾸지 못했을 방식으로 말이다. 사냥과 보호 역할을 넘어 개는 작은 수레와 썰매를 끌고, 난로의 쇠꼬챙이를 돌리고, 범죄자를 추적하는 데 이용되었다. 농촌에서는 양들을 끌어 모으는 인내심 많은 조수로 활약한다. 사냥개 품종도 다양화되었다. 그들은 더 이상 단순한 보조 킬러가 아니다.

훌륭한 동반자, 개

가장 놀라운 것은 개가 시각장애자, 청각장애자, 지체장애자 들을 도와줌으로써 인간의 몸을 연장해주었다는 점이다. 아주 오랜 옛날에도 실명한 사람들을 돕기 위해 개가 동원됐다는 증거는 있다. 이탈리아의 헤르쿨라네움-서기 79년 베수비오 화산이 폭발하여 재에 덮인 마을-이 발굴되었을 때 벽화에는 눈이 먼 사람을 개가 인도하는 모습이 그려져 있었으며, 중세의 목판에도 앞을 못 보는 사람이 개의 도움을 받는 모습이 보인다.

이런 사례는 19세기 책에서도 지나가는 말로 언급되었지만 제1차 세계대전까지 진지하게 받아들여지지 않은 것 같다. 1916년 독일에서 전투 중 실명한 군인들을 안내할 목적으로 최초의 안내견 훈련이 조직적으로 시도되었다. 이런 아이디어가 미국에 퍼진 것은 1927년이다. 스위스에서 개 조련사로 일하던 미국인 여성 도로시 유스티스가 독일의 그런 시도를 알아내 글을 썼는데, 그 글을 미국 최초의 '길잡이 개(맹도견)' 주인 모리스 프랭크가 포착한 것이다. 그 후 수많은 사람들이 안내견 덕에 활동적인 삶을 되찾을 수 있게 되었다.

나는 최근 런던에서 어느 안내견이 주인을 기차에서부터 패딩턴 역 출구로 데리고 가는 것을 보았다. 서성거리는 군중과 개찰구, '젖은 바닥'을 알리는 경고판, 역을 가로질러가는 일을 의도적으로 어렵게 만들어 놓은 것만 같은 온갖 위험 요소들, 소음, 버거킹과 크리스피크림 출입문에서 흘러나오는 냄새, 근처의 크고 시끄러운 기차 소음에도 불구하고 그 개는 눈먼 주인을 안내하면서 갈 길을 갔다.

최근에는 다른 종류의 도우미 개들이 안내견에 합류했다. 청도견은

귀가 먼 주인들에게 청각 신호-초인종 소리나 후진차량의 소리-에 주의하게 해준다. 청도견이 안내견과 똑같이 정확할 필요는 없지만 온갖 소리의 혼돈을 정교하게 구별할 줄 알아야 한다.

세 번째 부류의 보조견은 지체장애 때문에 움직이기 어렵고 물건을 조작하는 게 힘든 이들을 돕도록 훈련받은 보조견이다. 이런 개가 주인을 대신해 현금인출기ATM를 다루는 것을 보면 정말 놀랍다.

개가 만들어지기까지

신체의 결함을 해결하기 위한 이런 기술이 융통성 있는 도우미를 만들겠다는 의도로 시작된 것은 아니다. 그 모든 것은 아마 우연히 시작되었을 것이다. 비록 늑대가 자신들에게 쏟아지는 수많은 혹평을 다 받아 마땅한 것은 아니지만-늑대는 인간을 거의 공격하지 않는다-성가신 청소동물이긴 했을 것이다. 초기 인류는 사냥한 동물 사체를 늑대가 훔쳐가는 것을 막고 그들을 쫓아버리려고 노력했을 것이다.

늑대가 적의 역할에서 벗어나게 된 계기는 쉽게 상상할 수 있다. 아마도 추운 겨울에 늑대가 몸을 따뜻하게 하려고 불 가까이로 기어들어왔을 것이다. 늑대가 그곳에 있을 때 다른 포식자가 공격을 했고, 무리를 지어 사는 동물인 늑대가 인간을 보호하려고 뛰어들어 함께 싸웠을 수 있다. 늑대는 상으로 고기를 받았을 것이다.

이때부터는 자연선택이 작동하게 된다. 수년에 걸쳐 인간 무리에게 더 잘 맞는 좀 더 유순한 늑대새끼가 주변에 머물게 되고 그들에게 먹이를 주자 사이가 좋아졌을 가능성이 높다. 그렇게 수십, 수백 년이 흐

과학을 안다는 것

르면서 개가 등장했을 것이다.

2장에서 언급한 드미트리 벨랴에프의 실험을 기억하는가? 그는 겨우 40년 만에 야생 은여우를 개와 같은 가축으로 바꿔놓았다. 그 과정이 실제로 그렇게 오래 걸려야만 하는 것은 아니다. 아마 최초의 접촉이 있고 나서 100년 뒤, 초기 사냥꾼들은 더 이상 야생늑대를 다루지 않았을 것이다.

사냥꾼들 무리가 자리 잡은 곳 주변의 동물들은 태도와 외모가 변했다. 한때 꼿꼿하게 섰던 귀는 축 늘어졌고, 털 색깔은 좀 더 다양해졌으며, 인간을 그들 무리의 일부로 받아들였다. 개가 창조된 것이다.

이것은 유전자조작GM 작물과 같은 유전공학의 결과였다. 어떤 특성을 갖춘 개체를 선택함으로써 인간은 자신들의 필요에 더 적합하게 많은 동식물의 성질을 바꿨다. 이는 콜리플라워와 스위트콘-옥수수-에서 특히 분명하게 나타난다. 콜리플라워는 돌연변이한 양배추다. 꽃 부위를 우리가 먹는데 단단하고 울퉁불퉁한 흰 구조로 변형되었다. 생식기능을 가진 꽃이 없으므로 콜리플라워는 도움을 받지 않고는 번식할 수 없다. 마찬가지로 스위트콘도 오랜 기간에 걸쳐 씨의 겉껍질이 큰 것들이 선택되었다. 그래서 지금은 자연파종을 할 수 없으며, 인간의 도움이 없으면 자라지 못할 것이다.

이들 식물을 야생에서는 더 이상 볼 수 없듯이 개도 자연산 동물이 아니다. 자연산 나무 한 조각에서 출발한 탁자처럼 개도 인간이 만들어낸 기술이다. 의심할 바 없이 개는 우리가 우리의 삶을 향상시키는 데 이용한 매우 인상적인 초기 기술 중 하나다.

스톤헨지는 잊자. 비교해보면 그것은 장난감에 불과하다. 물론 스톤헨지는 소수의 사람들에게 천문학 정보를 제공했고 아름답기도 하다. 하지만 수천 년 동안 이용되지는 않았다. 개는 석기시대 기술의 하나다. 스톤헨지가 세워지기 3만5000년 전에 개발되어 우리의 조상들로 하여금 인체의 한계를 뛰어넘을 수 있게 해주었고, 지금도 그 역할은 막강하다.

염색체는 왜 중요한가

앞서 보았듯이 개에서부터 당신, 그리고 당신이 아침식사로 먹은 것에 이르기까지 살아있는 모든 것은 DNA에 들어있는 '통제 프로그램'에 따라 만들어진다. 이 놀라운 화학물질들의 조합과 그것이 당신의 몸에서 행하는 역할을 자세히 들여다볼 때가 되었다.

우리는 이미 인간은 23쌍의 염색체를 갖고 있으며 각 염색체는 하나의 DNA 분자를 갖고 있다는 말을 들었다. 염색체는 당신의 모든 세포에서 짝을 이루는 쌍으로 등장한다. 단 23번은 제외. 여기서는 사정이 좀 더 복잡해진다.

염색체들이 이렇게 짝을 이루는 것은 당신이 부모로부터 기원했음을 반영한다. 각 쌍에서 염색체 하나는 어머니로부터, 또 하나는 아버지로부터 온다. 이것은 불필요한 과잉으로 보일지 모른다. 하지만 배胚 상태의 당신이 가지고 있는 새로운 염색체 판본에는 당신만의 염색체 쌍들이 섞여 있을 것이다. 이것은 유전적 다양성을 확실하게 하여 인류가 계속 유지되도록 해준다.

각각의 염색체 쌍에 동일한 유전자가 들어있기는 하지만 당신은 부모에게서 나온 한 세트를 필요로 한다. 난자가 남자로부터 나온 두 세트의 염색체, 혹은 여자로부터 나온 두 세트로 이뤄진다면 세포는 제대로 발달하지 않는다. 이는 유전자 정보를 넘어서는 학문인 후생유전학 epigenetics의 중요성(256쪽을 볼 것)을 증명해준다. 유전자 작동에 영향을 주는 외부 요인은 부모의 판본과는 다르며, 이런 차이가 건강한 발달에 아주 중요하다.

23번 염색체는 다른 염색체들과 다른데, 바로 여기서 남자와 여자 사이에 큰 차이가 생기게 된다. 당신이 여자라면 23번 염색체 쌍은 똑같이 설계-각각의 염색체는 소위 X염색체라고 한다-되어 있으며, 남성이라면 어머니로부터 받은 X염색체 하나를 갖고 있고 나머지 절반은 아버지로부터 받은 훨씬 작은 Y염색체를 갖고 있을 것이다.

각각의 염색체는 정말 기다란 DNA 분자 한 개를 갖고 있는데, 우리가 3장에서 발견했던, 바로 그 구조가 그토록 중요한 곳이 바로 이것이다. DNA를 펼쳐보면 나선계단과 약간 비슷하게 생겼다. 계단의 디딤판 각각 한 쪽에는 네 개의 염기 시토신, 구아닌, 아데닌, 티민 중 하나를 갖고 있고 다른 쪽에는 그것과 짝을 이루는 염기를 갖고 있다. 아주 자주 거론되는 생명의 구성요소인 유전자는 별도의 존재가 아니다. 유전자는 DNA 분자의 부분들이다.

유전자는 DNA 계단의 삼중 '디딤판'의 집합체다. 따라서 DNA 암호는 다양한 세 글자의 '단어'로 구성된다. 그것을 식별하기 위해 우리는 네 가지 염기의 첫 글자를 사용한다. 예를 들어 CGG시토신, 구아닌, 구아닌라는 단어 하나가 나올 수 있다. 이런 글자 조합이 유전자가 작동하는 방식의 핵심이다. 사용 가능한 네 개의 글자로 만드는 세 글자 조합은 각각 아미노산이라고 하는 구체적인 화학물질 형태를 식별하거나, DNA를 읽는 메커니즘을 중단시키는 통제암호다. 이를 테면 CGG 암호는 아미노산 아르기닌을 나타낸다.

완전한 유전자는 일련의 세 글자 단어들을 이용하여 어떻게 단백질을 만들 것인지 명시한다. 단백질은 당신의 몸에서 열심히 일하는 화학물질이다. 당신은 2만~2만 5000개 정도의 유전자를 갖고 있는데, 사실 그 유존저가 인간이 어떻게 돌아가는지 모든 것을 알려주는 것을 감안하면 그렇게 많은 숫자는 아니다. 따라서 그것이 유전자에만 남겨진 역할이 아니라는 건 다행이다. 한때는 생물학 책을 읽다보면 필요한 것은 유전자뿐이라는 생각이 들었지만 1980년대 이후 우리는 몸이 어떻게 만들어지는가라는 문제가 이보다 훨씬 더 복잡하다는 것을 깨닫게 되었다.

RNA의 역할

그 비밀은 유전자 밖에서 암호화되는 지시 내용을 연구하는 학문 즉 '후생유전학'의 범주에 속하는 두 개념에 들어있다. 이 개념 중 하나는 유전자가 항상 작동하는 것이 아니라 꺼졌다 켜졌다 할 수 있다는 것이다. 이는 흔히 메틸화methylation를 통해 일어난다. 여기에는 메틸기-수소 세 개가 부착된 탄소 원자-라는 분자들의 추가 집합을, DNA 나선 계단의 디딤판을 형성하는 염기 중 하나에 붙이는 작업이 뒤따른다. 이런 작은 분자 방울들이 유전자를 사용하거나 무시하도록 통제하는 표지가 되는 것이다.

몸이 어떻게 스스로를 만들었는지 좀 더 잘 이해하기 위해서 우리가 알아야 할 또 다른 것이 바로 그 거대한 DNA 분자에 들어있다. 사람이, 예를 들어, 벼보다 유전자 수가 훨씬 더 적다는 소리를 들을 때에는 약간 초라해지는 것 같기도 하다. 유전자 수는 몸이 만들어내는 유전자를 구체적으로 명시하는 데 확실히 중요한 역할을 한다.

하지만 유전자는 DNA의 아주 작은 부분, 정확하게 말하면 약 3%에 불과하다. 나머지 97%는 원래 쓰레기-과거 진화단계에서 남은 찌꺼기인 '정크 DNA'-로 여겨졌다. 하지만 이보다 더 틀린 생각도 없다. 그 '추가 DNA' 중 많은 것이 아주 중요한 기능을 하고 있기 때문이다. 그중에는 어떻게 단백질을 만들 것인가를 명시하는 대신 어떻게 RNA를 만들 것인가를 명시하는 것들이 많다.

RNA는 DNA와 관련 있는 화합물이지만 축이 되는 가닥은 하나뿐이다. RNA는 유전자로부터 단백질을 만드는 과정에 쓰인다. 실제로 유전자의 통제 프로그램이 RNA의 틀주형을 만들며, 이 안에서 단백질이 만들어진다. RNA는 일종의 전령메신저으로 작용한다.

'정크 DNA'에 의해 생성된 RNA는 쓸데없는 과거의 짐으로 여겨지곤 했지만 매우 가치 있는 것으로 밝혀졌다. RNA는 유전자를 끄고 켜는 수많은 통제메커니즘을 제공한다. 게다가 단백질이 쓰이는 방식만큼이나 중요한 다른 역할도 수행한다. 2만개가 넘는 유전자에서 비교적 작은 프로그램이던 것이 갑자기 DNA 전부를 고려해야만 하는 어마어마한 프로그램이 된 셈이다. 이 말은 우리가 유전자에 너무나 많은 의미를 부여하기 쉽다는 점을 환기시켜준다.

후생유전학은, 인간의 청사진을 제공하는 것이 단순히 유전자의 일만은 아니란 것을 보여준다. 그럼에도 '이기적인 유전자'가 생명체를 지배한다는 이론에 힘을 받아 유전자를 너무 강조하기 쉬운데, 이는 리처드 도킨스의 유명한 동명의 책이 부추긴 개념이다. 도킨스의 책은 후생유전학의 진정한 중요성을 깨닫기 전에 쓰여진 책이다(그는 이후 이에 관한 장을 추가했다). 유전자가 그 중요성을 잃었다는 것이 아니라 생물체의 통제 프로그램 전체에서 비교적 작은 부분을 차지하고 있다는 말이다.

유전자가 전부는 아니다

우리가 유전적으로 침팬지와 아주 가깝다는 소리는 자주 들을 것이다. 유전자가 놀랄 정도로 비슷한 것은 사실이다. 유전자로부터 만들어지는 단백질의 약 3분의 1이 동일하며 나머지 대부분은 염기쌍 암호 한두 개만 다를 뿐이다. 몇몇 아미노산이 다르지만 기본적으로는 동일하다. 하지만 단백질 생성 암호가 아닌 DNA의 나머지 부분에서는 큰 차이가 있다.

한 가지 큰 차이는 단백질 생성 암호가 아니라 DNA가 만들어내는 RNA 분자를 수정하는 방식에 있다. RNA 분자가 생성된 뒤 바뀔 수 있는 과정은 다양한데, 그 과정을 편집editing이라고 한다. 인간은 이 논코딩non-coding RNA를 다른 그 어떤 종보다, 심지어 우리의 유인원 사촌보다 더 많이 편집한다. 이 과정은 다른 어떤 곳에서보다 뇌에서 더 많이 일어난다. 이는 우리의 뇌가 유전적으로 아주 밀접하게 연관된 동물들과 기능적으로 다른 이유를 설명해준다.

이들 유전자의 이상한 점은 또 있다. 미시간대학교의 과학자들이 인간과 침팬지의 게놈에서 상응하는 1만4000개의 유전자를 비교했다. 양성선택-자연선택이 종에 이로운 변화를 가져오는 것처럼 보이는 경우-의 결과, 침팬지 유전자 233개가 바뀐 반면 인간 유전자는 154개만 바뀌었다. 연구책임자는 "이같은 결과는 인간이 이 행성에서 지배적인 동물이 되기까지 상당히 많은 양성선택을 접했던 것이 틀림없다는 견해를 뒤집는다"고 말했다. 영장류학자 빅토리아 호너도 "우리는 침팬지가 우리보다 변화를 덜 겪었을 것으로 추정하지만 사실은 그렇지 않다"고 말했다.

밖에서 보면 생물학자들이 어떻게 그렇게 편협한 시각을 가질 수 있었는지 이해하기 힘들다. 침팬지가 원시 침팬지로부터 변해온 것보다 우리가 최초의 호모사피엔스로부터 변해온 것이 훨씬 더 많다. 과학자들의 이 모든 왜곡된 시각은 아마 원자구조를 발견한 물리학자 어니스트 러더퍼드 때문일 수 있다. 러더퍼드는 한때 "과학은 물리학이거나 우표수집, 둘 중 하나다"라고 말했다. 그 말은 물리학이 설명의 통찰력을 갖고 있는 반면 과학의 다른 분야, 특히 생물학은 거기 있는 것을 목록화하는 작업이 전부라는 뜻이다.

생물학이 진화와 유전을 들고 나오기 전까지는 이 말에 진실의 일면이 있었다. 하지만 진화와 유전은 과학을 바꿔놓았다. 러더퍼드의 말과 같은 평에 심기가 불편한 생물학자들이 가끔 유전자를 너무 중시하는 이유가 아마도 여기에 있을 것이다. 유전자의 수가 단순히 동물이나 식물의 복잡성을 설명하는 데 유용한 건 아니다. 인간에 비해 더 많은 추가 유전자를 가진 가장 똑똑한 벼가 위대한 문학을 집필하거나 과학적 발견을 할 것 같지는 않으며 흥미진진한 미래계획을 갖고 있을 것 같지도 않다. 후생유전학은 소수의 유전자가 생물에서 경탄스러울 정도로 중요한 차이-최고의 예는 우리의 커다란 뇌-를 만들어낼 수 있음을 확실하게 알려준다.

우리는 왜 이렇게 생겼을까

침팬지가 인간보다 더 많이 변화했다는 것을 암시하기 위해 유전적 변화만을 고려하는 것은 한 가지 측면에 지나치게 초점을 맞추는 것이다. 우리가 그저 유전자뿐인 것만은 아니다. 놀라운 뇌 덕분에 우리가 만들어낸 많은 변화는 기술과 우리가 주변 세계와 상호작용하는 방식 때문에 생겨났다. 지난 600만 년 동안 침팬지가 인간보다 더 많이 변화했다고 말하는 것은 터무니없는 소리다.

그 시간 동안 침팬지는, 글쎄, 평소처럼 계속 할 일을 했을 것이다. 아주 사소한 변화에 대해 침팬지가 하는 일을 계속해온 것이다. 그들은 날아다니는 능력을 개발하지는 못했다. 며칠 동안 물웅덩이 없이는 사막을 건널 수도 없고 살지도 못한다. 그들은 우주에서 존재할 수도 없다. 우리가 그들을 위해 가능하게 해주지 않으면 불가능하다. 그들은 자신의 생명을 위협하는 질병으로부터 살아남을 수 없으며 세상의 다른 곳에서 무슨 일이 일어나는지 알 수도 없다. 뇌의 능력을 통한 우리의 준準진화quasi-evolution는 침팬지를 진화의 출발 구역에 그대로 남겨놓고 있다.

클론의 공격

유전학에서 대단히 오용되는 개념 중 하나가 클로닝복제에 관한 것이다. 할리우드 영화에서라면, 거울에 보이는 것보다 훨씬 더 확실한 당신의 몸을 하나 더 원할 경우 클론이 필요하다. 같은 종의 한 개체와 동일한 DNA를 갖는 또 다른 생물을 만들어내는 과정에서 그렇다는 말이다.

클론clone이라고 하면 똑같은 카피로 상상하기 쉬운데, 그렇지 않다. 현재는 인간복제가 가능하지 않다. 그럼에도 불구하고, 동일한 환경에서 자라지만 상당히 다른 인간 클론의 예가 많이 있다.

이 명백한 모순이 가능한 이유는, 우리 주변에 존재하는 인간 클론이 자연적이기 때문이다. 당신이 인간 클론 몇 명을 만났으리라는 것은 거의 확실하다. 그들은 바로 일란성 쌍둥이다. 하나의 난자가 둘로 분열되면서 만들어졌으므로 정확하게 똑같은 DNA를 갖고 출발하기는 했지만 성인이 될 즈음이면 일란성 쌍둥이는 각각 유일무이한 개체다. 더 이상 똑같아 보이지 않는 경우도 흔하다.

일란성 쌍둥이가 정확하게 똑같은 삶을 경험할 수는 없다. 그들이 자라는 동안 환경에 미묘한 차이가 있을 것이고 생물학적으로도 정말 다를 것이다. 우리의 유전자 암호는 태어날 때 100% 확정되지는 않는다.

우리 각자는 점차 변화를 축적하게 된다. 예를 들어 세포가 분열-당신의 몸에서 늘 일어나고 있다-될 때 DNA가 복제되는데, 이 과정에서 실수가 일어날 수 있으며 그 결과 유전자 암호에 아주 작은 변화가 생긴다. 이런 의미에서 우리는 모두 돌연변이체다.

좀 더 중요한 점은, 유전자가 항상 일을 하지는 않는다는 것이다. 앞서 보았듯이 인생의 다양한 순간에 유전자는 외부 화학물질의 통제를 받아 스위치가 켜지기도 하고 꺼지기도 한다. 발달 과정에서 이런 후생유전학적 변화는 엄청난 차이를 만들 수 있다. 유전자가 켜졌다 꺼졌다 하는 과정에서 환경의 영향을 받는 것은 의심의 여지가 없다. 이 때문에 쌍둥이에게서 똑같은 카피인 클론이 아니라 두 명의 독특한 개체가 생겨나는 것이다.

클론과 카피의 차이는 텍사스 A&M 대학교에서 최초의 복제 고

우리는 왜 이렇게 생겼을까

양이가 만들어졌을 때 약간 역설적으로 입증되었다(최소한 이름에 관한 한). 카피캣Copycat, 줄여서 Cc라 불린 그 고양이는 부모의 복사본(carbon copy 약자로 cc로 표현함-옮긴이)이 아니라는 것이 증명되었다. 부모는 삼색 얼룩고양이였지만 Cc는 흰색이 들어있는 얼룩무늬 고양이였다. 이는 후생유전학적 영향 때문인 것으로 보인다. 왜냐하면 Cc를 뱃속에서 키워낸 고양이가 얼룩무늬 고양이였기 때문이다. 그러므로 당신이 좋아하는 애완동물을 계속 데리고 있고 싶어서 복제를 하는 것은 사실상 의미가 없다. 클론은 아주 다른 동물이 될 공산이 크다.

복제양 돌리의 비밀

1996년 돌리라는 양이 복제되었을 때 인간을 복제하는 것은 시간 문제처럼 보였다. 윤리적인 문제 때문에 논란이 있지만 한 번 밖으로 나온 '지니'(알라딘의 요술램프에 나오는 요정-옮긴이)를 다시 병에 넣는 건 어려운 일이다. 몇몇 단체가 이미 사람을 복제했다고 주장했지만 그 증거는 내놓지 못했다. 그런 일은 일어나지 않았을 가능성이 높다. 왜냐하면 돌리로부터 배웠듯이 복제는 힘든 작업이기 때문이다.

인간과 다른 동물의 생식에서 일어나는 일은, 새로운 인간 유전자의 절반은 부모의 한쪽에서, 또 절반은 다른 한쪽에서 온다는 것이다. 따라서 클론을 만들기 위해서는 한 개체의 DNA 모두를 난자에 넣어야 한다. 돌리의 경우 이 DNA는 오래전에 죽은 양의 유방에서 나왔으며, 그 세포는 실험실에서 배양한 살아있는 조직에서 나왔다. 이 유명한 동물이 가슴이 꽤 눈에 띄는 여자 가수 돌리 파튼의 이름을 얻게 된 이유다. 그 세포에서 나온 DNA가 또 다른 양의 수정되지 않은 난자에 주입되었으며, 그 난자의 정상적인 내용물은 먼저 제거되었다.

그런 다음 프랑켄슈타인 식으로 난자에 약간의 전기를 가하여 그 과정이 시작되도록 했다. 난자는 마침내 대리모에 착상되었고 그곳에서 일반적인 방식으로 자란 결과 건강해 보이는 양, 돌리가 태어났다. 그건 그렇고 클론은 성숙해질 때까지 다른 새끼들과 똑같이 자라야만 한다는 사실에 주목하기 바란다. 어떤 영화에서 묘사하듯 하룻밤 새 완전히 형성된 동물 또는 인간을 복제할 수는 없다.

돌리가 태어난 과정은 간단한 과정처럼 들린다. 하지만 실제로는 전혀 간단치 않았다. 먼저 돌리를 만들어낸 연구자들은 세포를 딱 알맞은 상태가 되게 해야 했다. 세포가 자동으로 분열하기 시작해 자라는 것은 아니기 때문이다. 연구자들은 실험하기에 가장 좋은 세포의 상태는, 이미 분열은 시작했지만 영양분을 제거해 '잠시 작동이 멈춘' 세포라는 것을 알게 되었다. 이 세포들이야말로 다시 분열을 시작하도록 만드는 게 쉬웠기 때문이다.

하지만 대부분의 시도는 실패로 돌아갔다. 276개의 세포로 시작했지만 겨우 29개만 활성화되었고 이들 중 겨우 한 개, 돌리만 생존했다. 그나마도 결과는 긍정적이지 않았다. 돌리가 일찍 죽었기 때문이다. 일반적인 수명의 절반쯤 되는 나이 때였다. 돌리를 만들어낸 과학자 이언 윌머트는 그 이유가 흔한 감염 때문이었다는 말을 내비쳤다. 하지만 돌리가 젊은 나이에 노환으로 죽었을 가능성도 똑같이 있다.

텔로미어말단소립 telomere에 문제가 생기면 이런 일이 일어날 수 있다. 텔로미어는 DNA 분자인 염색체 말단에 있는 작은 '꼬리표'다. 세포분열로 DNA 분자가 분리될 때마다 DNA 분자는 이런 꼬리표 중 하

우리는 왜 이렇게 생겼을까

나를 잃게 되는데, 이런 메커니즘은 세포가 제멋대로 성장하는 것을 막아준다(암세포는 텔로미어의 스위치를 꺼버려 이런 통제기능을 잃어버린다). 돌리의 텔로미어는 여섯 살 된 부모의 것과 동일한 상태에서 시작했다. 따라서 이것이 더 나이가 든 유전자-원래의 생물이 자라고 스스로 복제하면서 유전자 일부를 이미 잃어버렸을 것이다-에서 나온 클론의 수명을 제한했을 수도 있을 것이다.

인간복제의 위험

노화는 여전히 미스터리로 남아 있다. 우리는 우리를 늙게 하는 메커니즘의 일부는 확인할 수 있다. 그중 많은 것은 일단 자식을 길러낸 뒤에는 더 이상 유용하지 않던 우리의 생물학적 과거와 연결되어 있다.

하지만 현대 과학과 기술의 혜택을 의심하는 사람이라면 예상수명이 어떻게 늘어났는지 곰곰이 생각해볼 수 있을 것이다. 중세 영국에서 예상수명은 약 30세였다. 근대 초에 이르러 영국과 미국에서는 예상수명이 50세에 가까워졌다. 20세기를 거치며 예상수명은 늘어나 지금은 80세 정도가 되었다.

하지만 이런 수치를 따로 떼어놓고 보면 오해를 불러일으킬 수 있다. 잘 알려져 있듯이 남녀 사이에는 차이가 있어서 이 책을 쓸 당시에는 여자의 예상수명이 약 다섯 살 더 많았다. 하지만 이런 통계를 놓고, 대부분의 중세 사람들이 약 서른 살까지만 살다 죽었다고 추정하면 안 된다. 수세기에 걸친 예상수명의 증가는 유아사망률의 감소에 의한 것이었다. 유아의 사망이 예상수명 평균 수치를 상당히 낮췄다는 말이다. 무사히 성년기까지 도달하면 평균수명을 훨씬 더 넘길 가능성이 높았던 것이다. 예를 들어 당신이 1500년경에 21세까지 살아남았다면 약 70세까지는 살았을 것으로 기대할 수 있다. 현대의학이 도입되기 이전에는 어린이의 3분의 2가 네 살 전에 사망했다. 20세기가 될 때까지 장례식의 대다수가 어린이를 위한 것이었다고 생각하면 정신이 번쩍 든다.

클론은 특히 유아기에 사망하기 쉽다. 클론의 유전자는 그것을 만들어내는 과정에서 쉽게 손상될 수 있다. 현재 클론을 만들어내는 일은 망치와 끌을 갖고 시계를 수리하는 장인의 일과 약간 비슷하다. 가끔 운이 좋기도 하겠지만 그 과정에서 원래의 것을 상하게 하거나 망가뜨릴 때가 더 자주 있다.

인공 클론은 유전적 문제를 안고 있는데, 많은 배胚가 생존하지 못하며, 생존하는 것도 심각한 결함으로 자주 고통을 받는다. 다른 포유류보다 원숭이의 경우 그 위험은 더 심하며 원숭이보다 유인원의 경우 더 심하다. 상해를 입은 많은 아이들을 부산물로 만들어내지 않고서는 인간 클론을 만들어내는 게 불가능할 수 있다. 그 어떤 믿을 만한 과학자라도 인간복제를 시도하는 데는 위험이 따른다.

하지만 인간의 세포를 안전하게 복제하는 것이 불가능하다는 뜻은 아니다. 이런 복제는 건강상 중요한 혜택을 줄 수 있다. 이식을 하는 데 있어서 심각한 문제 중 하나는 침입자로부터 몸을 보호하도록 되어 있는 인간의 면역계가 외부 세포, 심지어 생명을 주는 이식 장기의 세포도 파괴하려 한다는 점이다. 그런데 부모의 세포를 복제하여 장기를 만드는 것이 가능해지면 이런 거부 위험은 사라질 것이다.

우리는 인간을 서로 끌리게 하는 매력, 그 원인, 그런 매력을 불러일

우리는 왜 이렇게 생겼을까

으키는 유전학의 겉만 다뤘다. 신체적 매력을 몸에만 관련 있는 그 무엇, 순전히 본능적인 반응으로 생각하기 쉽다. 하지만 그 생각은 잘못된 것이다. 삶의 다른 많은 것들처럼, 충동은 몸에서 가장 복잡한 부분에서 나온다. 그것은 바로 뇌다.

8

뇌에서는
무슨 일이 벌어질까

인간을 승자로 만든 뇌. 그러나 뇌는 늘 똑똑하고 합리적인 게 아니다

몸의 여기저기를 돌아다니며 몸과 관련된 과학의 경이를 경험했지만 인간만 유일하게 갖고 있는 것은 그리 많지 않다는 걸 알게 됐다. 몸에서 우리가 경험한 것 중에 다른 동물들과 다른 것은 찾기 힘들다는 말이다. 예를 들어 당신의 눈은 훌륭하지만 특별하지는 않다. 지금까지 만난 우리 몸의 능력은 다른 생물이 더 나을 수도 있다. 하지만 특별하게 예외적인 게 하나 있다. 그것은 뇌다.

머릿속에서 일어나는 일

당신의 두개골 속에 든 약 1.5kg의 그 밥맛 떨어지게 하는 모양의 살덩어리는 지독하게 복잡하다. 그 안에는 주요 기능세포인 신경세포 뉴런가 약 1000억 개 들어있다. 그 일부는 다른 것들과 연결돼 있어 항상 그 연결의 수는 약 1000억에 달한다. 그것이 체중의 1~2% 정도밖에 안 된다는 것을 고려하면 뇌는 정말 많은 자원을 빼가고 있다. 당신의 몸이 만들어내는 100와트 정도의 에너지-일반적인 전구와 동일한 양- 중 약 20%를 뇌가 독차지한다.

뇌를 위에서 찍은 사진을 보면 거대한 분홍색 호두와 다르지 않은 물질 덩어리처럼 보인다. 하지만 뇌는 완전히 둘로 분리되어 있으며 뇌의 두 반구는 뇌량이라고 하는 신경다발에 의해 뇌의 뒤쪽에 묶여 있다. 뇌가 책임지는 역할은 두 반구에 각각 나뉘어져 있다. 좌반구는 오른쪽 눈의 시각을 포함하여 주로 몸의 오른쪽을 담당하며 우반구는 반대로 왼쪽을 담당한다.

생각이 조직적이고 체계적으로 바뀔 때 좌반구가 활성화한다는 게 일반적인 견해다. 좌반구는 주로 수, 단어, 합리성을 책임진다. 정렬되어 있고 질서정연한 것을 선호한다. 분석적인 접근을 할 때 직선형의 단계적인 방식으로 작업하는 것을 좋아한다.

우반구는 훨씬 더 감정 표현적이다. 우반구는 세계를 전체적으로 접근하여 포괄적으로 본다. 우반구는 형상, 예술, 색깔, 음악 등을 다룬다. 만일 당신이 공간적으로 생각하거나 미학을 다뤄야할 필요가 있다면 우반구에 부탁해야 한다.

이런 설명은 너무 간단하다. 하지만 뇌를 다룰 때의 사정은 그렇게 간단하지 않다. 한쪽 뇌가 집중적으로 작용할 수는 있지만 실제로는 양쪽 다 모든 종류의 사고에 어느 정도는 관여한다. 분명한 사실은, 좌뇌사고, 우뇌사고라고 이름 붙인 속성에 어울리는 두 가지 작업 방식이 뇌에 존재한다는 것이다. 그래서 일반적인 업무 환경에서 새로운 아이디어를 내놓을 때 종종 문제가 생기는 것이다.

사람들이 자리에 앉아서 잘 조직된, 질서 정연한 회의를 하려고 한다. 아주 논리적이고 분석적인 회의다. 얼마 지나지 않아 그들 뇌의 오른쪽은 닫히고, 제한된 창의성 자원만 남는다. 새로운 아이디어는 신경세포가 새로운 연결을 만들어내는 것에 좌우되므로 뇌의 양쪽을 모두 작동시키는 게 효율적이다. 이런 이유 때문에 음악을 듣고, 산책을 하고, 이미지를 보고, 공간적으로 생각하면서 새로운 영감을 얻는다. 뇌의 오른쪽을 활동하도록 만드는 것이다.

뇌를 느끼다

뇌의 두 반구가 지금 작동하고 있다는 것을 확인하는 간단한 방법이 있다. '스트룹 효과'라고 하는 이 기술은 수술 없이 자신의 뇌를 대상으로 실험할 수 있게 해줄 뿐만 아니라 양쪽 뇌 사이의 스위치를 느끼게 해준다. www.universeinsideyou.com로 가서 Experiments(실험)를 클릭하고 Feeling your brain(뇌를 느끼다) 실험을 선택한 뒤 지시대로 따라 해본다.

스트룹 효과Stroop effect는 뇌의 특정 부분이 각각 담당하는 단어와 색깔을 이용한다. 색깔에 집중하도록 얼마나 지시를 받았는지는 상관하지 않는다. 이 실험에서 당신의 뇌가 다루는 단어, 기본적으로 좌뇌가 다루는 단어를 보게 된다. 그리고 색깔을 담당하는 우뇌는 잘 닫힌 상태로 놓아둔다. 당신이 갑자기 다시 오른쪽을 이용해야 할 때 뇌가 그것을 따라잡으려고 버벅거리는 것을 실제로 느낄 수 있다.

우리가 수학을 싫어하는 이유

뭔가를 보고 들을 때 뇌를 속이기 쉽다는 것은 이미 앞에서 살펴보

뇌에서는 무슨 일이 벌어질까

았다. 인간의 뇌는 많은 일들을 완전하게 잘 해낸다. 하지만 뇌의 진화 이후 추가된 임무를 수행하느라 종종 고군분투하기도 한다.

뇌의 역할 중 잘 해내도록 진화되지 않은 분야가 산술이다. 집에 있는 당신의 컴퓨터는 당신이 쉽게 해내는 여러 일에서는 형편없지만 5,181,408,324의 제곱근을 알아내는 임무를 맡기면 당신이 머리를 긁기도 전에 답을 내놓을 것이다. 이것은 인간이 하도록 진화된 종류의 일이 아니다. 수학은 인간에게 쉬운 일이 아니다.

이 점은 그 어느 때보다도 확률과 통계를 다룰 때 분명하다. 확률은 우리의 많은 일상 활동과 연관되어 있고, 통계는 뉴스와 정치에 항상 등장한다. 하지만 이미지와 패턴을 다루게끔 발달된 우리의 뇌는 이렇게 수를 처리하거나 가능성의 영향력을 검토하는 데는 문제가 있다.

뇌의 신경이 연결된 배선은 대단히 유용한 숫자를 본질적으로 헷갈려한다. 이를 보여주는 세 가지 예를 살펴보자.

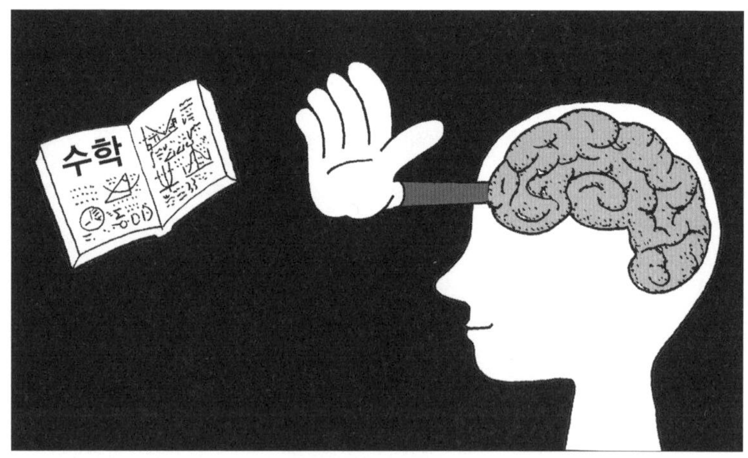

인간이 수학을 잘 못하는 건 어쩌면 당연하다. 그렇게 진화되지 않았기 때문이다.

헷갈리는 확률 게임

1960년대에 캐나다 태생의 방송인 몬티 홀은 〈렛츠 메이크 어 딜 Let's Make a Deal〉이라는 미국의 TV 게임쇼를 진행하고 있었다. 이 프로그램은 우리가 확률을 다루는 데 문제가 있음을 잘 드러내는 상황을 연출했다.

당신이 〈렛츠 메이크 어 딜〉 같은 TV 게임쇼에서 최종 단계까지 올라갔다고 상상해보자. 사회자는 당신을 세 개의 문이 있는 세트장의 한쪽으로 데려간다. 이중 두 개의 문 뒤에는 염소가 있고 세 번째 문 뒤에는 자동차가 있다. 당신은 자동차를 타고 싶지만 어느 문 뒤에 있는지는 알지 못한다. 당신은 하나의 문을 고르라는 요청을 받는다. 차를 골랐을 가능성은 셋 중 하나고 염소를 골랐을 가능성은 셋 중 둘이다.

이제 사회자가 당신이 선택하지 않은 문 중 하나를 열자 염소가 보인다. 사회자는 당신에게 선택할 수 있는 기회를 한 번 더 준다. 당신은 처음에 택한 문을 고수하겠는가 아니면 나머지 다른 문으로 바꾸겠는가? 어떻게 하겠는가? 자동차를 탈 수 있는 가능성 차원에서 상관이 있을까? 처음에 택한 문을 고수하는 것이 나을까, 열리지 않은 또 다른 문으로 바꾸는 것이 나을까, 아니면 둘 중 어떤 것도 상관없을까?

문이 하나 열려서 염소가 보였으니 이제 하나는 자동차가, 또 하나는 염소가 있는 문이 남아 있다는 것을 우리는 알고 있다. 따라서 어떤 문을 택해도 자동차를 탈 가능성은 분명히 50:50이다. 하지만 그 생각은 틀렸다. 사실 당신은 처음에 택한 문에 그대로 있는 것보다 다른 문으로 바꾸면 자동차를 탈 가능성이 두 배는 높아질 것이다.

이 설명이 어처구니없어도 걱정하지 마시라. 작가 매릴린 보스 새번트는 독자들의 질문에 답하는 칼럼을 〈퍼레이드Parade〉란 잡지에 쓰고 있었다. 1990년 새번트에게 이 질문이 제시되었고, 그녀는 내가 위에서 말한 것과 같은 답을 내놓았다.

"바꾸는 것이 더 낫습니다. 그렇게 하는 것이 그냥 그대로 있는 것보다 두 배는 더 좋습니다."

그러자 그녀가 틀렸으며 남아 있는 두 개의 문 모두 이길 가능성은 같다고 말하는 수천 통의 항의편지가 쏟아졌다. 수학자는 물론 다른 분야의 학자들이 보낸 것도 있었다.

컴퓨터 시뮬레이션을 이용하면 바꾸는 게 더 낫다는 것을 쉽게 보여줄 수 있는데, 정말 효과가 있다. 하지만 그래도 논리적인 것 같지 않다는 미심쩍음은 해소되지 않는다.

중요한 것은 그 게임쇼 사회자가 무작위로 문을 열지는 않았다는 점이다. 그는 자신이 연 문 뒤에 염소가 있다는 것을 알았다. 처음 당신이 문을 골랐을 때를 생각해보라. 염소를 고를 가능성은 3분의 2였다. 다시 말해 나머지 문 중 하나에 차가 있을 가능성이 마이너스 3분의 2였던 것이다. 사회자가 한 일이라고는 당신에게 어느 문을 골라야 할지를 보여준 것뿐이다. 차가 거기에 있을 가능성은 여전히 3분의 2이다. 따라서 단 하나의 대안만 갖고 있는 상황에서 당신은 세 번째 문으로 바꾸는 것이 더 나았다.

상식을 배반하는 확률

희한하게도 보스 새번트의 또 다른 칼럼에도 불평이 쏟아졌는데,

이것도 뇌에 무리를 주는 확률 문제 때문이었다. 문제는 아주 간단했다.

'나에게는 두 명의 자식이 있다. 하나는 화요일에 태어난 남자아이다. 내게 두 명의 남자아이가 있을 확률은 얼마인가?'

하지만 이 문제를 파악하기 위해서 먼저 한 발짝 뒤로 물러나 좀 더 기초적인 문제를 다룰 필요가 있다.

내게는 두 명의 자식이 있다. 하나는 남자아이다. 내게 두 명의 남자아이가 있을 확률은 얼마인가?

반사적으로 나오는 반응은 "하나가 남자아이다. 다른 아이는 남자아이거나 여자아이일 수 있고, 그렇다면 다른 아이가 남자아이일 가능성은 50:50이다. 남자아이가 둘일 확률은 50%다"라는 것이다.

불행히도 이 생각은 틀렸다. 왜 그런지는 다음 그림을 보면 알 수 있다. 첫 번째 세로단은 큰 아이를 나타낸다. 큰 아이는 남자아이거나 여자아이일 수 있다. 가능성은 50:50이다. 그리고 각각의 경우에 대해서 두 번째 아이가 남자아이거나 여자아이일 가능성은 50:50이다. 그러므로 각각의 조합이 발생할 가능성은 넷 중 하나(25%)다.

여자아이-여자아이를 뺀 나머지 모든 조합이 '내게는 두 명의 자식이 있다. 하나는 남자아이다'의 말에 들어맞는다. 따라서 한 아이가 남자아이일 확률이 똑같은 세 가지 경우가 있고 그 중 하나만이 남자아이가 둘이다. 그러므로 두 명의 남자아이가 있을 가능성은 셋 중 하나다.

이것이 놀랍게 들린다면 그 이유는 '하나는 남자아이다'라는 말이 둘 중 어떤 아이를 말하는지 알려주지 않기 때문이다. 만일 '큰 아이가 남자아이다'라고 말한다면 우리의 '상식'적인 확률 평가가 적용된다. 큰 아이가 남자아이라면 동일한 확률의 두 가지 선택만 남는다. 두 번째 아이는 남자아이거나 여자아이이다. 따라서 가능성은 50:50이다.

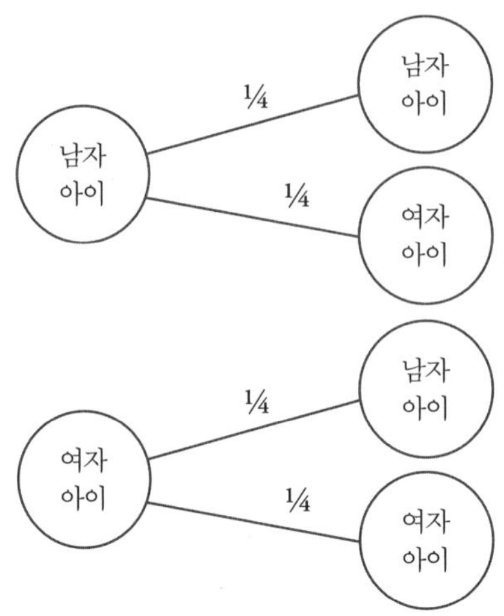

아이들의 잠재적인 확률 조합

자, 이제 본 문제로 넘어갈 준비가 되었다. 내게 두 명의 자식이 있고, 하나는 화요일에 태어난 남자아이다. 내게 두 명의 남자아이가 있을 확률은? 당신의 직감은 아마도 '남자아이가 태어난 요일에 관한 추가 정보는 아무런 차이를 만들어낼 수 없다. 남자아이가 둘일 가능성은 여전히 셋 중 하나임에 틀림없다'고 말할 것이다. 하지만 놀랍게도 확률은 이제 27분의 13으로, 50:50에 꽤 가깝다.

설명을 위해 그림을 또 하나 그려야할지도 모르지만 굳이 그리고 싶지 않다. 각자 직접 상상하라. 이 그림에는 첫 번째 세로단에 14명의 아이들이 있다. '첫 아이로 일요일에 태어난 남자아이, 첫 아이로 월요일에 태어난 남자아이, 첫 아이로 화요일에 태어난 남자아이, 첫 아이로 일요일에 태어난 여자아이 등 첫 아이로 토요일에 태어난 여자아이까지 간다.

이 14명의 첫 아이들은 각각 둘째 아이와 관련하여 14가지의 선택을 갖는다. 둘째 아이로 일요일에 태어난 남자아이……등등.

총 196가지의 조합이 있지만 다행히도 대부분을 제거할 수 있다. 우리는 아이 중 하나가 화요일에 태어난 남자아이인 조합에만 관심이 있다. 따라서 우리가 관심을 두는 조합은 '첫 아이로 화요일에 태어난 남자아이'로부터 나온 14가지와 '둘째 아이가 화요일에 태어난 남자아이'와 연관되어 있는 다른 첫 아이 중 하나에서 출발하는 13가지로, 총 27가지 조합이다.

이중 몇 가지 조합에 두 명의 남자아이가 들어갈까? 첫 번째 14가지의 절반이 그렇다. 각 요일에 태어난 둘째 남자아이에 대해서 하나씩이다. 그리고 나머지 13가지에 대해서는 6가지의 경우에 첫아이가 남자아이일 것이다('화요일에 태어난 첫 남자아이'는 포함시키지 않기 때문이다). 그렇다면 7+6=13이 된다. 13가지의 조합이 남자아이가 두 명이 되는 경우다. 따라서 남자아이가 둘 일 가능성은 27가지 중 13에 해당된다.

이런 설명에 대해 상식은 진짜로 반발할 것이다. 단순히 남자아이가 무슨 요일에 태어났는지 말함으로써 다른 아이가 남자아이일 확률이 높아진다. 하지만 아무 요일이나 말했을 수도 있는데 어떻게 이것이 가능할까? 이를 설명할 수 있는 방법으로 내가 유일하게 생각해낼 수 있는 것은, 우리가 아는 남자아이를 특정 요일에 태어난다고 제한함으로써 여러 가지 선택을 배제한다는 것이다. 사실상 우리는 상황을 '제일 큰 아이가 남자아이다'라는 것에 좀 더 가까이 끌고 가고 있다. 그림에 정보를 보태고 있는 것이다.

확률은 효과를 발휘한다. 원한다면 이것을 컴퓨터로 모형화할 수 있으며 수는 정확하다. 하지만 여기서 일어나고 있는 일이 머리를 엉망으로 만들어버린다. 확률이란 것이 너무 마음에 들지 않는가? (그건 그렇고 이것이 그다지 현실적이지 않다는 것을 말해야 할 것 같다. 여기서는 둘 중 한 아이가 남자아이거나 여자아이일 가능성이 똑같고, 각 요일에 아이들이 태어날 가능성이 똑같다고 가정하고 있다. 현실에서는 이중 그 어느 것도 반드시 진실은 아니다. 하지만 연습용으로는 상관없다.)

목숨을 좌우하는 확률 통계

위의 두 예는 실생활에서도 나타난다. 예를 들어 염소와 자동차 문제 같은 것은 몬티 홀의 프로그램에서뿐 아니라 미시시피 강의 배 위에서도 도박 사기꾼들이 이용했다. 그들은 도박꾼들에게 50:50 가정에 기초하여 돈을 걸게 하고 순식간에 크게 한몫 잡았다.

하지만 뇌가 확률과 통계를 다루는 데 얼마나 형편없는지를 보여주는 다음의 세 번째 예는 실생활에서 훨씬 더 중요하다. 그것은 우리가 건강검진 결과를 이해할 때 고개를 드는 문제이기 때문인데, 우리들만큼이나 의사들도 곤란을 겪는다.

어떤 특정한 질병을 알아내는 검사가 있다고 상상해보자. 그것은 95%는 정확한 답을 내놓기 때문에 꽤 뛰어난 검사다. 어느 때든지 1000명 중 한 명 정도—이는 영국에서 약 6만 1000명에 해당한다—가 이 병을 갖고 있다고 치자. 당신을 포함하여 무작위로 뽑힌 100만 명의 사람들이 드디어 검사를 했다. 만일 당신의 검사결과가 양성으로 나왔다는 소리를 듣는다면 당신이 그 질병을 갖고 있을 가능성은 얼마나 될까?

그 검사의 정확도가 95%임을 기억하는 당신은 아마 자신이 그 병에 걸렸을 가능성이 95%라고 생각할 것이다. 하지만 실제로 검사결과는 훨씬 더 고무적이다. 100만 명 중 약 1000명이 그 병에 걸렸을 것이다. 검사가 95% 정확하므로 1000명 중 950명이 제대로 통보를 받을 것이고 50명은 그렇지 않을 것이다. 99만 9000명은 그 병을 앓고 있지 않을 것이다. 물론 949,050명이 그 검사에서 정확한 음성 결과를 받게 될 것이고 49,500명은 틀린 양성 결과를 받게 될 것이다.

이는 50,450건의 양성 결과 중 98%가 틀릴 것임을 뜻한다. 당신이 양성 결과를 받았을 경우, 당신이 그 병에 걸렸을 가능성은 2%에 불과하다. 이 예가 극단적인 숫자를 쓰고 있을지 모르지만, 널리 이용되는 검사를 통해 비교적 희귀한 질환을 검사할 때 양성 결과의 대다수가 틀렸을 가능성은 있다. 이는 고통스럽기도 하고 잠재적으로 위험한 추가 검사를 불러올 수 있으므로 결코 사소한 결과가 아니다. 다시 한 번 말하지만, 우리의 뇌는 확률을 이해하는 데에는 잘 맞지 않는다.

통계의 허와 실

당신의 뇌가 확률과 통계를 만날 때마다 한 발짝 뒤로 물러서서 무슨 일이 벌어지고 있는지 확실히 이해하는 게 좋다. 특히 통계를 이용하는 사람들은 제대로 이해하고 있어야 한다. 정부 부처, 신문, TV 뉴스 담당 부서도 우리들처럼 확률과 통계에 대해 똑같은 실수를 너무나 자주 저지른다.

통계를 시험하는 한 가지 좋은 방법은 좀 더 넓게 살펴보는 것인데, 끔찍하게 들리는 숫자를 믿기 전에 더 많은 정보를 확보하도록 한다. 예를 들어 당신 동네에서 작년 이후 폭력 범죄가 100% 증가했다는 얘기를 들을 수도 있다. 그 얘기는 마치 이사 갈 때가 되었다는 것처럼 들린다. 하지만 전체 맥락에서 보기 위해 반드시 숫자를 요청하도록 한다. 범죄가 한 건에서 두 건으로 늘어났다면 그것은 100% 증가한 것이지만 통계 숫자를 들었을 때 생각한 것만큼 현실이 그렇게 걱정스러운 건 아니다.

또한 다수의 감각 입력정보를 다뤄야 할 때 뇌가 제대로 따라가도록 특히 조심할 필요가 있다. 1990년대 말 이와 관련한 아주 훌륭한 예가 연구된 바 있다. 이 연구에서는 거리에서 사람들을 멈춰 세우고 길을 물었다. 이들이 지도를 보며 누군가를 도와주고 있을 때 일꾼들이 문짝을 들고 길을 걸어 왔다. 일꾼들은 조사 대상자와 도움을 요청한 사람 사이를 지나갔는데, 도움을 요청한 사람은 연구자 중 하나였다.

문짝이 조사 대상자의 시야를 가로막고 있을 때 도움을 요청했던 사람이 문을 들고 가던 사람 중 한 명과 자리를 바꿨다. 조사 대상자의 약 50%는 자신이 완전히 다른 사람에게 길안내를 해줬다는 것을 결코 눈치 채지 못했다. 임무에 너무 집중하고 있었던 것이다. 우리가 주변에서 일어나는 일을 자각하는 정도는 법정에서 추정하는 것보다 훨씬 더 낮다.

과학을 안다는 것

못 믿을 기억

　　마찬가지로 기억도 걱정스러울 만큼 불완전하다. 여러 측면에서 당신은 곧 당신의 기억이다. 기억이 없다면 당신은 당신이라는 사람이 아니다. 그러나 당신이 간직하고 있는 그 기억 중 많은 것은 가짜다. 어떤 기억은 사건이 일어나고 한참 뒤에 만들어진다. 기억인 것처럼 보이는 것이 어떤 사건의 사진이나 영상에서 비롯된 것일 때가 드물지 않다.

　　또 어떤 것들은 우리의 생각에 의해 기억이 한쪽으로 쏠리기도 한다. 예컨대 우리는 극한의 것들을 기억하는 경향이 있어서 어느 무더운 하루 때문에 여름이 실제보다 훨씬 더 더웠다고 생각한다. 우리는 또한 최근 경험에 무게를 두는 경향이 있다. 그래서 날씨가 아주 좋았던 어느 달의 마지막 주에 비가 왔다면 여름이 전혀 없었다고 투덜거릴 것이다.

　　또 다른 문제는 기억이란 게 뭔가를 관찰하고 정보를 포착하는 능력에서 비롯되지만 앞서 보았듯이 뇌가 보여주는 이미지는 매우 주관적인 구성물이다. 우리가 그곳에 없는 것을 보게 만든다거나 그곳에 있는 것을 안 보게 만들기 쉬우며 이런 실수가 그 후 사실로 기억된다.

　　한참 전에 내가 휴대전화로 수다를 떨면서 개를 산책시키는 것을 봤다는 말을 누군가가 했다. 꽤 자세한 관찰이었다. 문제는 그날 나는 집에 없었고 개를 산책시키러 나가지도 않았다는 것이다. 여기서 관찰, 지각, 기억이라는 모든 것이 잠재적으로 위험한 것이 된다. 그때 나를 봤다고 생각했던 사람이, 자신이 본 사람이 저지른 살인을 목격했다고 상상해보라. 그는 기꺼이 법정에 나가 내가 범죄를 저지르는 것을 봤다고 증언하겠지만 나는 그곳에 있지 않았다. 법정 소송 사건이 목격자 증거, 특히 꽤 긴 시간이 흐른 뒤 기억에 의존한 증거에 전적으로 의지

뇌에서는 무슨 일이 벌어질까

할 때 걱정 하지 않을 수 없다.

모든 사람에게 다 효과가 있는 것은 아니지만 50% 넘는 사람들이 이 간단한 영상에서 무슨 일이 벌어지고 있는지 정확히 관찰하지 못했다. 뇌가 얼마나 자주 잘못 판단하는지는 별로 놀랍지 않다. 이런 실패는 걱정스럽기보다는 흥미롭다. 예를 들어 착시는 아주 재미있을 수 있다. 그러나 헷갈리는 상황에서 자신의 능력에 의지해 무슨 일이 일어났는지 회상해낼 때 우리 뇌에 한계가 있다는 것은 알고 있어야만 한다.

기억은 놀라운 식으로 우리를 실망시킨다. 우리는 얼굴은 인식하지만-우리 기억에 아주 선명하게 저장된다-이름은 기억해내지 못 할 수도 있다. 자신의 전화번호를 잊어버리는 일도 물론 가능하다. 되풀이해서 사용하는 일련번호일 경우에도 그렇다. 아마 가장 좌절감을 안겨주는 것은 기억이 이야기의 반만 알려주는 경우다. 뭔가 기억해야 하는 게 있다는 것은 알지만 그것이 무엇인지 기억해낼 수 없을 때가 있다.

컴퓨터와 뇌의 차이

기억을 잘못 이해하기 쉬운 이유 중 하나는 우리가 컴퓨터에 너무 익숙해져 있어서 컴퓨터가 작동하는 방식과 인간의 기억이 작동하는 방식 사이에 뭔가 유사점이 있다고 가정하기 때문이다. 하지만 사실은 그렇지 않다.

컴퓨터의 기억은 특정 장소에 저장된 특정한 값 0 혹은 1로 이뤄진다. 각각의 장소는 주소를 갖고 있으며, 당신은 곧장 그 장소로 가서 값을 찾아낼 수 있다. 이것은 숫자를 찾는 것과 같은 일을 아주 잘하게 만든다. 컴퓨터가 전화번호를 금방 잊어버리는 일은 없을 것이다.

이에 비해 당신의 뇌는 기억을 한 장소에 두지도 않을 뿐더러 특정한 값으로 직행하지도 않는다. 정보를 붙들어두는 방식은 패턴과 이미지로 이뤄지며, 이 때문에 뇌는 전화번호에는 문제가 있지만 얼굴을 인식하는 일은 컴퓨터보다 훨씬 더 쉽게 한다.

신기한 절차 기억

또한 뇌에는 몇 가지 뚜렷이 구분되는 종류의 기억이 있다. 가장 낮은 수준은 절차 기억으로, 뭔가를 어떻게 하는지 알려준다. 이것은 뇌의 가장 원시적인 부위에서 일어난다. 이 부위는 많은 동물들이 똑같이 갖고 있다. 구체적으로 말하자면 소뇌와 뇌의 양 반구를 연결하는 신경 다발인 뇌량이다.

절차 기억은 좀 더 높은 수준의 기억보다 굉장히 빨리, 의식적인 노

뇌에서는 무슨 일이 벌어질까

력 없이도 확인할 수 있다. 만일 당신이 나처럼 자판을 보지 않고 타자를 칠 수 있는 사람이라면, 절차 기억이 의식 기억과 다르다는 것을 쉽게 보여줄 수 있다. 이 글을 칠 때 나는 자판을 보지 않으며 각각의 키가 어디에 있는지 생각하지 않는다. 나는 그저 단어를 생각하고, 나의 손가락이 그것을 타자로 친다. 절차 기억이 내 손가락을 어디에 두고 언제 누를지 정한다.

내가 특정한 글자, 예를 들어 N이 자판의 어디에 있는지 기억하려고 해도 기억해낼 수 없다. 어디에 있는지 말하지 못할 것이다. 하지만 나는 그것을 생각하지도 않고 N을 칠 수 있다. 나의 절차 기억은 자판을 알고 있지만 나의 좀 더 높은 차원의 기억은 알지 못한다.

숙련된 운전자에게도 이와 비슷한 일이 일어난다. 운전을 배울 때 당신은 무슨 일을 해야 할지 즉, 어떻게 그리고 언제 기어를 바꿀 것인지를 의식적으로 알아야만 한다. 경험이 쌓이면서 이런 능력은 절차 기억 속으로 밀어 넣게 되는데 그것에 대해 생각할 필요는 없다.

창의력은 어디서 오나

좀 더 높은 수준 즉, 의식 수준의 기억은 뇌의 많은 영역에 의해 처리된다. 그것은 단기 기억 또는 작업 기억, 그리고 장기 기억으로 분류된다. 기억 자체는 뇌 전체에 분포되어 있지만 이마 뒤의 전전두엽 피질은 단기 기억을 관장하며, 해마처럼 생겼을 것이라 여겨지는-하지만 그렇지 않다!-뇌의 가운데 영역인 해마는 장기 기억을 처리한다.

단기 기억과 장기 기억의 큰 차이 중 하나는 단기 기억에 들어 있는 것은 우리가 통제하지만-이 단기 구멍에 의식적으로 뭔가를 넣어둘 수 있다-장기 기억에 대해서는 직접적으로 통제하지 못한다는 것이다. 뭔가를 그저 기억이라고 표시하면 그것이 자동으로 남는 게 아니라 열심히 노력을 해야 남는다. 생각해보면 걱정스러운 일이 아닐 수 없다.

아마 당신은 자신이 이성적이라고 생각할 것이다. 하지만 뇌의 매우 중요한 기능 중 한 가지는 당신을 하나의 개체로 본다는 것이며 당신은 그것을 직접적으로 통제하지 못한다.

뇌는 스스로 패턴을 만들어내는데self-patterning, 이는 흔한 자연현상이다. 뇌에서 특정한 신경 통로를 더 많이 이용하면 할수록 그 통로를 이용하는 일은 더 쉬워진다. 신경세포 사이의 연결을 전기배선으로 생각하면 배선을 자주 이용하면 할수록 배선은 점점 더 두꺼워진다. 그 배선을 더 쉽게 이용하게 된다는 것이다. 따라서 특정 기억에 지속적으로 접근하면 그 기억을 불러내기가 더 쉬워진다. 시험에 대비한 복습이 중요한 것도 이 때문이다.

압박을 받으면 당신의 뇌는 잘 다져진 통로에 평소보다 더 의지하게 된다. 창의성을 발휘하고 싶을 때, 느긋하게 쉬면서 즉답을 찾지 않는 게 좋은 이유도 여기에 있다. 이렇게 하면 좀 더 얇고, 덜 지나다닌 연결을 이용할 기회를 뇌에게 주게 되는데, 여기에서 새로운 아이디어가 튀어나올 수 있다.

기억력 키우는 법

우리의 기억은 컴퓨터처럼 작동하지 않으므로 정보를 조작하면 뇌

뇌에서는 무슨 일이 벌어질까

에 정보가 좀 더 잘 받아들여지게 되고, 기억에 더 잘 접근할 수 있다. 예를 들어 누군가의 이름을 기억하고 싶을 때 그것을 기억 속에 고정시키는 아주 간단한 기술이 있다. 이름을 하나 택하고, 그것에서 시각적 이미지를 만들어낸다. 될 수 있으면 화려하고 시각적이고 생생하게, 웃기게 만든다. 그런 다음 그 이미지에 그 사람에 대한 마음속 그림을 결합시킨다.

예를 하나 들겠다. 나는 25년 전 이 기술을 처음 알고서 실제로 시도해 봤다. 그날 점심때 우연히 약국에 들어가게 되었는데, 이름표를 단 사람과 처음 마주치면 그 사람의 이름을 기억하기로 결심했다. 그 사람은 앤 히블Ann Hibble이었는데, 나는 그 이름을 지금까지 기억하고 있다. 내가 생각해낸 이미지는 가게 바닥에서 뒷다리로 일어서며 그 여자의 발가락을 물어뜯는 하마(커다란 자주색 하마)였다. 물어뜯는 하마 한 마리An hippo nibbling가 바로 앤 히블이었다.

뇌가 좌우로 나눠져 있다는 것을 살펴볼 때 지적했듯이 색깔, 움직임, 드라마 같은 것들은 모두 뇌에서 특별한 기능이 작동하게끔 한다. 따라서 색깔, 움직임, 드라마와 관련 있는 이미지를 이용하면, 뇌의 이런 측면은 물론 단어와 관련된 다른 메커니즘을 자연스럽게 이용하는 데도 확실히 도움이 된다. 기억은 뇌의 양쪽 사이에 걸쳐 저장되므로 자잘한 모든 것들이 도움이 된다.

이름을 기억하는 이런 기술에는 뇌를 속이는 일도 포함된다. 당신은 뇌가 원래 하게끔 진화된 일 같은 것을 하는 척하고 있다. 인간은 우리 주변 세계의 패턴, 이미지, 그림을 인식하도록 진화되었으며 따라서 이름에 이미지를 중첩시킴으로써 시각자료 밑에 단어를 숨기고 우리의 기억이 그것을 좀 더 손쉽게 받아들이게 한다.

과학을 안다는 것

앤 히블의 이야기를 반복적으로 정기적으로 하지 않았더라면 아마 그 이름을 지금까지 기억하지는 못했을 것이다. 뭔가를 기억에 박히게 하는 필수요건 한 가지는 그 기억을 반복해서 말하는 것이다. 정기적으로 기억을 들춰내 다시 이야기함으로써 신경세포 연결이 두꺼워지게 만드는 것이다. 이상적인 것은, 한 시간, 하루, 일주일, 한 달, 6개월, 일 년…… 이런 식으로 점차 단위를 늘려가면서 반복하는 것이다. 이렇게 하면 그 기억이 당신을 떠나는 일은 일어나지 않을 수 있다.

전화번호 외우는 법

최소한 이름은 물체와 이미지로 연상할 수 있지만, 숫자는 훨씬 더 추상적이며 이질적이다. 숫자와 처음 마주쳤을 때 생기는 문제는 단기 기억에 아주 제한된 수의 자리만 있다는 것이다. 뭔가가 불쑥 튀어나오거나 뭔가를 잃어버리는 일 없이 당신이 한 번에 생각해낼 수 있는 것은 약 일곱 자리에 불과하다. 불행히도 일반적인 전화번호는 11자리가 될 수도 있는데, 이는 단기 기억 능력을 넘어선다.

여기 가짜로 만든 전화번호 02073035629가 있다. 11개 각각의 숫자로 보면 기억하는 게 거의 불가능하다. 이런 이유 때문에 전화번호는 전통적으로 몇몇 덩어리로 쪼개진다. 숫자들의 덩어리 한 개를 단일한 항목으로 기억할 수 있으면, 완전한 기억으로 가는 도중에 숫자 전체를 단기 기억 속에 쑤셔 넣을 수 있을 것이다.

금붕어는 3초만 기억한다?

물론 기억은 인간만 갖고 있는 건 아니다. 동물과 자주 접한 사람이라면 기억이 동물 행동 중에서 얼마나 큰 특징적인 것인지 알 것이다. 변변찮은 금붕어조차도 완벽하게 기억할 수 있다. 어떤 점에서 이는 참 애석하다. 금붕어의 기억은 3초 간 지속된다는 신화가 훌륭한 농담거리기 때문이다.

'내 기억은 3초만 지속되기 때문에 사람들은 내가 물고기 밥을 지겨워하지 않을 거라고 생각한다……. 와! 물고기 밥이다!'

하지만 금붕어를 길러본 사람이라면 금붕어가 완벽하게 기억한다는 것을 알 것이다. 이를테면 먹이를 주기 전의 유도 반응으로 금붕어가 연못이나 수조의 한 곳으로 오기도 한다. 어떤 TV 쇼는 금붕어가 미로 주변의 길을 기억하게끔 만들기도 했다. 금붕어가 3초짜리 기억을 갖는다는 생각은 어떻게 해서든 지능과 기억을 동일시하려는 근거 없는 믿음에 불과하며, 실제로 지능과 기억 사이의 연관성은 아주 낮다.

쓰기의 놀라운 위력

뇌는 의심할 것 없이 우리에게는 최고의 영예다. 뇌의 기능을 연장시키는 매우 놀라운 방법 중 하나는 쓰기의 활용이다. 쓰기의 놀라운 점은 그것이 하나의 뇌가 다른 뇌와 의사소통하는 수단-이 책의 경우, 나의 뇌가 당신의 뇌와 의사소통하고 있다-이라는 것이다. 여기서 장벽으로서의 시간과 공간은 없다.

이런 측면에서 자연의 의사소통에는 한계가 있다. 대부분의 동물과 식물은 현시점에서 의사소통을 한다. 오래 남는 화학물질로 이뤄지는 몇 가지 의사소통을 제외하면 메시지는 만들어지고, 소모되고, 사라져 결코 되돌아오지 않는다.

그러나 쓰기는 이런 제한을 없애버린다. 당신은 책꽂이에서 책을 한 권 꺼내 수천 킬로미터 떨어진 곳이나 수천 년 전에 쓰인 글을 읽을 수 있다. 살아있는 사람보다 죽은 사람과 '책꽂이 의사소통'을 더 많이 할 가능성이 아주 높다. 당신이 이 글을 읽을 때는 이것이 쓰인 순간-2011년 10월 4일 화요일 GMT 13:32-으로부터 몇 개월 또는 몇 년이 지난 뒤일 것이다.

물론 지금 우리에게는 쓰는 것보다 더 즉각적인 의사소통 방법이 많이 있지만 쓰기처럼 시간을 극복하지는 못한다. 이 글은 쓰여졌기 때문에 10년의 시간이 지난 뒤에도 아마 100년, 1000년이 흐른 뒤에도 여기 그대로 있을 것이다.

내가 뉴욕의 주식중개인으로부터 방금 받은 투자 권유 전화는 즉각 시간의 쓰레기통 속으로 들어가 버렸다. 그 의사소통은 늑대의 울부짖음처럼 죽어 없어졌다(고맙게도 이 특별한 경우에는).

쓰기는 우리의 사회 발전에 매우 중요하다. 쓰기가 없었다면 과학은 없고 신화만 있었을 것이다. 과거 경험을 기록할 방법이 없다면 우리는 항상 바퀴를 재발명하고 있었을 것이다. 컴퓨터 기술은 종종 쓰기의 적으로 여겨지지만-유튜브에서 동영상을 볼 수 있는데 책은 왜 읽어?- 쓰기가 없으면 컴퓨터 소프트웨어와 하드웨어 개발은 있을 수 없다. 인터넷 콘텐츠의 상당 부분은 여전히 단어에 기반하고 있다.

그림으로 쓰기

넓은 의미에서 쓰기는 우리 뇌가 연장된 것이다. 그것은 한 인간의 뇌가 정보를 받아들이고 저장함으로써 시간적 공간적으로 다른 곳에 있는 또 다른 뇌가 정보를 찾을 수 있게 하는 방법이다.

쓰기는 원래는 그림에서 시작되었다. 인간, 동물, 손 모양을 보여주는, 3만 년 이상을 거슬러 올라가는 동굴 그림은 추상적인 칠이 아니라 의사소통의 수단이었다. 그런 그림은 공간적으로 고정되었고, 만들어내는 과정이 느렸으며 해석하기도 힘들었다. 하지만 시간을 통해 살아남은 그림의 능력을 의심하는 사람은 아무도 없다.

수많은 세월이 흐르면서 간단한 그림은 그림문자로 발전했다. 이런 문자들은 여전히 인식 가능한 이미지를 지니고 있다. 하지만 그림은 좀 더 양식화되어 더 빨리 그릴 수 있게 되었고 그 생김새는 좀 더 일관되게 되었다. 하나의 그림문자는 하나의 물체 혹은 하나의 개념을 대표했다. 땅에 놓은 과일, 양팔, 바구니에 든 과일을 보여주는 그림문자 메시지를 해석하는 데 천재가 필요한 것은 아니다.

이런 체계가 안고 있는 문제는 처리할 기호가 너무 많다는 것이다. 단순화시킨다면 과일, 바구니, 땅에 해당하는 각각의 기호가 있어야 하고 그것들을 특별한 관계로 그려냄으로써-아마 '~에' 혹은 '~안에'를 암시하는 특별한 연결 표시와 함께-기호를 서로 연결해야 할 것이다. 이제 그 간단한 그림문자는 '~에'같이 추상적인 개념을 이해시킬 수 있는 표의문자로 발전해간다.

쓰기의 직계 선조인 원시적 형태의 쓰기가 바로 이 시점에 등장했을 것으로 여겨진다. 9000년 전에서 6000년 전 사이의 어느 시점에 기호는 시각적 구조와 함께 사용되어 간단한 메시지를 전달했다. 이 원시적인 형태의 쓰기가 언제 등장했는지 정확하게 말하기는 어렵다. 하지만 고고학자들은 현재까지 알려진 최초의 예는 루마니아 중부-한때 트란실바니아였던 곳-의 타르타리아라는 마을에서 발견된 '타르타리아 판에 쓰인 것들'이라고 여기고 있다. 몇 센티미터 폭의 이 점토판에는 양식화된 그림, 기호, 선이 섞여 있다. 그냥 장식일 수도 있지만 그 모든 것은 메시지 즉, 한 인간의 뇌에서 다른 인간의 뇌로 정보를 전하려는 분명한 시도였음을 암시하고 있다.

알파벳의 유래

이집트 상형문자hieroglyph는 그 다음 단계-여전히 그림문자와 표의문자를 사용하지만 훨씬 더 형식화된 환경에서 사용됨-의 쓰기 체계로 알려져 있다. 여기서 가장 큰 진전은 그림이 때로는 단어를, 때로는 단어의 일부분을 나타냈다는 것이다. 상형문자는 고대 이집트의 문자로 즉각 인식되기는 하지만 특별한 목적을 위한 것이었다. 이집트 상형문자는 만들어내는 데 시간이 걸렸다. 이를 테면 장부정리에는 잘 맞지 않았다. 두 번째 체계인 신관문자(hieratic 이집트 상형문자를 흘려 쓴 문자-옮긴이)가 상형문자와 함께 만들어졌다. 이것 역시 시각 기호에 토대를 두고 있지만 현대의 글자에 훨씬 더 가까웠다.

이집트인들이 쓰기를 가장 먼저 시작한 건 아니었다. 당시 그 지역의 또 다른 막강한 세력이었던 수메르가 아마도 최초의 문자언어인 설형문자를 갖고 있었던 것 같다. 설형문자는 첨필 끝으로 만들어낸 쐐기

뇌에서는 무슨 일이 벌어질까

모양의 표시들이 글자를 이루는데, 마치 압정 옆면처럼 생겼다. 이 작은 기호를 보면 무슨 계수 표시에 지나지 않는 것 같다. 하지만 그 이상이 그 안에 있다. 그것은 인간의 뇌를 연장시키고, 한 사람으로부터 다른 사람에게로 정보를 퍼뜨리는 도구였던 것이다.

약 4000년 전쯤에 이르러 쓰기는 들불처럼 번져나갔다. 중국의 쓰기 체계가 생긴 것은 이 시기로 거슬러 올라가는데, 단어나 단어의 일부분을 나타내는 많은 수의 기호-약 5000개-를 사용했다.

알파벳이 현재와 같은 형태에 도달하기까지는 우여곡절이 있었다. 우리가 사용하고 있는 글자들은 훨씬 더 복잡한 역사를 갖고 있지만 '알파벳alphabet'이라는 명칭은 그것이 그리스에서 기원한 것임을 알려준다. 알파alpha와 베타beta가 그리스 알파벳의 처음 두 글자이기 때문이다.

아브자드와 알파벳

알파벳의 가장 이른 선조로 알려진 것은 원시 가나안어 알파벳이다. 정확히 말해 아브자드abjad로, 모음이 없는 알파벳이다. 모음은 위치로 암시되거나 강세 표시처럼 작은 변화 표시를 써서 나타냈다. 이러한 쓰기 형태는 약 3500년 전부터 중동에서 사용되었으며 페니키아인들이 이를 채택했다. 그 기호에 변화를 주어 그리스어와 아람어 글자를 쓸 수 있게 되었다. 그리스어는 모음을 자음과 비슷하게 취급한 최초의 진정한 알파벳으로 약 3000년 전에 개발된 것으로 여겨진다.

라틴어 글자나 로마자는 오랜 세월에 걸쳐 그리스어에서 나왔다.

오늘날 미국과 인터넷이 영어 사용을 전파한 것처럼 로마제국은 그들의 언어가 공통의 언어가 됨에 따라 라틴어 글자를 전파했으며, 이 공통의 언어는 로마제국보다 1000년 이상이나 더 오래 갔다. 아이작 뉴턴의 위대한 저서 『자연철학의 수학적 원리』는 1687년에 나왔지만 라틴어로 쓰여졌으며, 1704년에 처음 출판된 『광학Opticks』은 영어로 집필되었지만 더 많은 독자들이 볼 수 있도록 라틴어로 번역되었다.

쓰기가 인류에게 준 선물

우리에게 친숙한 로마자는 로마판 상형문자다. 로마자는 돌에 내용을 새길 때뿐만 아니라, 중요한 내용을 공표하는 데 주로 사용되었다. 일상의 쓰기에는 대문자와 현대의 소문자 중간쯤으로 보이는, 로마어 필기체흘림체 문자를 사용했다. 처음에는 글자 크기와 위치가 엄청나게 다양했지만 시간이 흐르면서 크기가 좀 더 표준화되어 지금의 소문자와 좀 더 비슷해졌다. 하지만 원래 대문자와 필기체는 뚜렷이 구분되는 두 개의 체계였다. 글자를 쓰는 사람은 둘 중 하나를 사용했지만 점차 필기체 중간에 강조를 하기 위해 대문자를 쓰기 시작했다.

대문자의 정확한 사용법이 자리 잡게 되기까지는 오랜 시간이 걸렸다. 이를테면 영어에서는 문장처럼 새로운 부분을 강조할 때만 사용된 시기가 있었다. 그러다가 현대 독일어에서처럼 대체로 모든 명사에 사용되던 때가 있었으며, 그 후 오늘날과 같은 타협점에 이르게 되었다. 인쇄가 등장하면서 비로소 두 종류의 글자를 대문자upper case 위 활자상자, 소문자lower case 아래 활자상자라고 부르게 되는데, 이것은 컴퓨터

인쇄가 일반화되기 전까지 인쇄할 때 사용한 이동식 활자를 지칭하는 말이었다. 금속판 위에 모아놓은 개별 글자들로부터 인쇄할 페이지가 만들어졌다. 대문자는 서랍 즉, 상자case의 높은 쪽에 보관했고 '작은minuscule' 문자는 낮은 쪽에 보관했다.

이제 우리는 쓰기의 진정한 위력을 볼 수 있다. 그것은 인간들로 하여금 이 행성의 그 어떤 생물체의 능력도 훌쩍 뛰어넘게 해준다. 쓰기 덕분에 당신이 할 수 있는 것을 생각해보라. 당신은 오래전에 사망한 누군가의 지혜를 참고하여 뇌의 능력을 확장시킬 수 있다. 온라인으로 세계 반대편에서 먹을 것을 구입해 몸이 잘 돌아가게 할 수도 있다. 혹은 뭔가 중요한 일을 기억할 수 있도록 포스트잇에 메모를 할 수도 있다. 이런 것들은 당신이 쓰기를 직접적으로 이용한 것일 뿐이다.

당신을 10만 년 전의 선조들과 다르게 만드는 것들은 그것이 개발되는 데 도움을 준 글이 없었다면 존재하지 않았을 것이다. 글은, 굳이 세 가지만 말한다면 법, 과학, 문학을 우리에게 주었다.

물론 쓰기라는 것이 존재하기 이전에 구전되는 것이 있었다. 이를테면 이야기꾼들이 있었다. 하지만 쓰기가 인류에 미친 영향은 컸다. 말은 엄청난 양을 해낼 수 있지만 주제가 너무 복잡해지면 그것을 뒷받침하기 위해서 쓰기가 필요하다.

글은 대단히 강력하며, 글에는 일종의 마술 같은 것이 있다. 책과 서점에는 뭔가 특별한 것이, 책을 다루는 것에는 물리적으로 매우 만족스런 뭔가가 있다. 마찬가지로 구글 같은 검색엔진에도 뭔가 특별한 것이 있지만 그것은 다른 종류의 마술이다. 물론 저자인 나로서는 내가 만드는 것이 책이므로 책이 특별하다고 말하겠지만. 어떤 일이 일어날 수 있게 하는 인간의 능력과 글이 결합하면 그것은 거의 무한한 힘을 갖는다.

과학을 안다는 것

컴퓨터와 말하기

쓰기라는 것에 영향을 준 두뇌의 힘이 감동적이긴 하지만 우리의 정신적 능력의 일부는 컴퓨터가 흉내 낼 수 있다. 이미 말했듯이 그 어떤 낡은 PC도 산술과 확률 처리는 우리보다 훨씬 더 잘할 것이다. 컴퓨터는 체스 챔피언도 이길 수 있다. 다른 경우, 예를 들어 튜링 테스트Turing test 같은 경우에 우리는 그저 우리의 위치를 겨우 고수하고 있을 뿐이다.

튜링 테스트는 암호 해독과 컴퓨터 작업의 선구자인 앨런 튜링이 컴퓨터가 원숙 단계에 이르렀을 때 지능 면에서 인간에 필적하게 되는지 알아내는 방법으로 고안했다. 당신이 어떤 방에서 선을 통해 누군가와 의사소통을 할 때 그 누군가가 컴퓨터인지 사람인지 말할 수 없다면 그 컴퓨터는 일종의 인공지능에 이르렀다고 볼 수 있을 것이다. 실제로 그동안 인간과 설득력 있게 상호작용하려는 많은 프로그램이 만들어져 다양한 수준의 성공을 거뒀다.

컴퓨터와 말하기

www.universeinsideyou.com로 가서 Experiments(실험)를 택하고 Talking to computers(컴퓨터와 말하기) 실험을 클릭한다. 먼저 그 페이지에 설치된 엘리자Eliza를 시험해 본다. 이것은 대화용으로 설계된 매우 오래된 컴퓨터 프로그램 중 하나로, 1960년대 중반에 만들어졌다. 엘리자는 당신이 한 말을 다시 당신에게 반복해서 말하며 마치 심리치료사처럼 행동한다. 뒤죽박죽 엉망이 되기 쉽지만 게임을 하는 사람이 너무 똑똑해지려고 하지만 않는다면 놀랄 정도로 꽤 훌륭하다.

그런 다음 스크롤을 내려서 링크된 것을 클릭하여 클레버봇Cleverbot을 보기 바란다. 이것은 매우 훌륭한 현대적인 '채트봇chatbot' 중 하나다. 클레버봇도 헷갈리게 만들기가 비교적 쉽지만 엘리자보다 인간처럼 보이게 하는 비결을 훨씬 더 많이 갖고 있다.

2011년 인도 구와하티에서 개최된 테크니치 축제Techniche Festival에서 클레버봇 채트봇이 튜링 테스트에서 승리했다. 아니 최소한 그랬다고 주장되었다. 그 테스트에서 30명의 자원자들이 자판을 치며 대화했는데 그 중 절반은 인간과, 절반은 채트봇과 했다. 그리고 자원자들을 포함하여 1334명의 관객이 어떤 대화가 인간과 나눈 대화인지 투표했다. 총 59%가 클레버봇을 인간이라고 답함으로써 주최측과 잡지 〈뉴 사이언티스트New Scientist〉측은 그 소프트웨어가 튜링 테스트를 통과했다고 주장했다.

이와 대조적으로 투표자의 63%는 인간 참여자를 인간으로 생각했다. 이 과정은 컴퓨터로 여겨진 인간 참여자에게는 다소 당황스러울 수 있다. 하지만 나는 그 결과가 튜링 테스트에서 정말 성공한 것이라고는

과학을 안다는 것

생각하지 않는다. 참가자들에게는 겨우 4분 동안의 채팅만 허용되었는데, 이는 채트봇 설계자들이 긴 대화-나는 이런 종류의 상호작용이야말로 튜링이 염두에 두고 있었던 것이라고 본다-에서는 효과를 보지 못하는 단기 전술을 사용해 본 기회였다.

그 행사가 실시된 장소에도 문제가 있다. 보도에 따르면 투표자들 중 몇 명이 영어를 제1언어로 사용하는지에 대한 주요 정보가 빠져 있다. 내가 의심하는 것처럼 투표자 중 많은 사람들이 제1언어로 영어를 사용하지 않거나 비서구적인 표현의 영어를 사용했다면, 어떤 참가자가 인간이고 어떤 이가 채트봇인지 포착해내는 것은 불가피하게 힘들었을 것이다.

윤리 체계와 행동 사이

대화를 나누는 것과 윤리를 다루는 것은 별개의 문제다. 컴퓨터 프로그래밍을 한다는 것이 진정으로 윤리를 이해하는 것이라고 생각하기는 힘들다. 어쨌든 우리는 우리 자신의 윤리에 대해서조차도 확실한 견해를 갖고 있지 않다. 이론은 간단할지 모르지만 실제 상황이 되면 정당화하기 힘든 결정을 내리기 쉽다. 여기 잘 알려진 예가 하나 있다.

당신이 철도 관제센터에 있는데 통제 불가능한 기차가 선로를 내려오고 있다고 상상해보자. 기차는 완전히 통제를 벗어난 상태다. 기차를 멈추기 위해 당신이 할 수 있는 일은 하나도 없다. 기차는 현재 달려가고 있으며 당신은 두 선로 중 하나를 선택할 수 있는 장치 앞에 있다. 당신이 아무것도 하지 않으면 기차는 A선로로 향할 것이고, 새로운 철도 자선 단체 설립을 축하하기 위해 선로에 모인 20명의 사람들을 들이받게 될 것이다. 스위치를 작동시키면 기차는 B선로로 향하게 되어 선로의 쓰레기를 치우고 있는 한 사람만 죽게 될 것이다.

여기서 분명히 하자. 그 스위치를 작동시킬 경우, 가만히 있으면 죽지 않을 사람을 당신이 직접 죽게 만든다. 하지만 스위치를 작동시키지 않으면 20명이 죽게 될 것이다. 당신은 어떻게 하겠는가? 계속 읽기 전에 결정하기 바란다.

이번에는 상황을 약간 바꿔보자. 당신은 지금 선로 위 다리에 서 있다. 앞에서처럼 통제 불능의 기차가 20명의 무고한 사람들을 향해 선로를 따라 달려오고 있으며, 선로를 바꾸는 장치가 있는 지점에서 방향을 바꾸지 않으면 그들은 죽게 될 것이다. 당신은 관제소까지 갈 수는 없지만 당신 아래에 있는 선로 옆에 기차를 안전한 선로로 휙 돌게 만들 수 있는 압력 스위치가 있다. 기차가 그 선로로 가게 된다면 아무도 죽지 않을 것이다. 그 스위치를 작동시킬 유일한 방법은 당신 몸무게의 두 배 되는 뭔가를 그 위로 떨어뜨리는 것이다. 마침 다리 난간에는 거구의 사람이 위태롭게 앉아있다.

그 사람을 다리에서 밀어 떨어뜨리면 그는 확실히 기차에 죽게 되겠지만 다른 20명은 구할 수 있다. 당신이 아무것도 하지 않으면 20명의 사람들은 죽게 된다. 당신은 어떻게 할 것인가?

대다수의 사람들은 기차 방향을 바꾸는 버튼을 눌러 20명보다는 1명을 죽게 할 것이다. 하지만 많은 이들은 다리 위의 사람을 직접 밀어 떨어뜨리지는 못할 것이다. 심지어 그것이 똑같은 희생을 치루는 것이 분명해보여도 그렇다.

심리학자들은 이렇게 말할 것이다. 당신이 사람들을 구하기 위해 스위치를 작동시켜 멀리 있는 누군가를 죽이는 것은 윤리적으로 할 수 있지만, 비논리적으로 보이기는 해도, 직접 손을 움직이는 몸짓을 하는 것은 감당할 수 없다고 말이다. 심리학자들은 서로를 죽이는 데 쓰이는 인간의 기술이 직접 몸으로 맞붙는 백병전에서 총알과 미사일로 옮겨가면서 전쟁터에서도 똑같은 종류의 변화가 일어났다고 한다. 하지만 개인적으로 나는 이런 사고실험이 우리의 윤리체계에 대한 통찰을 얻는 데는 유용하지만 오류가 있다고 생각한다.

문제는 서로 다른 철도 시나리오를 실행할 가능성이 똑같지 않다는 것이다. 첫 번째 예는 정말 일어날 수 있다. 스위치를 작동시켜 기차를 다른 선로로 이동시켜 20명 대신 1명을 죽게 하는 일은 가능할 것이다. 하지만 당신 몸무게의 두 배를 필요로 하는 압력 스위치가 있고, 거기 우연히 어떤 사람이 앉아 있으며, 당신이 그의 몸무게를 알고 있을 가능성은 아주 낮아 보인다. 심리시험에서 실제로 사용했던 그 문제의 표현 문구는 훨씬 더 실현 불가능하다. 원래 문구는 다리 위의 사람이 아주 뚱뚱해서 그 사람의 몸무게만으로 기차를 막을 수 있음을 시사하고 있지만 이는 심리학자들이 물리학에 대한 이해가 얼마나 형편없는지 보여준다.

하지만 그보다 더 나쁜 것은 심리학자들이 확률의 영향을 잊고 있다는 것이다. 첫 번째 시험은 시나리오로서 실현 가능성이 더 높으며, 기술적 실패를 제외한다면 관제실에서 스위치를 작동시켜 기차가 두 번째 선로로 옮겨가게 되면 당신은 기뻐할 수 있을 것이다. 하지만 누군가를 다리에서 밀어 떨어뜨리는 것이 효과가 있으리라는 이야기를 들었다 해도 그것이 잘못될 가능성은 충분히 있다. 엉뚱한 데로 떨어질 수도 있을 것이다. 두 번째 시험이 안고 있는 높은 수준의 불확실성은,

설사 누군가를 죽이는 직접적인 행위에 대해 윤리적 우려가 없다 하더라도 훨씬 덜 매력적이다.

선택할 때 작동하는 것들

당신이 직접 할 수 있는 또 다른 실험은, 우리가 무언가를 어떻게 신뢰하게 되고, 어떤 결정을 내릴 때 논리와 감정의 균형을 어떻게 맞추는가에 대해 강력한 통찰을 제공해준다. 우리는 늘 결정을 내린다.

이 게임은 우리가 선택을 할 때 무슨 일이 일어나는지 진짜 그 핵심을 찌른다. 결정을 내리는 일은 겉으로 보이는 것처럼 그렇게 단순하지만은 않기 때문이다. 이 실험은 최후통첩 게임이라고 부른다.

이 게임은 여러 상황에서 여러 번 실시되었다. 두 번째 사람이 해야 할 논리적인 행동은 첫 번째 사람이 뭔가를 주는 한 '예'라고 말하는 것이다. 1페니만 제시되더라도 아무것도 없는 것보다는 낫다. 그러나 실제로 두 번째 사람은 자신이 공정한 비율이라고 여기는 만큼의 돈이 주어지지 않으면 '아니오'라고 말하는 경향을 보인다.

어떤 것이 공정한 비율인지는 문화권마다 다르다. 어떤 곳에서는 15%가 안 되어도 받아들일 것이고 또 어떤 곳에서는 50%를 기대할 것이다. 유럽과 미국에서는 '예'라고 말하기까지 약 30% 혹은 그 이상을 기대하는 경향이 있다.

최후통첩 게임

실험 대상 친구들이 주변에 있을 때 혹은 나중에 술집에 갔을 때 이 실험을 해보기 바란다. 필요한 것은 두 사람과 약간의 돈이다. 실험을 위해서라면 그 돈과는 헤어질 준비를 해야만 할 것이다.

두 사람에게 간단한 실험을 하고 싶다고 말한다. 당신은 그들 각자에게 약간의 돈에 대해 결정을 내리도록 요청한다. 그들은 어떤 식으로든 자신의 결정에 대해 상의하면 안 된다.

그들 앞의 탁자 위에 돈을 올려놓는다. 그렇게 함으로써 그것은 분명하고, 진짜 일어날 일이 된다. 당신이 그들에게 이 돈을 주어 나눠 가질 수 있게 할 것이라고 설명한다. 조건은 없고, 단지 내려야 할 결정만 있다.

첫 번째 사람은 돈을 어떻게 나눌 것인지 결정해야 한다. 그 사람이 원하는 어떤 식으로든 돈을 나눌 수 있다. 돈은 50:50으로 나눌 수도 있고, 결정자가 모두 가질 수도 있다. 또는 그들이 원하는 다른 식으로 돈을 나눌 수 있다. 이런 식으로 나누기 쉬운 액수의 돈이라면 도움이 된다.

결정을 내리는 사람은 어떤 식으로든 그 결정에 대해 말하면 안 되며, 단지 돈을 어떻게 나눌 것인가만 발표한다. 그런 다음 두 번째 사람이 '예'라고 하면 두 사람은 돈을 갖게 되고, '아니오'라고 하면 두 사람 모두 돈을 갖지 못하게 된다.

이 실험은 우리가 신뢰와 공정성에 대해 대가를 치를 가치가 있다고 생각한다는 것을 입증한다. 우리는 일이 올바르게 되도록 하는 대가로 기꺼이 돈을 잃는다. 인간의 논리가 순전히 경제에 좌우된다면 이런 결정은 말이 안 된다. 만일 그렇다면 당신은 항상 돈을 챙겨야만 한다. 하지만 당신의 뇌는, 돈 단 한 가지보다는 훨씬 더 복잡하게 뒤섞인 요인을 고려해 결정을 내린다.

결정을 내릴 때 복잡한 가중치 체계에서 돈이 기여하는 바가 없다는 게 아니다. 예를 들어 어떤 억만장자가 이 게임을 하기로 결정하고 총 1000만 파운드를 걸었다면 당신은 그 중 5% 그러니까 50만 파운드만 제시되어도 만족스럽게 받아들일 것이다. 당신 역시 엄청나게 부자이지 않는 이상, 누군가에게 교훈을 주고 공정하지 않은 부자에게 벌을 내리기 위해, 거절하기에는 50만 파운드라는 액수는 인생을 바꿀 만큼 너무 큰 액수다.

그런 상황에서 얼마나 적은 액수까지 받을지 생각해보는 것은 재미있는 연습이 된다. 당신이라면 50만 파운드에서 1파운드-대부분의 사람들이 거절할 액수-사이 어디쯤에 선을 긋겠는가?

뇌의 결정 능력

이런 종류의 게임은 뇌의 결정 능력이 어떻게 기능하는지를 직접적으로 반영하는 것 같다. 결정을 할 때는 서로 다른 부분에 가중치가 주어진다. 가중치가 크면 클수록 그 요인은 결정을 내릴 때 더욱 중요하다. 그런 다음 이렇게 가중치가 부과된 가치를 모두 더하고, 가장 큰 가중치를 가진 선택이 이기게 된다. 최후통첩 게임의 경우, 가중치를 줄 가능성이 높은 요인으로는 다음과 같은 것들이 포함된다.

- 돈이 얼마나 관련되어 있나?
- 당신은 돈을 얼마나 갖고 있으며 얼마나 필요하다고 느끼나?

그렇다면 제시된 돈은 당신과 당신의 인생에 얼마나 중요한가?

- 다른 사람이 돈을 얼마나 공정하게 나누는가?
- 이게 진짜인가? 당신이 정말로 돈을 갖게 되나,
  아니면 그냥 가상적인가?
- 다른 사람과 당신은 어떤 관계인가?

컴퓨터가 이것을 수행한다면 말 그대로 점수를 가중치로 곱하여 한 무더기의 숫자를 만들어 비교할 것이다. 뇌에서는 이런 종류의 점수작업이 아날로그 식으로 실행되지만-전기자극의 힘이나 화학물질의 농도와 좀 더 연관이 있다-결과는 거의 동일하다.

부조리한 결정 과정

우리는 자신이 논리적인 결정을 내린다고 생각한다. 그것은 미스터 스포크(스타트랙 시리즈의 가공인물로 감정적이지 않고 논리적인 견해를 제시하는 인물-옮긴이)가 채택할 냉철한 논리와 같은 종류-최후통첩 게임에서 항상 돈을 택할 것이다-의 결정이 아니다. 돈, 관계, 신뢰, 공정성을 더 중시하는 좀 더 인간적인 논리다.

모든 요인을 고려한다면 사람들은 아마도 인간적인 방식으로 논리적이 될 것이다. 하지만 무엇이 우리 결정에 진짜로 영향을 주는지 놓치기 쉽다. 그 결과는 전혀 말도 안 되는 것이 될 수도 있다. 이를 테면, 결정 과정은 단기적인 즐거움을 더 중요시하기 때문에 장기적인 이익 차원에서 보면 말이 안 되는 경우도 있다.

실제로 가벼운 개인적인 결정은 늘 일어나고 있다. 맛은 있지만 건강에 좋지 않은 정크 푸드나 초콜릿 바를 먹을 것인가 말 것인가와 같은 결정에서부터 중독성 마약을 먹거나 고위험 활동이 수반되는, 인생에 위협이 될 결정에 이르기까지 말이다. 인간은 결정을 할 때 장기적 차원의 영향을 감안하는 데 그리 뛰어나지 않다. 우리는 이런 요인들을 알고 있고, 그 의미가 무엇인지도 아주 잘 알 수 있지만 단기적으로 얻는 혜택이 종종 장기적인 혜택을 누르곤 한다.

경제학자들은 전통적으로 인간의 결정을 이해하는 데는 젬병이었다. 그들은 완벽하고 이성적인 행동을 기대하곤 했다. 여기서 완벽하고 이성적이라는 것은, 개인 각자에게 재정적 혜택을 최적화하는 행동이다. 하지만 그런 접근은, 이제 점점 더 깨닫고 있듯이, 인간을 진정으로 생각해볼 때 극도로 순진한 접근이다.

복권을 살 만한 이유

간단하게 복권의 예를 들어보자. 당신이 주요 복권에 당첨될 가능성은 극히 낮다. 가능성은 수백만 대 1-정확히 말해 영국의 로토 추첨에서는 13,983,816 대 1이다-이다. 당신이 비행기 추락사고로 사망하거나 번개에 맞을 가능성과 비슷하다. 하지만 매주 수많은 사람들이 복권을 산다. 도대체 왜 이런 일이 벌어지는 것일까?

그것은 부분적으로 우리가 확률을 다루는 데 무능하다는 것을 반영한다. 어느 날 복권을 추첨하여 공이 1, 2, 3, 4, 5, 6으로 나왔다고 생각해보자. 격렬한 항의가 있을 것이다. 추첨 메커니즘에 오류가 있었다고 추정할 것이고, 사기라고 여기기도 할 것이다. 아마도 의회에서 조사가 이뤄질 것이다. 하지만 그 일련의 숫자가 추첨될 가능성은 지난 토요일에 튀어나온 숫자-실제로 그 숫자는 29, 9, 15, 39, 17, 30이었다-가 나올 가능성과 정확하게 동일하다.

1, 2, 3, 4, 5, 6과 같은 연속적인 숫자가 나와야 비로소 우리는 복권에 당첨될 가능성이 얼마나 낮은지 깨닫게 된다. 그 천문학적 가능성은 사실 수학적 도전을 받는 우리 머리로서는 정말 말이 되지 않는다. 그러나 그런 숫자에 대처해야 하는 우리의 형편없는 능력에도 불구하고, 사람들이 복권을 산다고 해서 멍청하다고 말하는 수학자, 과학자, 경제학자 들 역시 핵심을 놓치고 있다. 그들이 쓰고 있는 인간의 결정 모형은 아주 형편없으니까.

예를 들어 나는 내가 확률을 꽤 잘 이해한다고 생각하지만 그래도 여전히 복권을 산다. 인정하건대, 월 예산이 얼마 안 되지만 잘 관리하면서 복권을 산다. 그렇다면 나는 왜 복권을 살까? 거기에는 재래의 경제학이 잘 반영하지 못하는 종류의 보상이 수반된다.

복권을 사는 데 들어가는 돈의 액수가 무시할 수 있을 정도로 아주 적다면-커피숍에서 매주 한 번 음료를 사는 액수에 해당할 것이다-나는 불가피하게 잃게 될 것을, 흥분될 정도의 액수를 딸 아주 낮은 가능성으로 쉽게 상쇄할 수 있다. 그 등식의 좋은 점을 하나 더 말한다면, 이런 유형의 놀이로 나는 대략 두 달에 한 번은 소액을 딴다. 이것은 어쩔 수 없이 3파운드와 10파운드 사이지만, 그래도 일이 잘 되어 국립복권청으로부터 '계좌를 확인해보세요'라는 이메일을 받는 달콤한 기대에 젖어보는 몇 분간이 있다.

복권을 사는 결정이 이성적이라고 말하는 이유 중 하나는, 그런 이메일을 받지 않는 한 나는 내가 복권을 샀다는 사실을 완전히 잊어버린다는 것이다. 나는 안달을 하며 번호를 확인하지는 않는다. 나는 내 번호가 무엇인지 알지 못한다. 내 경우에는, 일단 지불한 그 돈은 커피를 사는 데 쓴 것처럼 없어진다. 그런 식으로 하면 어떤 액수에 당첨되더라도 순수한 즐거움을 얻게 된다. 거기에 아무런 비용이 붙어있지 않기 때문이다.

현실을 직시하자. 내가 스타벅스에 다녀온 다음 날 갖게 될 유일한 것은 소화불량이다. 스타벅스를 비방하려는 것이 아니다. 내가 진짜 커피를 좋아하기는 하지만 커피는 내 위를 뒤집어 놓기 때문이다.

경제학적 삶은 옳은가

오직 돈만 생각하고 내리는 결정은, 그것으로 얻게 되는 그 어떤 즐거움도 무시한다. 사실 그것은 현금 외엔 그 어떤 이득도 무시한다. 평소의 삶에서 그런 접근법을 택한다면 재정적 이득이 분명하지 않은 것에는 돈을 전혀 쓰지 않을 것이다. 물론 살기 위해서 먹을 것은 사겠지만 필요한 영양가를 제공하는 가장 싼 음식을 살 게 분명하다. 영화나 연극, 음악회에는 절대 가지 않을 것이고 결코 선물을 사거나 한 턱 내지도 않을 것이다. 집에서 항상 더 싸게 만들 수 있으므로 음식점에서 먹는 일도 없을 것이다. 경제학자의 완벽한 삶은 살 만한 가치가 없다.

의식은 행동을 어떻게 통제하나

우리는 이렇게 복잡하게 뒤섞인 손실 계산을 토대로 삼아 종종 단기적인 이익에 따라 뭔가를 결정한다는 것을 보았다. 하지만 아마도 당신은 전체적으로 자신의 결정이 의식적인 것이라고 생각할 것이다. 당신은 자신의 머릿속에 있는 당신과, 당신의 의식이 결정을 내린다고 추정한다.

그렇다면 뭔가를 생각할 때 그 생각은 어디에서 일어나는 것 같은가? 당신은 당신이 어디에 자리하고 있다고 상상하는가? 아마 당신은 당신의 의식이 눈 뒤에 있다고 여길 것이다. 마치 작은 사람이 눈 뒤에 앉아서 훨씬 더 커다란 자동장치인 당신의 몸을 조종하는 것처럼 말이다. 당신은 거기에 레버를 당기는 작은 인물이 없다는 것을 알고 있지만, 당신의 의식은 몸에게 뭔가를 하라고 알려주는 독립적인 존재가 있다고 생각할 것이다.

의식을 당신의 머리에 든 뭔가로, 상상의 레버를 잡아당겨 몸을 움직이게 하는 뭔가로 단순하게 묘사한 이런 그림에는 한 가지 큰 문제가 있다. 현대의 뇌 연구는 당신의 행동 중 무서울 정도로 수많은 행동이 무의식의 통제를 받는다는 것을 보여주기 때문이다. 결정을 내리는 것은 여전히 당신이지만, 당신이 생각하기에 이 모든 것을 관장하는 활동적인 부분 즉, 의식적인 당신은 아니다.

당신이 밖에 앉아 있고 그 옆에 공이 있다고 상상해보자. 당신이 공을 집어 들어 던진다. 뇌에서는 무슨 일이 일어났을까? 아마도 당신의 의식이 '좋아. 이 공을 던져야지'라고 생각했고, 신경계를 통해 그 신호가 보내졌고, 당신의 팔이 그 일을 해냈다고 추정할 것이다. 당신이 말 그대로 의식적으로 '좋아. 이 공을 던져야지'라고 말로 표현-비록 아무 소리는 내지 않지만-해야 했다는 것이 아니라 그렇게 하겠다는 의식적인 결정을 내렸고, 그러자 공을 던지는 일이 일어났다는 것이다.

뇌의 활동은 혈류 증가와 연관되어 있다. 뇌의 혈류를 감지하는 '기능자기공명영상fMRI. functional magnetic resonance imaging' 스캔을 이용하여 뇌활동을 점검하면, 행동을 취하는 결정을 언제 내리는지 볼 수 있다. 일반적으로 이런 일은 손이 움직이기 약 1초 전 무의식의 마음에서 일어난다. 결정에 관한 의식적 자각은 약 3분의 1초 뒤에 일어난다. 따라서 당신이 '이 공을 던져야지'라고 생각하기도 전에 당신의 뇌는 이제 곧 그렇게 할 것이고 발화(뇌에서 신경세포가 자극을 받아 그것을 신호로 전달하는 것을 일컫는다-옮긴이)될 것임을 안다. 그런 다음에야 비로소 당신은 그 결정을 알게 된다.

이 과정은 이상하고 다소 섬뜩하게 들린다. 당신이 의식하기도 전에 결정이 내려진다? 그것은 마치 당신이 진정한 자유의지가 없는 일종의 로봇이라는 말과 같다. 하지만 사정은 이보다 훨씬 복잡하다. 우선 당신의 의식이 행동을 중단할 시간이 있다. 자신이 정말 하고 싶지 않은 뭔가를 하기 시작했다는 것을 깨닫게 되는 뜻밖의 경우에, 당신은 그 행동을 중단할 수 있다. 그리고 좀 더 중요한 것은 무슨 이상한 외부의 힘이 첫 번째 결정을 내린 것이 아니라는 점이다. 단지 당신이 그것을 의식하지 못할 뿐이다.

그렇다 해도 이 무의식적 결정은 우리의 뇌활동이 얼마나 복잡한지 알려준다. 또한 개체가 뭔가를 하려는-아마도 잘못하면 어느 정도까지 벌을 받아야 할지, 혹은 잘하면 어느 정도까지 상을 줘야할지 판단하는-결정을 얼마나 의식적으로 하는지 확신하기가 어렵다는 것을 알려준다.

과학을 안다는 것

방광을 비워라

뇌와 컴퓨터의 중요한 차이중 하나는, 뇌가 환경에 훨씬 더 많은 영향을 받는다는 것이다. 당신의 컴퓨터가 가끔 기분이 나빠진다고 생각할지도 모르겠다. 사실 소프트웨어는 결함을 갖고 있으며, 같은 자료를 주기만 하면 항상 같은 결정을 내릴 것이다. 그러나 당신의 뇌는 외부 영향 때문에 평가를 바꿀 가능성이 매우 높다.

한 가지 분명한 예가 기분이다. 속담에도 있듯이, 자기 코를 잘라 얼굴을 망가뜨릴(to cut off one's nose to spite one's face 쓸데없이 과잉반응을 하여 결국 자기 자신에 피해가 되는 결과를 초래하는 상황을 일컫는 말-옮긴이) 기분일 때와 단지 기분이 나쁠 때, 우리는 나쁜 결정을 내리기 쉽다. 당신은 그저 다른 사람을 화나게 하거나 힘들게 하기 위해 자신에게 나쁜 결정을 내릴 것이다.

놀랍게도 2011년에 실시된 두 연구는 뭔가 결정을 내릴 때 방광의 상태가 영향을 준다는 것도 밝혀냈다. 한 논문은 '억제 과잉(inhibitory spillover spillover는 흘러넘친다는 뜻-옮긴이)'이라는 다소 불행하게 이름을 붙인 개념을 설명하면서 우리가 소변을 보려는 압박감을 받을 때 어떻게 결정-결정에는 자기통제가 중요하다-하는지 설명하고 있다. 근육을 우리가 의식적으로 통제한다는 것은, 어떤 의미에서는 통제력을 발휘하지 않으면 반사적으로 결정해야할 것마저 통제하려 한다는 말처럼 들린다. 근육을 통제하는 것은 누군가를 신속하게 식별하는 것에서부터, 단기적으론 이익이지만 장기적으로는 문제가 되는 재정적 결정을 내리는 것에 이르기까지 두루 해당된다.

또 다른 연구는 꽉 찬 방광이 항상 좋은 것은 아니라는 것을 알려준다. 그런 상태는 나쁜 결정을 내리게 할 수도 있다. 절실하게 화장실에 가고 싶은 상황에서 운전을 해본 사람이라면 확인할 수 있듯이 방광이 너무 가득 찼을 때는 주의를 집중하고 단기 기억에 정보를 넣기가 더 힘들다. 그런 압박 속에서는 사고를 낼 위험이 증가한다는 것을 뜻한다.

이 두 가지 연구가 상반되는 것처럼 보일지 모른다. 하지만 당신의 뇌는 이 두 가지 결과가 결국에는 상호보완적인 상황이 될 수 있게 할 정도로 복잡하다. 방광이 가득 찼을 때 집중해서 정보를 기억하기가 더 힘들다는 사실은, 불쑥 충동적인 결정을 내리지 않게 할 가능성이 많다 는 것을 뜻한다. 시간이 많다면 이렇게 결정하는 게 좋은 일이지만 지 속적이고 중요한 결정을 내릴 때에는 좋지 않다. 따라서 항공기 조종사 와 트럭 운전사 들은 규칙적으로 화장실에 가기 위해 쉬는 것이 좋다.

통증은 뇌가 명령한 결과

통증을 느끼는 것과 관련해서도 뇌가 얼마나 중요한지 생각해볼 필 요가 있다. 우리는 통증을 다친 부위와 연관 짓지만 아프다는 느낌은 뇌가 만들어낸다. 이는 뇌가 이런 느낌을 꺼버릴 수도 있다는 것을 뜻 한다. 앞서 우리는 욕과 아스피린이 통증을 줄일 수 있다는 것을 알아 보았지만 놀랄 정도로 효과적인 또 다른 접근법은 플라시보 사용이다. 플라시보는 내용물은 없는 가짜 약이다. 대개는 설탕 알약으로 신약 효 과를 시험하는 데 사용된다. 약이 플라시보보다 낫지 않다면 사용할 가 치가 없다는 것을 보여준다.

그러나 플라시보 자체에 긍정적인 효과가 있다는 것은 오래전부터 알려져 왔다. 뇌가, 당신이 먹는 약이 유익하다고 믿는다면 종종 그런 효과를 낳는다. 뇌는 통증 신호를 끄는 뇌만의 자연스런 방법을 갖고 있으며, 플라시보로 그것이 고무될 수 있다. 통증 완화를 놓고 볼 때, 플라시보가 하는 일은 뇌로 하여금 통증 수준이 내려갈 것이라고 예상하게 만드는 것이다. 뇌는 모르핀과 관계가 있는 엔도르핀 같은 천연 진통제를 방출함으로써 이런 예상을 자기실현적 예언으로 만들어버린다.

동종요법의 지시

많은 대체의학이 이런 식으로 작용하는 듯하다. 예를 들어 동종요법은 실제 약으로서는 전혀 이치에 맞지 않다. 동종요법은 소량의 독을 취하면 득이 된다는 낡은 의학적 사고에, 다른 뭔가와 비슷하기 때문에 같은 효과를 낼 것이라는 마술 같은 생각이 더해져 효과를 보는 치료법을 말한다. 따라서 당신이 앓고 있는 병과 비슷한 증상을 일으키는 소량의 독을 먹으면 고통을 경감시키는 결과를 낳을 것이다.

그러나 이것은 의학적으로 말이 되지 않는다. 실제로 동종요법에서는 희석을 아주 많이 하기 때문에 치료액에 원래의 활성물질 분자가 거의 들어가지 않는다. 이런 치료액을 설탕 알약에 떨어뜨린다. 그 결과 동종요법의 약은 플라시보와 정확하게 똑같으며, 그것을 먹는 사람의 뇌가 상황을 더 좋게 만들도록 부추김으로써 좋은 효과를 얻을 수 있다.

동종요법을 지지하는 어떤 이들은 이 요법이 일부 동물 문제에도 효과가 있다고 주장한다. 동물은 무슨 일이 벌어지는지 알지 못하므로 스스로를 속이는 일은 있을 수 없기 때문에 플라시보가 될 수 없다고 말한다. 몇몇 동물은 어떤 치료를 해도 상태가 좋아질 것이고, 주인은 그 치료법이 도움이 되었다고 믿을 것이다. 다른 주인들은 스스로를 속여 동물이 더 편안해졌다고 생각할 것이고-동물이 느끼는 통증의 수준이 어느 정도인지 말할 수 없으므로-결국 주인은 치료를 해주는 것과 함께 특별히 관심을 기울여 동물을 돌볼 것이다. 이것 자체가 동물에게 긍정적인 플라시보 효과를 주는 것이다.

많은 다른 대체요법-좋은 예로 침이 있다-도 마찬가지며, 그 치료가 플라시보 이상의 이득을 준다는 증거는 없다.

플라시보의 윤리학

여기서 흥미로운 것은 이런 치료법이나 플라시보를 사용하는 치료법을 적용해야만 하는가 하는 점이다. 많은 과학자들의 반응은 그런 것들이 비윤리적이라는 것이다. 플라시보의 효과적인 사용을 위해서, 대체의학이라는 꼬리표가 붙건, 종래의 약을 대체하건, 그런 치료를 하는 사람은 환자에게 거짓말을 해야 한다. 이것은 기만 혹은 자기기만을 수반한다.

윤리적으로 판단하기 어려운 문제는, 환자를 낫게 하기 위해 속이는 행위가 받아들일 수 있는 일인지 그렇지 않은지를 가리는 문제다. 플라시보 효과는 꽤 강력할 수 있으며, 종래의 많은 약보다 부작용이 적을 가능성이 높다. 그러나 긍정적인 결과를 얻기 위해 속이는 것을 정당화할 수 있을까? 목적이 수단을 정당화하는가?

값이 저렴하기만 하면 정당화될 수 있어야 한다는 것이 하나의 답일지도 모르겠다. 어쨌든 많은 약이 비싸다. 플라시보 혹은 동종요법이 단지 설탕 알약이라는 것을 고려하면 꽉 찬 약병 하나는 겨우 몇 펜스 정도로 싸야 한다.

불행히도, 플라시보를 먹는 사람들이 가격을 알고 있는 경우, 비싼 플라시보가 싼 것보다 더 좋은 효과를 낸다는 연구가 있다. 실험 대상자들에게 한 알 당 2.5달러인 것과 0.1달러인 플라시보 진통제를 준 다음 전기충격을 주자 좀 더 비싼 설탕 알약을 먹은 이들이 상당히 높은 진통 효과를 경험했다.

플라시보와 대체의학이 분명히 유용하고 아무런 단점도 없다면 정당화될 수 있겠지만, 그렇게 속이다가 고통과 죽음을 초래한 사례가 있다. 말라리아 예방을 위해 혹은 암, 후천성면역결핍증HIV, 생명을 위협하는 다른 질병을 치유하기 위해 환자에게 동종요법이나 다른 대체의학 치료법을 실시할 경우 헛된 희망을 불러일으키는 것은 물론 치명적인 결과를 초래할 수 있다. 이런 치료를 받음으로써 종래의 치료법을 피하게 된다면 끔찍한 결과를 낳을 수 있으며 이는 비난받아 마땅하다.

플라시보는 뇌를 오해하게 만드는 메커니즘으로, 뇌를 이용해 몸에 영향을 준다. 뇌와 몸이 기능하는 모든 방식과 마찬가지로 이런 메커니즘은 많은 세대에 걸쳐 진화되었다. 이제 다시 거울로 돌아가 몸을 전체적으로, 그리고 몸이 어떻게 여기까지 왔는지 생각해야할 시간이다.

9

인류는
어떻게 진화했을까

인류가 등장하기까지 수많은 진화가 이뤄졌다. 그러나 갑작스런 진화는 없었다.

다시 거울을 들여다보자. 보이는 것이 당신 즉, 인간이라는 사실은 잊어버리기 바란다. 그냥 거울 속에서 바라보고 있는 동물을 보라. 당신의 뇌가 당신을 돋보이게 하기는 하지만 외관상으로는 유인원과 특별히 다를 게 없는 동물이다. 인간이 유인원으로부터 내려왔다는 혹은 올라왔다는 논쟁이 진화론이 등장한 초기에는 많이 있었다. 하지만 그런 그림은 잘못 이해된 것이다.

조상의 탑

당신 몸을 만들어낸 진화의 진짜 그림을 이해하기 위해서는 당신과 연관된 지구상 최초의 생명으로 거슬러 올라가는 조상들의 계보를 살펴볼 필요가 있다. 박테리아처럼 간단한 것에서 어떻게 인간의 수준에까지 도달할 수 있었는지 생각으로만 그려보는 것은 어렵다. 물과 DNA가 들어있는 세포 구조처럼 기본적인 것 이외의 공통점을 찾는 건 쉽지 않은 일이다. 하지만 그것도 다 당신이 물려받은 것이다. 초기 생명 형태에서 거울 속의 상까지 어떻게 도달했는지를 그려내는 훌륭한 방법은 상상 속에서 조상의 탑을 세우는 것이다.

우리는 레고, 구체적으로 말해서 보라색 레고로 당신을 나타내려고 한다. 당신은 레고로 만든 탑의 꼭대기에 있다. 당신 밑에는 또 다른 보라색 레고가 있다. 그것은 당신의 부모 중 하나다. 어느 쪽이든 상관없다. 그들의 부모 중 하나가 그 다음 아래의 블록에 있고, 이런 식으로 계속된다. 수 킬로미터 높이에 달하는 탑을 전부 쌓았다고 상상하자. 이 탑은 레고 하나가 각각의 생명체를 나타내며 당신의 처음 조상 즉, 최초의 생명체로까지 거슬러 올라간다.

그 최초의 생명체가 어떻게 생겨났느냐 하는 것은 우리가 모르는 또 다른 이야기다. 하지만 뒤로 멀찌감치 떨어져서 당신이 세운 탑을 바라보자. 그 탑은 몇 가지 정교한 설계상의 특징을 갖고 있다. 확실한 것은 레고 블록의 색깔이다. 우리는 무지개처럼 보이도록 색을 입혔다. 색은 초기 조상의 빨간색으로부터 꼭대기에 있는 당신의 보라색까지 이어진다. 완전한 무지개다.

일곱 색깔 무지개는 없다

해가 나왔을 때 빗방울이 만들어내는 무지개를 보면 뚜렷이 구분되는 색깔이 있는 것처럼 보인다. 빨간 구역, 주황색 구역 등을 볼 수 있다. 하지만 그것은 순전히 임의적인 구분이다.

오늘날 우리가 말하는 일곱 가지 무지개 색깔은 아이작 뉴턴이 만들어냈다. 무지개에서 일곱 가지 색을 실제로 본 사람은 거의 없지만 뉴턴은 거기에, 어쩌면 음계의 일곱 음에 대응해서, 일곱 가지 색이 있기를 바랐다. 당신의 그 구별조차도, 늘 그렇듯이 패턴을 찾아내려는 뇌가 당신을 속인 결과다.

실제로 무지개는 빨강에서 주황, 주황에서 노랑, 노랑에서 초록 등으로 갑자기 바뀌는 것이 아니라 연속적인 색으로 이어져 있을 뿐이다. 빛의 파장 또는 광자의 에너지에 기초한 색깔 차이까지 파고들어가 보면 엄청나게 많은 색깔이 있다. 당신의 몸으로 끝나는 조상탑에 바로 그런, 무지개 색이 있다.

갑작스런 진화는 없다

조상탑에서 바로 옆에 있는 블록 두 개를 집으면, 무슨 블록이든 그 둘은 사실상 같은 색이다. 붙어있는 두 개의 블록이, 하나는 파란색이고, 다른 하나는 초록색인 경우는 없을 것이다. 한 가지 색에서 다른 색으로 변하는 일은 없겠지만 탑이 빨간색에서부터 여러 색을 거쳐 보라색으로까지 변하는 것은 볼 수 있다. 물론 각 블록 사이에 아주 미묘한 차이가 있겠지만 당신의 눈으로 감지하기에는 그 차이가 너무 작다.

마찬가지로 그 블록들이 대표하는 생물이 있다면 각각의 세대는 바로 이전 세대와 사실상 같은 종류의 동물이다. 한 종과 다른 종 사이의 변화를 알아보기 힘들다는 뜻이다. 또 각각의 개체는 그 부모와 동일한 종이다. 물론 당신의 몸이 당신과 같은 성의 부모와 다르긴 해도 그 차이는 외모밖에 없을 것이다. 당신은 당신의 부모와 똑같은 종이다.

더 멀리 거슬러 올라가더라도 인류와 선행인류 사이에 갑작스런

인류는 어떻게 진화했을까

차이는 없다. 그보다 훨씬 더 멀리 가서 공룡, 도마뱀같이 생긴 생물과 포유류 사이에도 마찬가지로 차이는 없다. 매번 자손은 그 부모와 동일한 종이다. 하지만 역설적으로 단순한 단세포에서 시작한 우리는 식물, 물고기, 공룡, 포유류, 그리고 친애하는 유인원의 조상으로 용케 옮아왔다.

이 때문에 '잃어버린 고리missing link'라는 빅토리아 시대의 개념은 오해의 여지가 너무 많다. 이 개념은 세대 사이에 실제로 일어났던 것보다 훨씬 더 많은 변화가 있었다는 것을 암시하고 있다.

'잃어버린 고리'는 사실 완전히 낡은 용어다. 그것은 자연이 가장 단순한 형태의 생명-박테리아처럼-으로부터 가장 복잡한 생명인간에 이르기까지 거대한 사슬로 이뤄져 있으며, 그동안 살았던 것은 이 구조 안에 집어넣을 수 있다는-사슬에서 빠진 잃어버린 고리 일부를 제외하고는-생각을 반영한다. 이 그림이 안고 있는 문제는 그 사슬의 합리적인 순서를 결정하는 게 가능하지 않다는 것이다. 사슬에서 벌새가 쥐보다 더 위에 있는가? 지렁이가 갯지렁이보다 더 높은가, 더 낮은가? 도대체 말이 되지 않는다.

종의 경계

우리의 탑 설계에는 또 다른 미묘한 점이 있다. 일반적으로 레고에는 모든 블록에 똑같은 요철이 있어서 어떤 블록도 서로 고정시킬 수 있다. 우리의 조상 블록에서는 그 형태와 크기, 요철의 수가 탑의 위치에 따라 점차 변한다. 당신의 몸을 나타내는 블록과 부모 블록 사이의 차이는 구분할 수 없을 것이다. 그리고 우리는 여러 세대 앞의 블록과 연결할 수 있어야 할 것이다.

하지만 탑의 아래로 내려가다 보면 결국 당신의 현대적인 블록은 더 이상 연결되지 않을 것이다. 당신의 경우에는 바로 이곳이 종의 경계가 된다. 당신이 연결되어 들어가지 못하는 조상의 블록-여기서는 프레드라고 부르자. 남자일수도 있고 여자일수도 있다-은 당신과는 다른 종이다. 당신과는 맞지 않는다. 생물학적으로 당신은 프레드와 자식을 낳을 수 없을 것이다.

정말 중요한 것, 아니 다소 헷갈리는 것은 프레드를 새로운 종이 시작되는 지점이라고 꼬리표를 붙일 수 없다는 것이다. 프레드의 양쪽에 있는 수백 개의 블록은 프레드와 동일한 종이다. 그들은 상호 교배할 수 있다. 단지 프레드가 당신과 다른 종일 뿐이다. 다시 말해 '종species'이라는 개념은 생물학자들이 진화를 이해하기 전에 만들어낸 완전히 인위적인 개념이라는 것이다. 하나의 표지로는 유용한 개념이지만 절대적인 것이 아니라 상대적인 것으로 봐야 한다.

쥐와 인류의 조상은 같다

당신의 몸을 만들어낸 조상탑은 혼자 서있지 않다. 살아있는 모든 것은 자신만의 조상탑을 갖고 있다. 어떤 탑은 당신의 것과 아주 비슷할 것이다. 침팬지는 인간의 탑과 침팬지 탑이 갈라지는 꼭대기 근처 지점까지는 동일한 탑을 가질 것이다.

우리가 침팬지와 마지막으로 공통의 조상을 가졌던 그 지점은 당신이 생각하는 것보다는 가까이에 있다. 당신의 조상탑은 30억 년 넘게 거슬러 올라가지만 우리와 침팬지가 갈라진 것은 700만 년에서 2000만 년 전 사이의 일이었다. 그것은 당신의 레고 블록 탑에서 0.3%만 침팬지의 것과 다르다는 것을 뜻한다. 그렇다고 인간이 침팬지나 다른 현존하는 유인원으로부터 내려왔다는 것을 뜻하는 것은 아니다. 우리 둘 모두 침팬지도 아니고 인간도 아닌 공통의 조상으로부터 내려왔다.

또 다른 분리 지점을 살펴보자. 쥐와 우리의 공통 조상이 살았던 때는 약 7500만 년 전이었다. 조상탑에서 이 지점까지 내려가면 원숭이보다는 아마도 쥐의 모습에 더 가까운, 그러나 원숭이도 쥐도 아닌 작은 포유류를 발견할 것이다. 이만한 시간의 폭 즉, 7500만 년은 생명이 약 30억 년 동안 존재했다는 점을 생각할 때 그리 길어 보이지 않는다. 쥐처럼 생긴 생물에서부터 당신까지 오는 데 그렇게 긴 시간이 걸리지는 않았다고 볼 수 있다.

하지만 그 7500만 년이 흐르는 동안 한 세대가 평균적으로 약 5년 혹은 그 미만이었을 수도 있다는 점을 명심하기 바란다. 이는 최소한 1500만 세대가 있었다는 뜻이며, 그 안에서 작은 변화들이 축적되어 아주 다른 뭔가를 만들어낼 수 있었을 것이다.

오늘날까지 살아남지 못한 조상탑도 있을 것이다. 사실 그런 것들은 많다. 예를 들어 공룡을 생각해보자. 그들은 모두 당신처럼 탑의 처음 부분은 아주 풍부했지만 약 6500만 년 전 갑자기 멈춰버렸다. 이 정도의 시간 범위는 우리가 쥐와의 공통 조상으로부터 분리된 시간과 비슷하다는 점에 주목하기 바란다. 다른 탑들은 수십억 년 전에 멈춘 것도 있다. 이렇게 잘린 탑 중 그 어느 것도 지금 살아있는 생물을 보여주지 않는다.마찬가지로 우리 자신의 것과 동일한 첫 번째 블록에서 출발

과학을 안다는 것

인간과 쥐는 약 **7500**만 년 전까지만 해도 조상이 같았다.

하지 않은 조상탑도 있을 수 있다.

우리는 지구에서 어떻게 생명이 시작되었는지 알지 못하지만, 생명이 시작되는 일이 일단 일어났다면 한 번 이상 서로 다른 곳에서 독립적으로 일어났을 수 있다. 하지만 지금까지 발견된 모든 생물은, 동물이건 식물이건, 동일한 최초의 블록으로부터 나온 듯하다. 우리가 지금까지 알고 있는 모든 생물은 공통적인 면을 갖고 있기 때문이다. 탄소를 기반으로 하는 구조를 이용하지 않고, 통제구조로서의 DNA 또는 그것과 관련 있는 화학물질인 RNA의 메커니즘을 활용하지 않는 완전히 독특한 생명 형태는 아직 발견되지 않았다.

검증되지 않은 이론도 과학

탑을 올라가는 메커니즘이 바로 진화다. 거울 속에 보이는 몸은 기나긴 진화 과정의 산물이다. 진화와 관련해 말도 안 되는 소리는 엄청나게 많다. 때로는 '한낱 이론'에 불과할 뿐이라는 공격을 받기도 한다. 그러나 이런 시각은 과학의 본질에 관한 근본적인 오해를 드러낸다. 과학은 모두 '한낱 이론들'로 이루어진다.

뉴턴의 운동법칙과 같은 과학의 근본적인 내용을 살펴보면 다음과 비슷한 아주 단순한 규칙들의 집합이 있다.

1. 힘의 작용을 받지 않는 이상 물체는 계속 동일한 속도로 있을 것-멈춘 것을 포함하여-이다.
2. 물체에 가해진 힘의 양은 물체의 질량을 힘의 방향으로 가해진 가속도에 곱한 것과 같다.
3. 모든 작용은 동일하고 반대되는 반작용을 갖는다.

이러한 규칙들이 확실히 '한낱 이론'은 아니지 않은가? 글쎄, 맞다. 한낱 이론들이다. 과학이 작동하는 방식은 과학자 한 사람 혹은 하나의 팀이 위의 법칙 같은 가설을 만들어내는 것이다. 그런 다음 실험으로 그것을 시험한다. 정말 이것이 일어나는 것을 발견했는가? 발견했다. 그렇다면 그것은 가설을 강화시켜준다. 그 가설이 진실이라는 증거가 많으면 많을수록 그것이 유용한 이론일 가능성은 더 높아진다. 일단 어떤 것이 '한낱 가설'에서 이론으로 넘어갔다면, 그것은 시험을 잘 버텨낸 것이고 이용 가능한 것이다. 하지만 여전히 어느 단계에서든 틀렸다는 것이 입증될 수도 있다.

뉴턴이 틀린 것만은 아니다

이런 일이 위에 나열한 뉴턴의 제2법칙에서 실제로 일어났다. 아인슈타인의 특수상대성 이론은, 뭔가가 움직이고 있다면 힘과 가속의 관계는 뉴턴이 생각했던 것보다 훨씬 더 복잡하다는 것을 보여준다. 그리고 아직까지 특수상대성 이론은 우리를 실망시키지 않았다. 뉴턴의 것보다 더 나은 이론인 것이다. 공교롭게도 뉴턴의 이론은 대부분의 경우 눈에 띌 만한 차이를 만들어내지 않을 정도만 틀렸다. 따라서 대부분의 상황에서 우리는 뉴턴 법칙의 간단한 형태를 여전히 만족스럽게 쓸 수 있다.

그 어떤 이론도 틀렸다는 게 입증될 수 있다. 그것은 단지 새로운 증거를 필요로 할 뿐이다. 그리고 거기에는 '법칙'이라고 오해를 불러일으키는 꼬리표가 붙여진 이론도 포함된다. 그 어떤 과학 이론도 절대적으로 입증될 수는 없다. 우리의 가정이 틀렸다는 것을 보여주는 새로운 증거가 언제라도 등장할 수 있기 때문이다. 하지만 그렇다고 해서 과학이 마술처럼 전적으로 꾸며낸 생각보다 낫지 않다는 뜻은 아니다. 과학은 현재 우리가 가진 정보를 고려해볼 때 가장 좋은 그림을 제시한다. 그것은 항상 진행 중인 작업이어야만 할 뿐이다.

뉴턴의 법칙이 그런 것처럼 진화도 하나의 이론이다. 어느 순간 틀렸다고 입증될 수 있으며, 현재 우리가 가진 최상의 이해는 다윈의 원래 그림보다도 훨씬 더 복잡하다. 그럼에도 입수 가능한 증거를 고려하건대, 그것은 지금 이 순간 우리가 가진 최고의 이론이다. 어떤 점에서 볼 때 이것은 놀라운 일이 아니다. 진화는 그토록 분명한 이론이기 때문이다. 다윈보다 훨씬 더 먼저 알아내지 못했다는 것이 오히려 놀랍다.

종에서 종으로의 도약은 가능한가

진화의 기반은 아주 간단하다. 당신은 부모로부터 다양한 형질을 물려받아서 지금과 같은 몸을 만들었다. 당신의 부모가 그들의 부모로부터 물려받아 그랬던 것과 마찬가지다. 또 그 부모는 부모로부터 등 등……. 이렇게 조상탑 저 아래까지 내려가면서 물려받은 것이다.

다윈 시대의 사람들은 이런 일이 어떻게 일어나는지 알지 못했지만 지금 우리는 그것이 유전 그리고 후생유전 때문이라는 것을 안다. 어떤 형질은 특정한 종이 현재 환경에서 살아남도록 도와줄 가능성이 있다. 다른 것들은 종의 생존을 더욱 힘들게 만들 수도 있다. 생존을 도와주는 형질을 가진 개체들은 생식을 할 수 있을 때까지 오래 살아남을 가능성이 더 클 것이다. 따라서 그 형질은 더 잘 전해질 공산이 크다.

오랜 시간에 걸쳐 서로 다른 개체들이 교배하면서 일어난 서로 다른 DNA 혼합과 돌연변이의 결과로 일어나는 DNA의 무작위적인 변화로 이런 점진적인 변화는 불가피하게 종의 변화로 이어질 것이다. 이것이 진화의 모든 것이다. 즉, 서로 다른 세대들이 그 전 세대와 무작위적으로 다른 상태에서, 환경이 가하는 생존 압력을 받게 된 것이다.

진화론을 불만스럽게 여기고, 생물이 외부의 힘에 의해 설계되었다는 생각을 선호하는 사람들 중 많은 이들은 이런 종류의 변화는 종 안에서 점진적인 변화만을 초래할 것이라고 지적한다. 물론, 물고기 같은 생물이 단박에 인간으로 진화하는 일은 없을 것이다. 이런 사람들은 조상탑을 갖고 놀아봐야 한다. 이미 언급했듯이 종에서 종으로 도약하는 경우는 없다. 모든 세대는 그 전의 조상과 똑같은 종이다. 그것이 바로 이 임의의 '종'이라는 꼬리표가 가져온 생물학의 놀라운 역설이다. 종에서 종으로의 도약이 있어야 할 필요는 없다.

그렇게 생긴 데는 다 이유가 있다

진화를 불만스럽게 생각하는 사람들이 제기하는 또 다른 문제가 있다. 변화가 아주 천천히 일어난다는 것을 생각할 때, 아무런 득이 없는 부분적인 변화에 무슨 장점이 있느냐는 것이다. 이것은 한동안 다윈을 괴롭혔던 문제이기도 하다.

거울 속 당신의 몸을 보면 복잡한 구조를 많이 갖고 있음을 알 수 있다. 예를 들어, 눈과 같이 복잡한 것이 어떻게 생겨날 수 있었을까? 보지 못하는 원시 생물에서 어떻게 완전하게 형성된 눈을 가질 수 있게 되었을까?

이 문제는 그렇게 큰 문제는 아닌 것으로 드러났다. 다른 이득을 주는 중간 단계가 있을지도 모른다. 어쩌면 반만 형성된 눈을 가진 생물이 잠재적인 짝에게 더 매력적으로 보였을지도 모른다. 하지만 눈이 있는 게 분명히 이득이라는 것을 우리는 안다. 현재 시각기관이 전혀 없는 생물과 복잡한 눈을 갖고 있는 생물 사이에는 다양한 중간 단계의 생물들이 있기 때문이다. 어떤 것은 빛에 민감한 부위가 피부에 있고, 어떤 것은 핀홀 카메라 같은 눈-렌즈는 없고 그냥 망막만 있는 구멍-을 갖고 있다. 어떤 것은 아주 엉성한 눈을 갖고 있고, 또 어떤 것은 곤충의 겹눈처럼 특이한 변이를 갖고 있다.

반만 형성돼 있다면 가치가 별로 없을 것 같아 보이는 또 다른 예는 날개다. 그런 날개를 갖고 있다면 날 수 있거나 날 수 없거나 둘 중 하나일 것이다. 하지만 여기서도 미묘한 점이 있다. 예를 들어 작은 날개를 갖고 있으면 날지 못할지 모른다. 하지만 포식자에게서 달아날 때 그런 날개를 이용하여 약간 더 빨리 도망갈 수 있을 것이다. 또한 자기 몸을 식히는 대안적인 용도로 쓸 수도 있다. 일부분만 형성된 특징이 또 다른 용도를 갖고 있다가 나중에 폐기될 수도 있다.

진화를 좋아하지 않는 사람들이 이런 복잡한 구조에 대해 갖고 있는 문제 중 하나는, 진화가 어딘가로 향하고 있는 게 아니라는 생각을 하지 못한다는 것이다. 물론 그런 생각을 하려고 시도도 하지 않지만.

따라서 '왜 부분적으로 형성된 날개를 가지려고 하는가?'라고 질문할 때 거기에는 진화가 목적을 갖고 있다는, 진화가 날개를 갖는 쪽으로 작동하고 있다는 가정을 하고 있는 것이다. 하지만 진화는 그렇지 않다. 진화는 무작위적이다. 진화가 일어나면서 유익한, 최소한 방해는 되지 않는 것을 택할 뿐이다. 따라서 어떤 원리가 서로 밀접하게 연관되어 있어야 한다는 생각만 하지 않는다면, 이렇게 부분적으로 형성된 특징도 받아들일 수 있게 된다.

과학의 요건

진화론에 대항하여 당신의 몸이 왜 여기에 있는지를 설명하기 위해 내세운 대안적인 견해 즉, 창조론과 지적설계론의 문제는 그것이 과학이 아니라는 점이다. 과학이 작동하는 방식은 증거를 대조하여 이론을 시험하는 것이다. 하지만 외부 설계자가 있다고 믿는 이들은 설계자의 존재를 보여주는 시험 가능한 증거는 없다고 말한다. 그것은 믿음으로 받아들여야만 하는 것이라고 한다.

대부분의 과학자들은 어떤 이론이 과학이 되기 위해서는 '반증 가능'해야 한다고 말할 것이다. 그것은 그 이론이 진실이 아니라는 것을 입증하는 메커니즘이 있어야 한다는 뜻이다. 초기의 과학이론 중 하나로, 무게가 있는 모든 것은 우주의 중심에 도달하려고 한다는 이론이 있었다. 여기서 우주의 중심은 지구의 중심으로 여겨졌다. 그것은 틀렸지만 과학이었다. 태양계와 우리 주변의 우주를 관찰하여 더 많은 자료를 입수할 수 있게 되자 지구가 모든 것의 중심이 아니라는 것이 분명해졌다. 그 이론은 틀렸다는 것이 입증되었다. 마찬가지로 진화, 양자론, 상대성도 관찰에 의해 틀렸다는 것이 입증될 수 있다.

과학자들이 순순히 그들의 이론을 버린다는 말은 아니다. 그 반대를 증명하는 압도적인 증거가 있어서 스스로 실수를 인정하기 전까지 많은 이들이 자신의 이론에 매달린다. 하지만 초자연적인 설계자에 대한 믿음은 이와 다르다. 그것은 틀렸다는 것을 입증할 수 없다. 그것이 필요하지 않다는 것은 말할 수 있지만 진실이 아니라는 것은 보여주지 못한다. 틀렸다는 것을 입증할 수 없다고 해서 그것이 틀렸다는 것은 아니지만, 그것이 과학 영역이 되는 것은 막는다. 지적 설계와 창조론은 과학이 아니며, 과학이라고 가르쳐서도 안 된다.

심지어 일부 과학이론도 이런 문제를 안고 있다. 수많은 과학자들이 끈 이론_{string theory} 연구에 전념해왔다. 끈 이론은 우주를 구성하고 있는 서로 다른 모든 입자들의 구조를 설명하기 위해 고안된 이론이다. 하지만 아직 그 누구도 그 이론 혹은 그것의 특정한 변종을 시험해서 그것이 틀렸다는 것을 증명하는 방법을 제시하지 못했다. 어떤 이들은 이 사실이 끈 이론도 아직 과학이 아니라는 것을 뜻한다고 주장한다.

인류는 어떻게 진화했을까

진짜 세계와의 연결 고리를 갖고 있을 수도 있고 없을 수도 있는 것은 수학이다. 하지만 그것을 시험하고 틀렸다는 것을 증명할 능력이 없는 끈 이론은 과학에 관한 한 2등 시민으로 남아야만 할 것이다.

당신이 곧 과학이다

진화의 역설적인 단순함, 그리고 세대 간의 변화를 보지 않으면서도 유기체를 한 종에서 다른 종으로 변화시킬 수 있는 그 마술 같은 능력을 갖고 우리는 당신의 몸을 실험실 삼아 과학 탐험의 종착역에 이르렀다.

나는 이제 당신이 거울을 들여다보면서 '정말 운동 좀 해야겠구나'라고만 생각하지 않기를 바란다. 그 놀라운 구조를 볼 때마다 잠시 짬을 내 경이로움을 즐기기 바란다. 당신이 보고 있는 것이 제대로 돌아가게 하기 위해서 온갖 과학이 한데 어우러진다.

당신의 몸은 우주를 보는 창이다.

몇 년 전 워싱턴 D.C.에서 몇 달을 빈둥거리며 보낸 적이 있었다. 그때 소일거리로 스미소니언인스티튜션을 비롯하여 각종 박물관이나 미술관에서 열린 대중 강연을 기웃거리곤 했는데, 내 흥미를 끌었던 주제 중에는 암흑물질dark matter, 초개체superorganism 등 과학 분야 주제가 많았다.

그런 강연에 참석하면서 다양한 연령층의 청중이 강당을 가득 메운 사실에도 놀랐지만, 그 분야의 저명한 전문가가 자칫 어렵고 따분할 수 있는 주제를 일반 대중의 눈높이에 맞춰 흥미진진하게 강연하는 것을 들으며 그 주제에 대해 더 알고 싶은 마음이 솟구치는 것을 느꼈다.

물론 나의 호기심은, 늘 그렇듯이, 유효기간이 짧았고, 암흑물질, 초개체 등은 내 머리에서 새까맣게 잊혀져갔다. 하지만 그런 일반인 대상 프로그램들을 보면서 연구실을 벗어나 대중과 직접 소통하려는 과학자들의 노력에서 꽤 깊은 인상을 받았다.

이런 강연이 과학과 대중과의 만남에서 중요한 기여를 하는 것은 분명하지만 아무래도 더 큰 역할을 하는 것은 전문서가 아닌 교양서로 분류될 수 있는 대중 과학 서적일 것 같다. 어렵고 멀기만 한 것처럼 느껴지는 과학을 전문 용어 투가 아닌 평범한 단어들로 풀어내는 축복받은 재주를 가진 과학 저술가들이 국내외에 많이 있다.

이 책의 저자 브라이언 클레그도 그 중 한 사람이다. 케임브리지대학에서 자연과학실험물리학 전공을, 랭카스터대학에서 수학 등 과학적 방법으로 문제를 해결하는 오퍼레이션리서치OR를 공부한 그는 각종 잡지, 신문 등에 칼럼을 게재하고 여러 권의 대중 과학서를 집필한 바 있다.

어려서부터 늘 쓰는 것을 멈추지 않았다는 그가 이번에는 사람의 몸을 탐험하면서 몸에서 발견되는 과학을 진지하면서도 유머를 잃지 않으며 파헤치고 있다.

거울에 비친 자신의 몸을 보면서 우주를 발견할 수 있는 사람이 얼마나 될까. 우리의 시선과 관심은 겉모습에 집중되기 마련이다. 그러나 클레그는 그 몸에서 수십억 년 된 별의 먼지를 찾아내고, 꺼졌다 켜졌다 하며 작동하는 유전자를 이야기하고, 우리가 느끼는 고추의 매운 맛이 사실은 맛이 아니라 통증임을 깨우쳐주고, 몸의 다른 부위에서 올라오는 정보를 어떻게든 해석하려고 애쓰는 뇌가 저지르는 실수에 대해서도 말한다. 우리의 몸에서 물리학, 화학, 천문학, 열역학, 생물학, 뇌과학 등 과학 전반을 아우르는 이야기들이 쏟아져 나올 수 있다니 놀랍기만 하다.

또한 클레그는 이 책에서 독자의 이해를 돕기 위한 실험을 소개하고 있는데, 웹사이트 universeinsideyou.com에서 그런 실험을 독자가 직접 해보고 확인할 수 있게 했다.

클레그는 독자들이 이 책을 읽고 난 뒤 자신의 몸을 이전과는 다르게 보게 되길 바란다고 말한다. 새로운 시각으로, 전에 보지 못하던 것들을 보기 시작한다면 이 한 권의 책은 그 역할을 충분히 했다고 할 수 있다.

또한, 저자는 물론 이 책이 한국 독자들에게 소개될 수 있도록 힘을 보탠 여러 사람들이 작은 보람을 느낄 수 있을 것이다. 아울러, 지금은 대중과학서 중에 번역서가 훨씬 더 많지만 앞으로는 한글로 집필된 대

중과학서를 과학서 코너에서 더 많이 발견할 수 있게 되길 바라는 희
망을 가져본다.

2013년 5월

옮긴이 김옥진

과학을
안다는 것

초판 1쇄 인쇄 2013년 6월 10일
초판 2쇄 발행 2013년 10월 25일

지은이   브라이언 클레그
펴낸이   김태수

디자인   스튜디오 기글스
펴낸곳   엑스오북스
출판등록   2012년 1월 16일(제25100-2012-11호)
주소   서울 양천구 신정동 목동현대A 105-1404
전화   02-2561-3400
팩스   02-2561-3401

ISBN   978-89-98266-05-9 (03400)

The Universe Inside You